Revit 2014
Chinese Version
of the Structure
Course

BIM概论

Revit 2014 中文版

结构教程

张岩 张建新◎编著

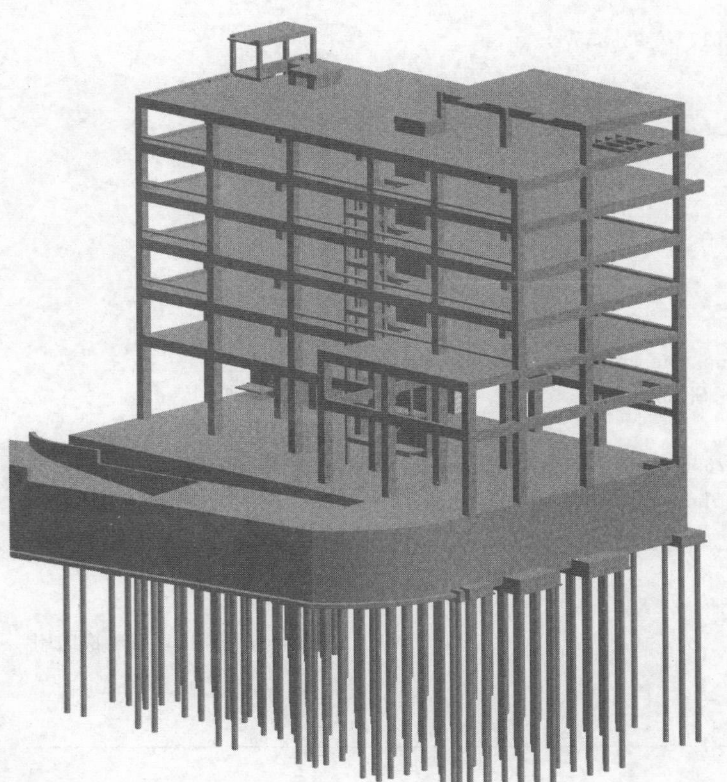

清華大學出版社
北 京

内容简介

本书以 Revit 2014 中文版为操作平台，全面介绍使用该软件进行建筑结构设计的方法和技巧。全书共分为 13 章，主要内容包括 Revit 结构设计基础，建立项目样板文件，标高和轴网的绘制，基础、柱、结构框架、楼板、墙、楼梯、坡道等构件的添加等，覆盖了使用 Revit 进行建筑结构设计的全过程。

本书内容结构严谨、分析讲解透彻，且实例针对性极强，可以作为高职院校建筑、土木专业的教材，也适合作为 Revit 的培训教材，还可供 Revit 工程制图人员参考。

图书在版编目（CIP）数据

BIM 概论：Revit 2014 中文版结构教程/张岩，张建新编著. —北京：清华大学出版社，2017
ISBN 978-7-302-48509-4

Ⅰ. ①B… Ⅱ. ①张… ②张… Ⅲ. ①建筑设计－计算机辅助设计－应用软件－教材
Ⅳ. ①TU201.4

中国版本图书馆 CIP 数据核字(2017)第 233255 号

责任编辑：赵益鹏 刘一琳
封面设计：李召霞
责任校对：赵丽敏
责任印制：刘海龙

出版发行：清华大学出版社
网 址：http://www.tup.com.cn，http://www.wqbook.com
地 址：北京清华大学学研大厦 A 座 邮 编：100084
社 总 机：010-62770175 邮 购：010-62786544
投稿与读者服务：010-62776969，c-service@tup.tsinghua.edu.cn
质量反馈：010-62772015，zhiliang@tup.tsinghua.edu.cn
印 装 者：北京嘉实印刷有限公司
经 销：全国新华书店
开 本：185mm×260mm 印 张：11.5 字 数：300 千字
版 次：2017 年 12 月第 1 版 印 次：2017 年 12 月第 1 次印刷
印 数：1～2500
定 价：39.00 元

产品编号：076491-01

前言

FOREWORD

Autodesk 公司的 Revit 是一款三维参数化建筑设计软件，是有效创建信息化建筑模型（building information modeling，BIM）的设计工具。Revit 打破了传统的二维设计中平立剖视图各自独立互不相关的协作模式。它以三维设计为基础理念，直接采用建筑师熟悉的基础、柱、梁、楼板、墙、楼梯等构件作为命令对象，快速创建出项目的三维虚拟 BIM 建筑结构模型，而且在创建三维建筑结构模型的同时自动生成所有的平面、立面、剖面和明细表等视图，从而节省了大量的绘制与处理图纸的时间，让建筑师的精力能真正放在设计上而不是绘图上。

1. 本书内容介绍

本书是以建筑工程专业理论知识为基础，以 Revit 全面而基础的操作为依据，带领读者全面学习 Revit 2014 中文版软件。全书共分 13 章，具体内容详细如下。

第 1 章　主要介绍 Revit 2014 软件的操作界面，并详细介绍了项目文件的创建和设置，以及视图控制操作等方法。此外，还介绍了图元的相关操作，以及在创建建筑结构模型构件时的基本绘制和编辑方法。

第 2 章　主要讲解项目样板文件的创建方法。其中，通过实例的方式详细讲述了项目样板文件以及项目文件的创建过程。

第 3 章　主要介绍标高的创建方法，以及修改标高的方法。

第 4 章　主要介绍轴网的各种创建方法，以及如何借助 CAD 图纸快速地建立轴网。

第 5 章　详细讲解了建筑结构中两种基础的建立方法，使用户不仅掌握独立基础与条形基础的建立方法，并且了解两者之间的区别。

第 6 章　在用户了解结构柱概念的基础上，掌握建筑结构中结构柱的放置方式，并且了解结构柱类型的创建方法。

第 7 章　主要讲述建筑结构框架的各种创建方式，比如梁系统的创建、框架梁类型的创建以及框架梁的绘制等。

第 8 章　主要介绍建筑结构中楼板的绘制方式，其中还讲解了楼板的概念，以及结构楼板类型的建立。

第 9 章　分别介绍结构墙的概念与结构墙的绘制方法，其中还讲解了结构墙类型的建立方法。

第 10 章　分别介绍楼梯的结构、形式以及楼梯结构的建立方法。其中，通过实例的方式，详细讲述了楼梯中的柱、梁以及梯段的建立。

第 11 章　在介绍坡道概念的基础上，分别讲解了坡道建立的三种方式。其中，通过实例的方式讲解了坡道完整的建立过程。

第 12 章　分别介绍了结构中雨篷的添加、洞口的创建等结构细节，并且还通过实例的方式，将建筑结构建立过程中，遇到的问题、错误等一一进行了修订。

第 13 章　分别介绍图纸布图以及导出布图等相关知识，其中，明细表的创建与尺寸标注的添加是图纸布图的前提。

2. 本书主要特色

本书是指导初学者学习 Revit 2014 中文版绘图软件的标准教程。书中详细地介绍了 Revit 2014 强大的绘图功能及其应用技巧，使读者能够利用该软件方便快捷地绘制工程图样。本书主要特色介绍如下。

(1) 内容的全面性和实用性

在定制本教程的知识框架时，就将写作的重心放在体现内容的全面性和实用性上。因此从提纲的定制到内容的编写上力求将 Revit 的专业知识全面囊括。

(2) 知识的系统性

从本书的内容安排上不难看出，全书的内容是一个循序渐进的过程，即讲解建筑结构建模的整个流程，环环相扣，紧密相连。

(3) 知识的拓展性

为了拓展读者的建筑专业知识，书中在介绍绘图工具时，都与实际的结构构件绘制紧密联系，并增加结构绘图的相关知识，涉及施工图的绘制规律、原则、标准以及各种注意事项。

(4) 案例的灵活性

读者在学习过程中，除了可以从书中的字里行间掌握 Revit 工具的使用方法，还能通过书中的二维码，适时地查看结构建模视频，从而了解项目建立的实际过程。

3. 本书适用的对象

本书是真正面向实际应用的 Revit 基础图书。力求内容符合全面性、递进性和实用性。全书内容丰富、结构合理，不仅可以作为高校、职业技术院校建筑和土木等专业的教材(40 学时)，而且还可以作为广大从事 Revit 工作的工程技术人员的参考书。

本书共 13 章，第 1、2 章由张岩编写，第 3 章由吴东伟编写，第 4 章由马晓玉编写，第 5 章由李乃文编写，第 6 章由王中行编写，第 7、8 章由王晓军编写，第 9～13 章由张建新编写。

由于作者的水平有限，在编写过程中难免会有漏洞，欢迎广大读者通过清华大学出版社官网与我们联系，帮助我们改正提高。

张　岩

2017 年 5 月

目录
CONTENTS

二维码目录

CONTENTS

第 1 章

Revit结构设计基础

Autodesk 公司的 Revit 是一款三维参数化建筑设计软件，是有效创建信息化建筑模型（building information modeling，BIM）的设计工具。Revit 打破了传统二维设计中平立剖视图各自独立互不相关的协作模式。它以三维设计为基础理念，直接采用建筑师熟悉的桩、承台、结构柱、结构梁、结构板、结构墙等构件作为命令对象，快速创建出项目的三维虚拟 BIM 建筑结构模型，而且在创建三维结构模型的同时自动生成所有的平面、立面、剖面和明细表等视图，从而节省了大量绘制与处理图纸的时间，让建筑师的精力能真正放在设计上而不是绘图上。

1.1 BIM 基础

BIM 是由 Autodesk 公司在 2002 年率先提出，现已在全球范围内得到业界的广泛认可，被誉为工程建设行业实现可持续设计的标杆。

1.1.1 BIM 简介

BIM 是以三维数字技术为基础，集成了建筑工程项目中各种相关信息的工程数据模型，可以为设计和施工提供相协调的、内部保持一致的，并可进行运算的信息。简单来说，BIM 是通过计算机建立三维模型，并在模型中存储了设计师所需要的所有信息，例如平面、立面和剖面图纸，统计表格，文字说明和工程清单等。这些信息全部根据模型自动生成，并与模型实时关联。

1. BIM 技术概述

BIM 是指通过数字化技术建立虚拟的建筑模型，它提供了单一的、完整一致的、逻辑的建筑信息库。它是三维数字设计、施工、运维等建设工程全生命周期的解决方案，如图 1-1 所示。

2. BIM 基本特点

(1) 可视化：即“所见所得”的形式。BIM 提供了可视化的思路，将线条式构件转换成三维立体实物图，效果如图 1-2 所示。

知识扩展：

本章依据《民用建筑设计通则》(GB 50352—2005)编写：

1 总则

1.0.1 为使民用建筑符合适用、经济、安全、卫生和环保等基本要求，制定本通则，作为各类民用建筑设计必须共同遵守的通用规则。

1.0.2 本通则适用于新建、改建和扩建的民用建筑设计。

1.0.3 民用建筑设计除应执行国家有关工程建设的法律、法规外，尚应符合下列要求：

1 应按可持续发展战略的原则，正确处理人、建筑和环境的相互关系；

2 必须保护生态环境，防止污染和破坏环境；

3 应以人为本，满足人们物质与精神的需求；

4 应贯彻节约用地、节约能源、节约用水和节约原材料的基本国策；

5 应符合当地城市规划的要求，并与周围环境相协调；

6 建筑和环境应综合采取防火、抗震、防洪、防空、抗风雪和雷击等防灾安全措施。

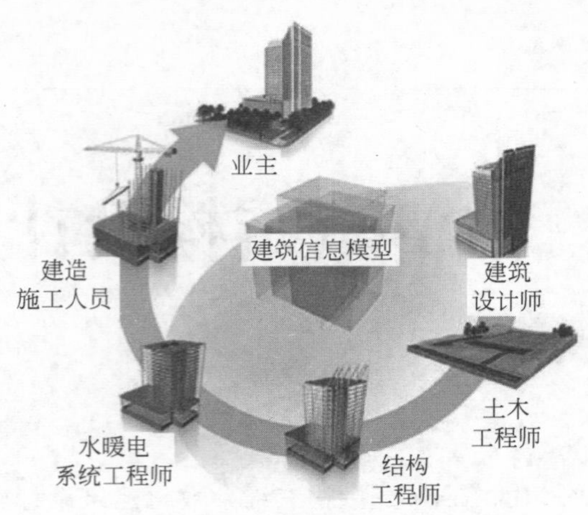

图 1-1 建筑全生命周期中的 BIM

图 1-2 可视化效果图

知识扩展：

本章依据《民用建筑设计通则》(GB 50352—2005)编写：

7 方便残疾人、老年人等人群使用，应在室内外环境中提供无障碍设施；

8 在国家或地方公布的各级历史文化名城、历史文化保护区、文物保护单位和风景名胜区的各项建设，应按国家或地方制定的保护规划和有关条例进行。

1.0.4 民用建筑设计除应符合本通则外，尚应符合国家现行的有关标准规范的规定。

(2) 协调性：在建筑物建造前期对各专业的碰撞问题进行协调，生成协调数据。还可以解决电梯井布置与其他设计布置及净空要求之协调，防火分区与其他设计布置之协调，地下排水布置与其他设计布置之协调等，如图 1-3 所示。

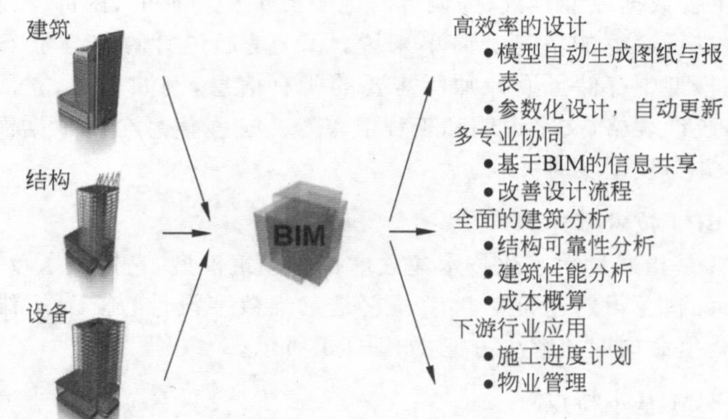

图 1-3 BIM 在设计阶段的协同作用

(3) 模拟性：模拟性并不是只能模拟设计出的建筑物模型，还可以模拟无法在真实世界中进行操作的事物，效果如图 1-4 所示。

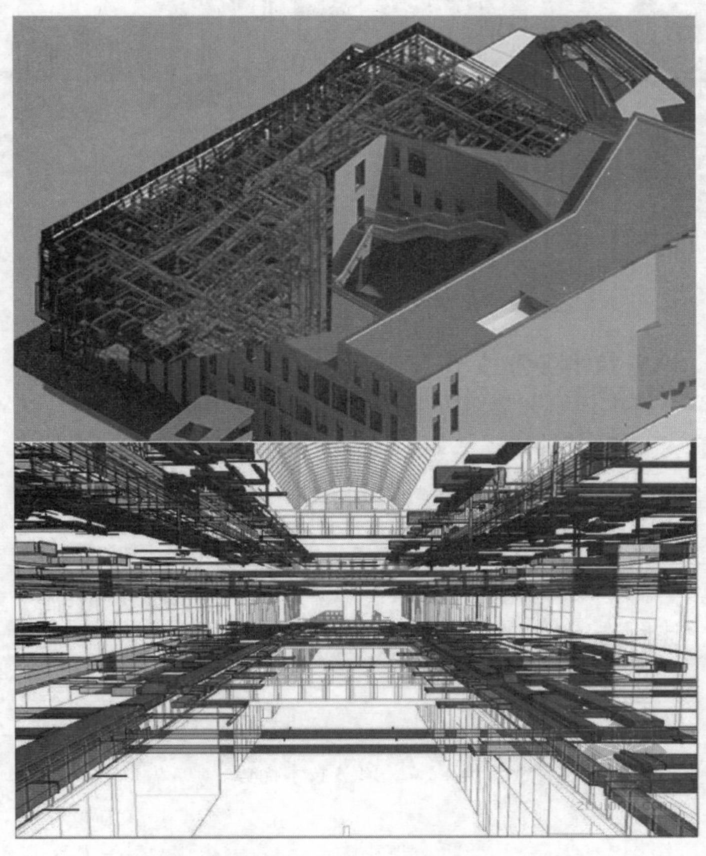

图 1-4 模拟性效果图

(4) 优化性：BIM 模型提供了建筑物实际存在的信息，包括几何信息、物理信息、规则信息，还提供了建筑物变化以后的信息，其配套的各种优化工具提供了对复杂项目进行优化的可能，如图 1-5 所示。

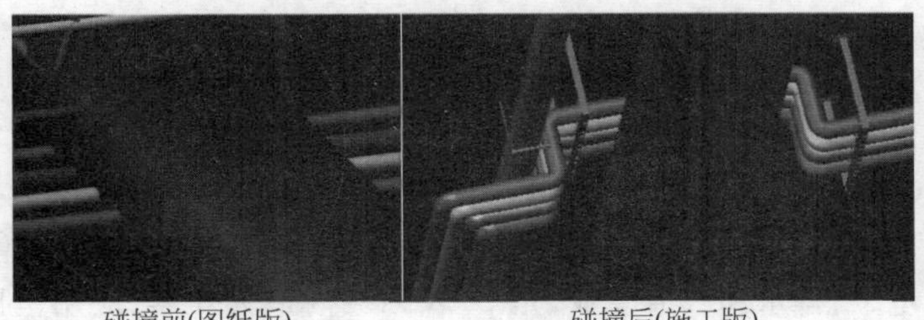

碰撞前(图纸版)　　碰撞后(施工版)

图 1-5 优化性效果图

(5) 可出图性：BIM 通过对建筑物进行可视化展示、协调、模拟和优化以后，可以帮助用户输出以下图纸：综合管线图(经过碰撞检查和设计修改，消除了相应错误以后)，综合结构留洞图(预埋套管图)，碰撞

> **知识扩展：**
> 本章依据《民用建筑设计通则》(GB 50352—2005)编写：
> 2 术语
> 2.0.1 民用建筑
> civil building
> 供人们居住和进行公共活动的建筑的总称。
> 2.0.2 居住建筑
> residential building
> 供人们居住使用的建筑。
> 2.0.3 公共建筑
> public building
> 供人们进行各种公共活动的建筑。
> 2.0.4 无障碍设施
> Accessibility facilities
> 方便残疾人、老年人等行动不便或有视力障碍者使用的安全设施。
> 2.0.5 停车空间
> parking space
> 停放机动车和非机动车的室内外空间。

检查错误报告和建议改进方案等，如图 1-6 所示。

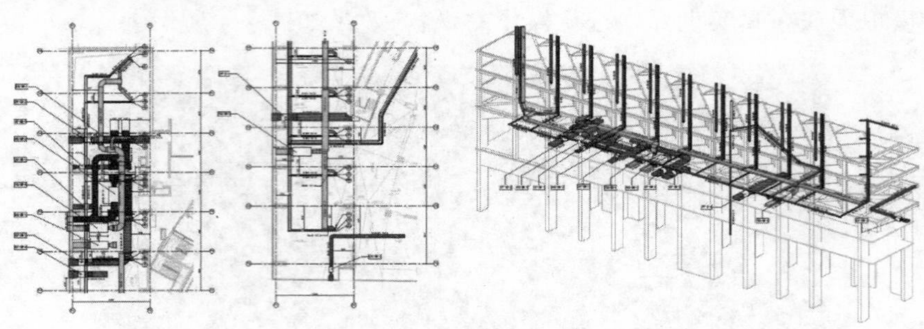

图 1-6　可出图性效果图

3. BIM 技术优势

BIM 技术体系在建筑方案设计方面可以提高设计效率，快速进行各种统计工作，其具体优势如图 1-7 所示。

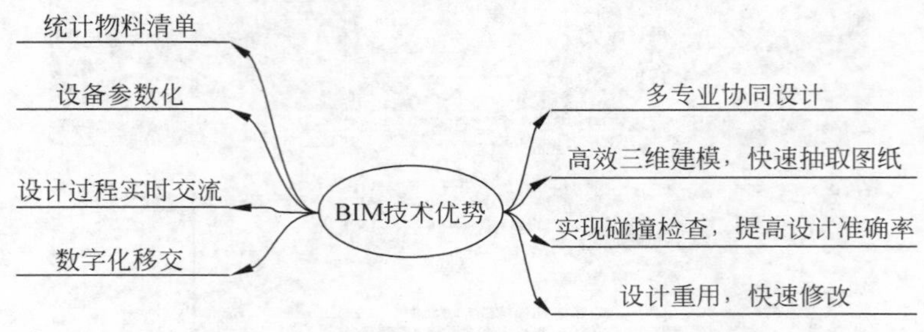

图 1-7　BIM 技术优势

1.1.2　BIM 与 Revit

建筑信息模型(BIM)是以建筑工程项目的各项相关信息数据作为模型的基础，进行建筑模型的建立，即所谓的数字建筑。BIM 是建筑行业的一种全新理念，也是当今建筑工程软件开发的主流技术，而 Revit 系列软件就是专为建筑信息模型(BIM)构建的平台。其利用软件内的墙、楼板、窗、楼梯和幕墙等各种构件来构建信息模型，可帮助建筑设计师设计、建造和维护质量更好、能效更高的建筑。

Autodesk Revit 作为一种应用程序，结合了 Revit Architecture、Revit MEP 和 Revit Structure 软件等功能，内容涵盖了全部建筑、结构、机电、给排水和暖通专业，是 BIM 领域内最为知名、应用范围最为广泛的软件，如图 1-8 所示。

此外，Revit 软件的双向关联性、参数化构件、直观的用户操作界面、冲突检测、增强的互操作性、支持可持续性设计、工作共享监视器和批量打印等功能，都极大程度上解放了建筑设计者，可以让建筑师将精力真正放在设计上而不是绘图上。

知识扩展：

本章依据《民用建筑设计通则》(GB 50352—2005)编写：

2.0.6　建筑基地
construction site

根据用地性质和使用权属确定的建筑工程项目的使用场地。

2.0.7　道路红线
boundary line of roads

规划的城市道路(含居住区级道路)用地的边界线。

2.0.8　用地红线
boundary line of land; property line

各类建筑工程项目用地的使用权属范围的边界线。

2.0.9　建筑控制线
building line

有关法规或详细规划确定的建筑物、构筑物的基底位置不得超出的界线。

2.0.10　建筑密度
building density; building coverage ratio

在一定范围内，建筑物的基底面积总和与占用地面积的比例(%)。

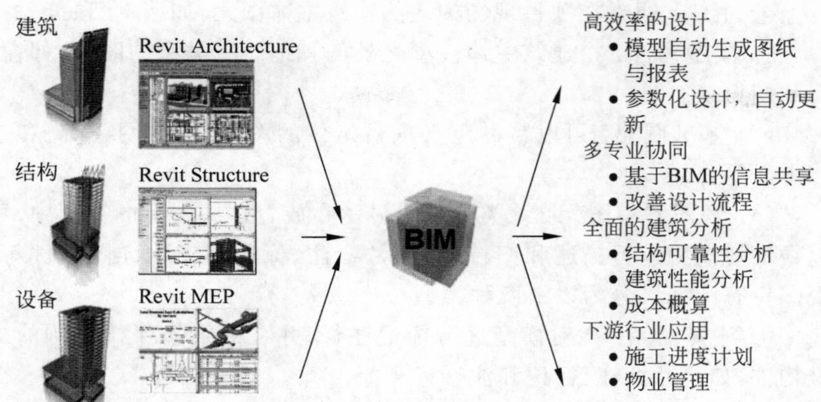

图 1-8 Revit 与 BIM 的关系

从 2013 版本开始，Autodesk 公司将原来的 Revit Architecture、Revit MEP 和 Revit Structure 三个独立的专业设计软件合为 Revit 一个行业设计软件，方便了全专业协同设计。在 Revit 2014 软件中，强大的建筑设计工具可以帮助用户捕捉和分析概念，以及保持从设计到建模的各个阶段的一致性。

1.1.3 Revit 结构设计的基本术语

Autodesk 公司的 Revit 2014 是一款三维参数化建筑设计软件，是有效创建信息化建筑模型的设计工具。在学习 Revit 2014 软件进行建筑建模设计之前，首先需要对与其相关的基本专业术语有一定的了解。

1. 项目

在 Revit 建筑设计中新建一个文件是指新建一个"项目"文件，有别于传统 AutoCAD 中的新建一个平面图或立剖面图等文件的概念。

在 Revit 中，项目是指单个设计信息数据库——建筑信息模型。项目文件包含了建筑的所有设计信息（从几何图形到构造数据），包括完整的三维建筑模型、所有设计视图（平、立、剖、明细表等）和施工图图纸等信息。且所有这些信息之间都相互关联，当建筑师在某一个视图中修改设计时，Revit 会在整个项目中同步修改，实现了"一处修改，处处更新"。

2. 图元

在创建项目时，用户可以通过向设计中添加参数化建筑图元来创建建筑。在 Revit 中，图元主要分为 3 种：模型图元、基准图元和视图专有图元。

（1）模型图元：表示建筑的实际三维几何图形，其将显示在模型的相关视图中，如墙、窗、门和屋顶等。模型图元又分为以下两种类型。

知识扩展：

本章依据《民用建筑设计通则》（GB 50352—2005）编写：

2.0.11 容积率
plot ratio，floor area ratio

在一定范围内，建筑面积总和与用地面积的比值。

2.0.12 绿地率
greening rate

一定地区内，各类绿地总面积占该地区总面积的比例（%）。

2.0.13 日照标准
insolation standards

根据建筑物所处的气候区、城市大小和建筑物的使用性质确定的，在规定的日照标准日（冬至日或大寒日）的有效日照时间范围内，以底层窗台面为计算起点的建筑外窗获得的日照时间。

2.0.14 层高
storey height

建筑物各层之间以楼、地面面层（完成面）计算的垂直距离，屋顶层由该层楼面面层（完成面）至平屋面的结构面层或至坡顶的结构面层与外墙外皮延长线的交点计算的垂直距离。

① 主体：通常在项目现场构建的建筑主体图元，如墙、屋顶等。

② 模型构件：指建筑主体模型之外的其他所有类型的图元，如窗，门和橱柜等。

(2) 基准图元：可以帮助定义项目定位的图元，如轴网、标高和参照平面等。

(3) 视图专有图元：该类图元只显示在放置这些图元的视图中，可以帮助对模型进行描述和归档，如尺寸标注、标记和二维详图构件等。视图专有图元又分为以下两种类型。

① 注释图元：指对模型进行标记注释，并在图纸上保持比例的二维构件，如尺寸标注、标记和注释记号等。

② 详图：指在特定视图中提供有关建筑模型详细信息的二维设计信息图元，如详图线、填充区域和二维详图构件等。

知识扩展：

本章依据《民用建筑设计通则》(GB 50352—2005)编写：

2.0.15 室内净高
interior net storey height

从楼、地面面层（完成面）至吊顶或楼盖、屋盖底面之间的有效使用空间的垂直距离。

2.0.16 地下室
basement

房间地平面低于室外地平面的高度超过该房间净高的 1/2 者为地下室。

2.0.17 半地下室
semibasement

房间地平面低于室外地平面的高度超过该房间净高的 1/3，且不超过 1/2 者为半地下室。

2.0.18 设备层
mechanical floor

建筑物中专为设置暖通、空调、给水排水和配变电等的设备和管道且供人员进入操作用的空间层。

2.0.19 避难层
refuge storey

建筑高度超过 100m 的高层建筑，为消防安全专门设置的供人们疏散避难的楼层。

2.0.20 架空层
open floor

仅有结构支撑而无外围护结构的开敞空间层。

3. 类别

类别是一组用于对建筑设计进行建模或记录的图元，用于对建筑模型图元、基准图元、视图专有图元进行分类。例如墙、屋顶和梁属于模型图元，而标记和文字注释则属于注释图元。

4. 族

族是某一类别中图元的类，用于根据图元参数的共用、使用方式的相同或图形表示的相似来对图元类别进一步分组。一个族中不同图元的部分或全部属性可能有不同的值，但是属性的设置（其名称和含义）是相同的。例如，结构柱中的“圆柱”和“矩形柱”都是柱类别中的一个族。

5. 类型

每一个族都可以拥有多个类型。类型可以是族的特定尺寸，如 450mm×600mm、600mm×750mm 的矩形柱都是“矩形柱”族的一种类型；类型也可以是样式，例如“线性尺寸标注类型”“角度尺寸标注类型”都是尺寸标注图元的类型。

类别、族和类型的相互关系如图 1-9 所示。

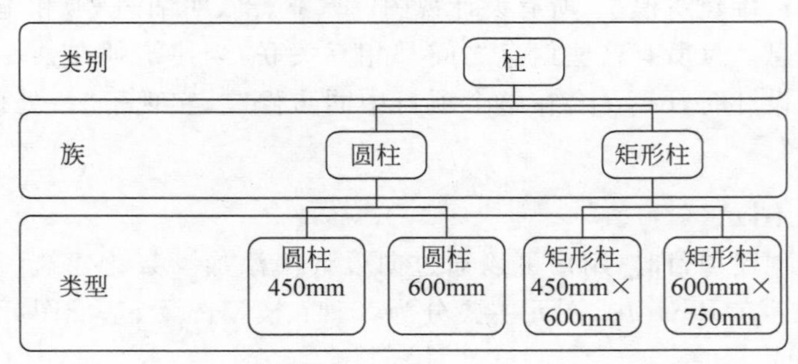

图 1-9 关系示意图

6. 实例

实例是放置在项目中的每一个实际的图元。每一实例都属于一个族，且在该族中属于特定类型。例如在项目中的轴网交点位置放置了10根600mm×750mm的矩形柱，那么每一根柱子都是“矩形柱”族中“600mm×750mm”类型的一个实例。

1.1.4 初识 Revit 2014 界面

在学习 Revit 软件之前，首先要了解 2014 版 Revit 的操作界面。新版软件更加人性化，不仅提供了便捷的操作工具，便于初级用户快速熟悉操作环境，同时对于熟悉该软件的用户而言，操作将更加方便。

鼠标左键双击桌面的“Revit 2014”软件快捷启动图标，系统将打开如图 1-10 所示的软件操作界面。

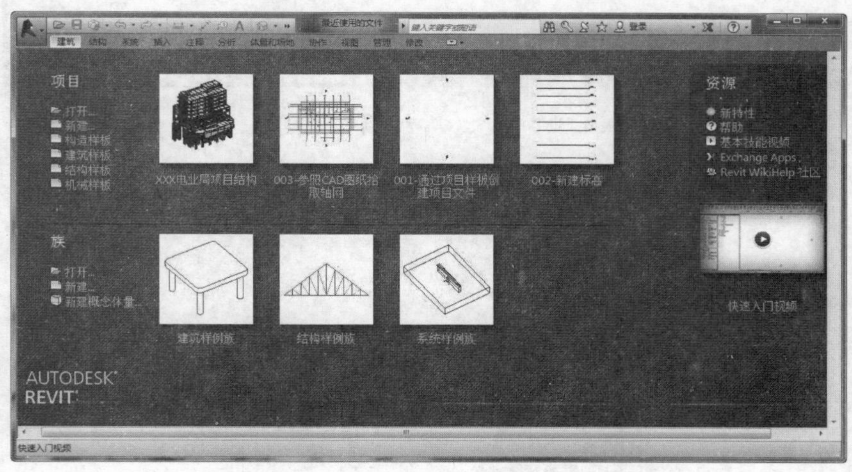

图 1-10 启动界面

此时，单击界面中的最近使用过的项目文件，或者单击“项目”选项组中的“新建”按钮，然后选择一样板文件，并单击“确定”按钮，即可进入 Revit 2014 操作界面，效果如图 1-11 所示。

Revit 2014 工作界面主要包含应用程序菜单、快速访问工具栏、功能区、绘图区和项目浏览器等，各部分的选项含义介绍如下。

1. 应用程序菜单

单击主界面左上角“应用程序菜单”图标，系统将展开应用程序菜单，如图 1-12 所示。该菜单中提供了“新建”“打开”“保存”“另存为”和“导出”等常用文件操作命令。在该菜单的右侧，系统还列出了最近使用的文档名称列表，用户可以快速打开近期使用的文件。

此外，若单击该菜单中的“选项”按钮，系统将打开“选项”对话框，用户可以进行相应的参数设置，如图 1-13 所示。

知识扩展：

本章依据《民用建筑设计通则》(GB 50352—2005)编写：

2.0.21 台阶

step

在室外或室内的地坪或楼层不同标高处设置的供人行走的阶梯。

2.0.22 坡道

ramp

连接不同标高的楼面、地面，供人行或车行的斜坡式交通道。

2.0.23 栏杆

railing

高度在人体胸部至腹部之间，用以保障人身安全或分隔空间用的防护分隔构件。

2.0.24 楼梯

stair

由连续行走的梯级、休息平台和维护安全的栏杆(或栏板)、扶手以及相应的支托结构组成的作为楼层之间垂直交通用的建筑部件。

2.0.25 变形缝

deformation joint

为防止建筑物在外界因素作用下，结构内部产生附加变形和应力，导致建筑物开裂、碰撞甚至破坏而预留的构造缝，包括伸缩缝、沉降缝和抗震缝。

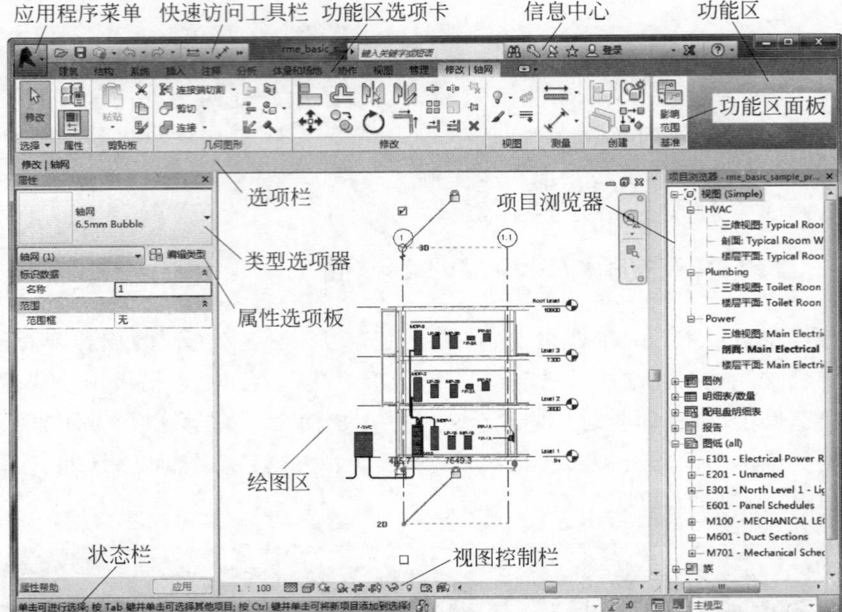

图 1-11 Revit 2014 操作界面

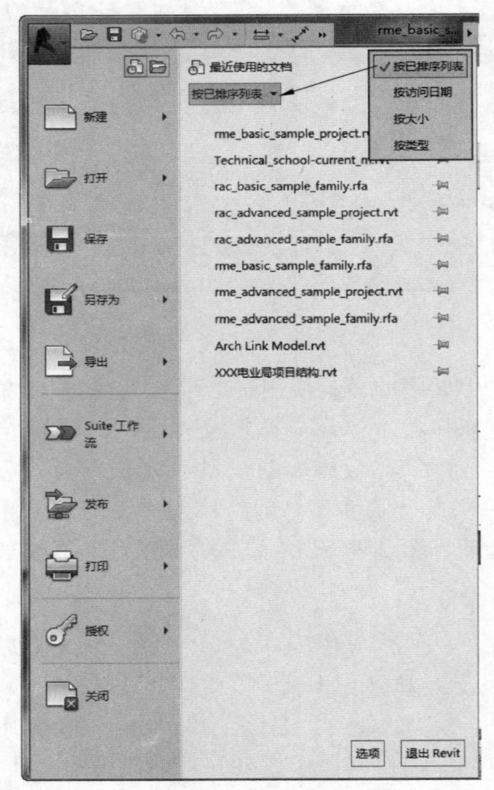

图 1-12 应用程序菜单

知识扩展：

本章依据《民用建筑设计通则》(GB 50352—2005)编写：

2.0.26 建筑幕墙
building curtain wall

由金属构架与板材组成的，不承担主体结构荷载与作用的建筑外围护结构。

2.0.27 吊顶
suspended ceiling

悬吊在房屋屋顶或楼板结构下的顶棚。

2.0.28 管道井
pipe shaft

建筑物中用于布置竖向设备管线的竖向井道。

2.0.29 烟道
smoke uptake; smoke flue

排除各种烟气的管道。

2.0.30 通风道
air relief shaft

排除室内蒸汽、潮气或污浊空气以及输送新鲜空气的管道。

2.0.31 装修
decoration; finishing

以建筑物主体结构为依托，对建筑内、外空间进行的细部加工和艺术处理。

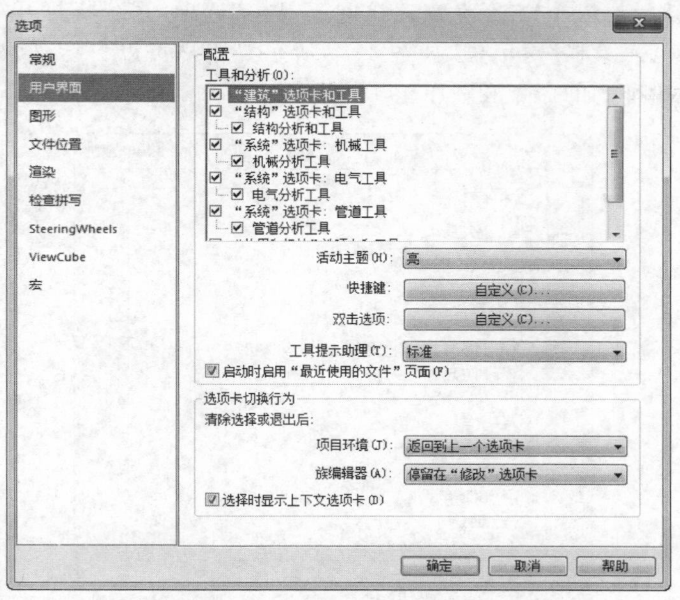

图 1-13 "选项"对话框

2. 快速访问工具栏

在主界面左上角"应用程序菜单"图标的右侧，系统列出了一排相应的工具图标，即快速访问工具栏，用户可以方便快捷地单击相应的按钮进行操作。

若单击该工具栏最后端的下拉三角箭头，系统将展开工具列表，如图 1-14 所示。此时，从下拉列表中勾选或取消勾选命令即可显示或隐藏命令。

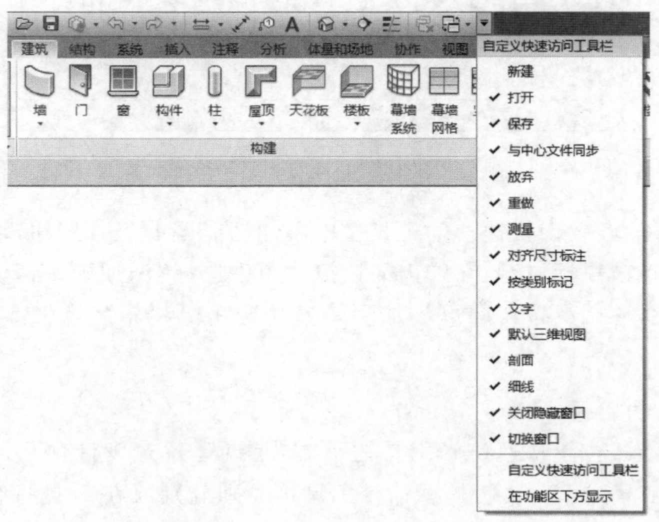

图 1-14 快速访问工具栏下拉菜单

知识扩展：

本章依据《民用建筑设计通则》(GB 50352—2005)编写：

2.0.32 采光
daylighting

为保证人们生活、工作或生产活动具有适宜的光环境，使建筑物内部使用空间取得的天然光照度满足使用、安全、舒适、美观等要求的技术。

2.0.33 采光系数
daylight factor

在室内给定平面上的一点，由直接或间接地接收来自假定和已知天空亮度分布的天空漫射光而产生的照度与同一时刻该天空半球在室外无遮挡水平面上产生的天空漫射光照度之比。

2.0.34 采光系数标准值
Standard value of daylight factor

室内和室外天然光临界照度时的采光系数值。

2.0.35 通风
ventilation

为保证人们生活、工作或生产活动具有适宜的空气环境，采用自然或机械方法，对建筑物内部使用空间进行换气，使空气质量满足卫生、安全、舒适等要求的技术。

2.0.36 噪声
noise

影响人们正常生活、工作、学习、休息，甚至损害身心健康的外界干扰声。

此时，若选择“自定义快速访问工具栏”选项，系统将打开“自定义快速访问工具栏”对话框，如图1-15所示。用户可以自定义快速访问工具栏中显示的命令及顺序。

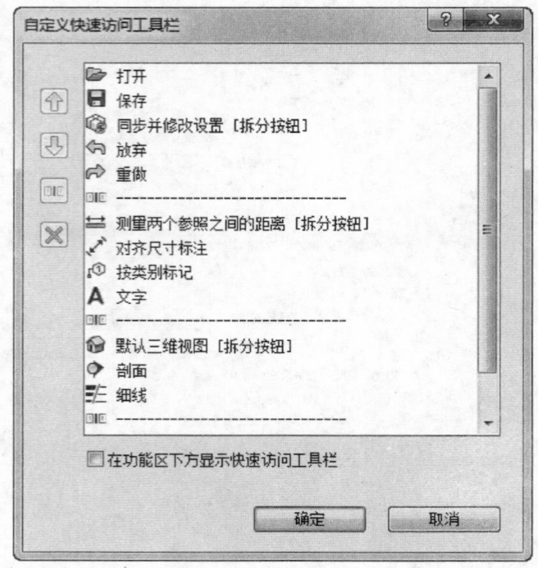

图1-15　“自定义快速访问工具栏”对话框

若选择“在功能区下方显示”选项，则该工具栏的位置将移动到功能区下方显示，且该选项命令将同时变为“在功能区上方显示”，如图1-16所示。

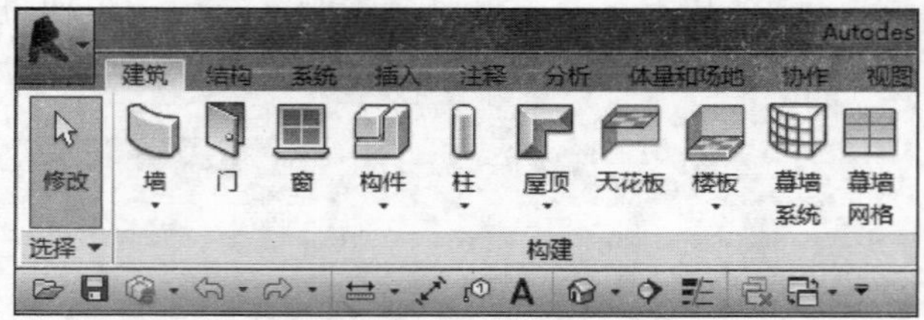

图1-16　变换工具栏位置

此外，若要向快速访问工具栏中添加功能区的工具按钮，可以在功能区中单击鼠标右键，在弹出的快捷菜单中选择“添加到快速访问工具栏”选项，该工具按钮即可添加到快速访问工具栏中默认命令的右侧，如图1-17所示。

3. 功能区

功能区位于快速访问工具栏下方，是创建建筑设计项目所有工具的集合。Revit 2014将这些命令工具按类别分别放在不同的选项卡面板中，如图1-18所示。

功能区包含功能区选项卡、功能区子选项卡和面板等部分。其中，

知识扩展：

本章依据《民用建筑设计通则》(GB 50352—2005)编写：

1　总则

1.0.1　为统一和规范民用建筑设计的术语，并有利于国内外的合作和交流，制定本标准。

1.0.2　本标准适用于房屋建筑工程中民用建筑的设计、教学、科研、管理及其他相关领域。

1.0.3　使用民用建筑设计术语时，除应符合本标准的规定外，尚应符合国家现行有关标准的规定。

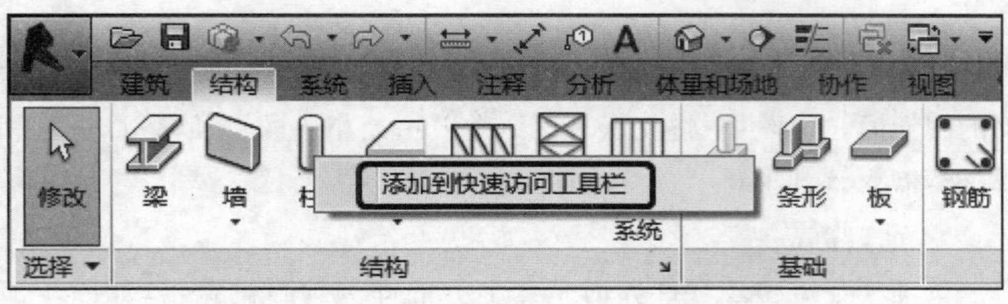

图 1-17　添加工具按钮

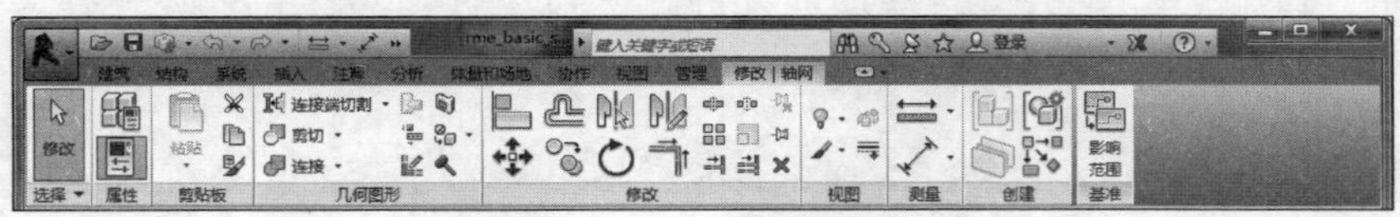

图 1-18　功能区

每个选项卡都将其命令工具细分为几个面板进行集中管理。而当选择某图元或者激活某命令时，系统将在功能区主选项卡后添加相应的子选项卡，且该子选项卡中列出了和该图元或该命令相关的所有子命令工具，用户不必在下拉菜单中逐级查找子命令。

此外，用户还可以通过以下操作，自定义功能区中的面板位置和视图状态。

(1) 移动面板：单击某个面板标签按住鼠标左键，将该面板拖到功能区上所需的位置放开鼠标即可。

(2) 浮动面板：单击某个面板标签按住鼠标左键，将该面板拖到绘图区放开鼠标左键即可。此外，若需将浮动面板复位，可以将鼠标放到浮动面板上，此时浮动面板两侧显示为深色背景条，再单击右上角的"将面板返回到功能区"按钮即可，如图 1-19 所示。

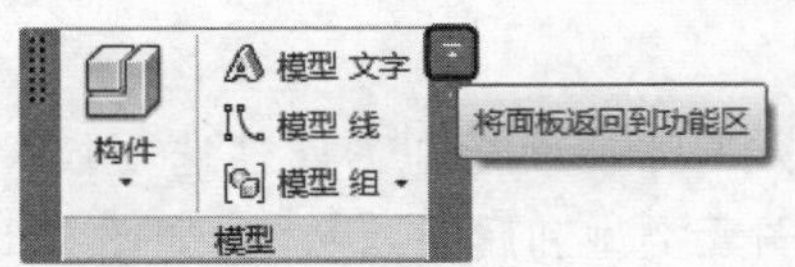

图 1-19　复位浮动面板

(3) 功能区视图状态：单击选项卡最右侧的下拉工具按钮，可以使功能区显示在"最小化为选项卡""最小化为面板标题""最小化为面板按钮"和"全部显示"4 种状态之间循环切换，如图 1-20 所示。

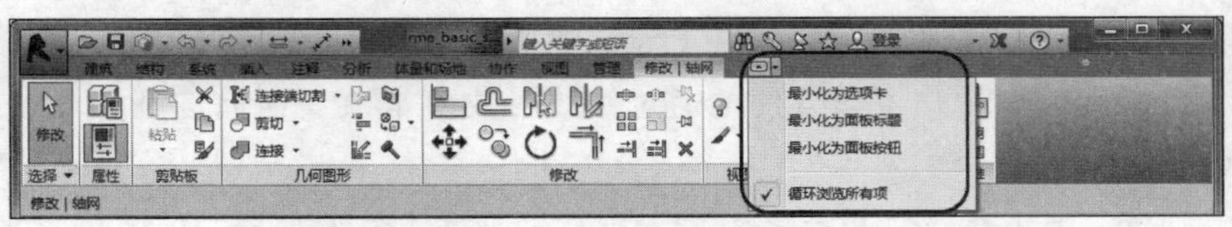

图 1-20　切换功能区视图状态

知识扩展：

本章依据《民用建筑设计术语标准》(GB/T 50504—2009)编写：

2.1　基本术语

2.1.1　建筑设计

architectural design; building design

广义的建筑设计是指设计一个建筑物（群）要做的全部工作，包括场地、建筑、结构、设备、室内环境、室内外装修、园林景观等设计和工程概预算。狭义的建筑设计是指解决建筑物使用功能和空间合理布置、室内外环境协调、建筑造型及细部处理，并与结构、设备等工种配合，使建筑物达到适用、安全、经济和美观。

2.1.2　建筑学

architecture

研究建筑物及其环境的学科，旨在总结人类建筑活动的经验，创造人工空间环境，在文化艺术、技术等方面对建筑进行研究。

2.1.3　建筑

architecture; building

既表示建筑工程的营造活动，又表示营造活动的成果——建筑物，同时可表示建筑类型和风格。

2.1.4　建筑物

building

用建筑材料构筑的空间和实体，供人们居住和进行各种活动的场所。

4. 选项栏

功能区下方即为选项栏，当用户选择不同的工具命令，或者选择不同的图元时，选项栏中将显示与该命令或图元相关的选项，可以进行相应参数的设置和编辑。

5. 项目浏览器

选项栏下方位于软件界面左侧上方的即为项目浏览器，如图 1-21 所示。项目浏览器用于显示当前项目中所有视图、明细表、图纸、族、组、链接的 Revit 模型和其他部分的目录树结构。展开和折叠各分支时，系统将显示下一层目录。

图 1-21　项目浏览器

项目浏览器的形式和操作方式类似于 Windows 的资源管理器，双击视图名称即可打开视图；选择视图名称单击鼠标右键即可找到复制、重命名和删除等视图编辑目录。

6. 属性选项板

项目浏览器下方的浮动面板即为属性选项板。当选择某图元时，属性选项板会显示图元类型和属性参数等，如图 1-22 所示。该选项板主要由以下 3 部分组成。

(1) 类型选择器：选项板上面一行的预览框和类型名称即为图元类型选择器。用户可以单击右侧的下拉箭头从列表中选择已有的合适的构件类型直接替换现有类型，而不需要反复修改图元参数。

(2) 实例属性参数：选项板下面的各种参数列表框显示了当前选择图元的限制条件类、图形类、尺寸标注类、标识数据类、阶段类等实例参数及其值。用户可以方便地通过修改参数值来改变当前选择图元的外观尺寸等。

(3) 编辑类型：单击该按钮，系统将打开“类型属性”对话框，如图 1-23 所示。用户可以复制、重命名对象类型，并可以通过编辑其中

知识扩展：

本章依据《民用建筑设计术语标准》(GB/T 50504—2009)编写：

2.1.5　构筑物
construction

为某种使用目的而建造的、人们一般不直接在其内部进行生产和生活活动的工程实体或附属建筑设施。

2.1.6　建筑师
architect

指受过专业教育或训练，并以建筑设计为主要职业的人。

2.1.7　建筑结构设计
structural design

为确保建筑物能承担规定的荷载，并保持其刚度、强度、稳定性和耐久性进行的设计。

2.1.8　建筑设备设计
building service design

对建筑物中给水排水、暖通空调、电气和动力等设备设计的总称。

2.1.9　场地设计
site design; site layout

对建筑用地内的建筑布局、道路、竖向、绿化及工程管线等进行综合性的设计，又称为总图设计或总平面设计。

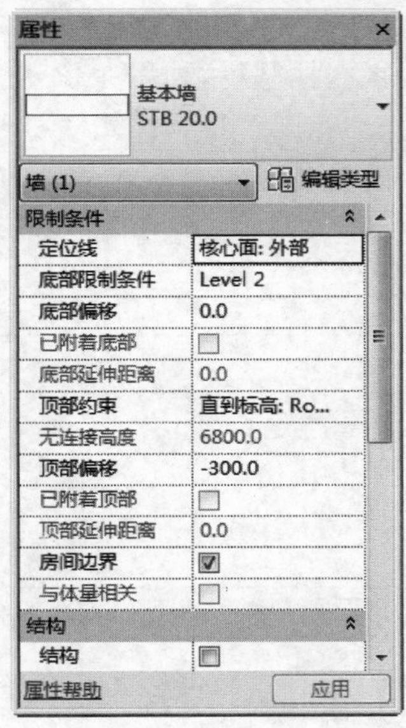

图 1-22 属性选项板

的类型参数值来改变与当前选择图元同类型的所有图元的外观尺寸等。

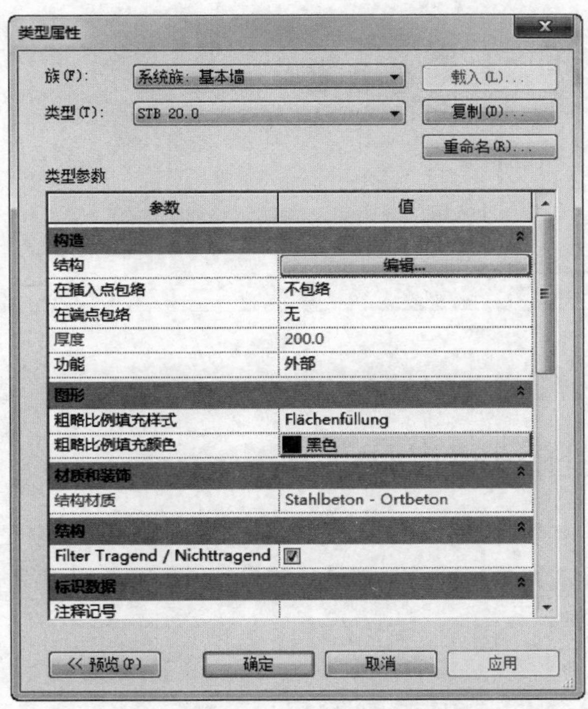

图 1-23 “类型属性”对话框

7. 视图控制栏

绘图区左下角即为视图控制栏，如图 1-24 所示。用户可以快速设置当前视图的“比例”“详细程度”“视觉样式”“打开/关闭日光路径”“打开/关闭阴影”“打开/关闭剪裁区域”“显示/隐藏剪裁区域”“临时隐藏/隔离”和“显示隐藏的图元”等选项。各按钮的功能将在后面的章节中详细介绍，这里不再赘述。

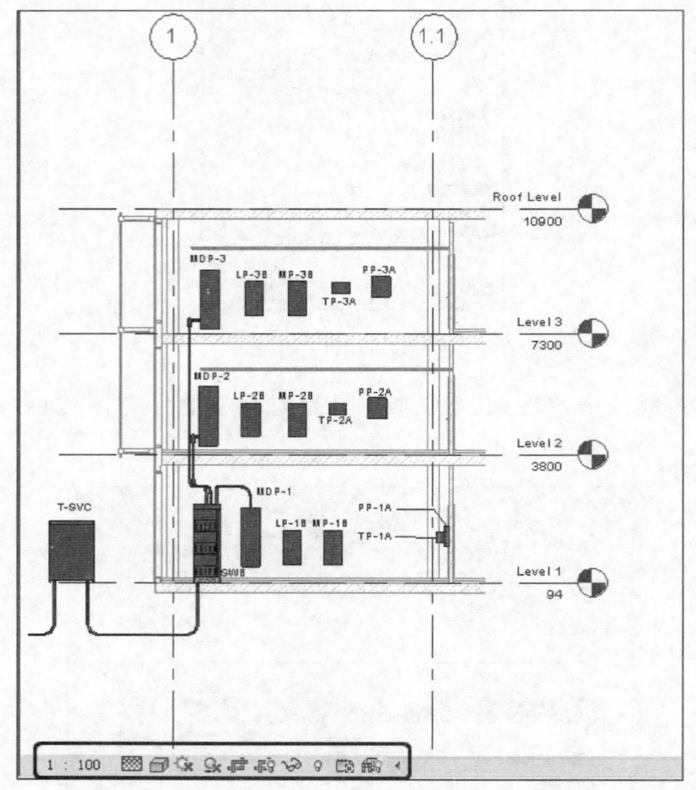

图 1-24　视图控制栏

知识扩展：

本章依据《民用建筑设计术语标准》(GB/T 50504—2009)编写：

2.1.10　建筑构造设计 construction design

对建筑物中的部件、构件、配件进行的详细设计，以达到建造的技术要求并满足其使用功能和艺术造型的要求。

2.1.11　建筑标准设计 standard design

按照有关技术标准，对具有通用性的建筑物及其建筑部件、构件、配件、工程设备等进行的定型设计。

2.1.12　建筑室内设计 interior design

为满足建筑室内使用和审美要求，对室内平面、空间、材质、色彩、光照、景观、陈设、家具和灯具等进行布置和艺术处理的设计。

2.1.13　建筑防火设计 fire prevention design; fire protection design

在建筑设计中采取防火措施，以防止火灾发生和蔓延，减少火灾对生命财产的危害的专项设计。

1.2　视图控制工具

在 Revit 中，视图不同于传统意义上的 CAD 图纸，它是所建项目中的 BIM 模型根据不同的规则显示的模型投影。视图控制是 Revit 中最重要的基础操作之一。

1.2.1　使用项目浏览器

Revit 2014 将所有可访问的视图和图纸等都放置在项目浏览器中进行管理，使用项目浏览器可以方便地在各视图间进行切换操作。

项目浏览器用于组织和管理当前项目中包括的所有信息，包括项目中所有视图、明细表、图纸、族、组和链接的 Revit 模型等项目资源。Revit 2014 按逻辑层次关系组织这些项目资源，且展开和折叠各分支时，系统将显示下一层集的内容，如图 1-25 所示。

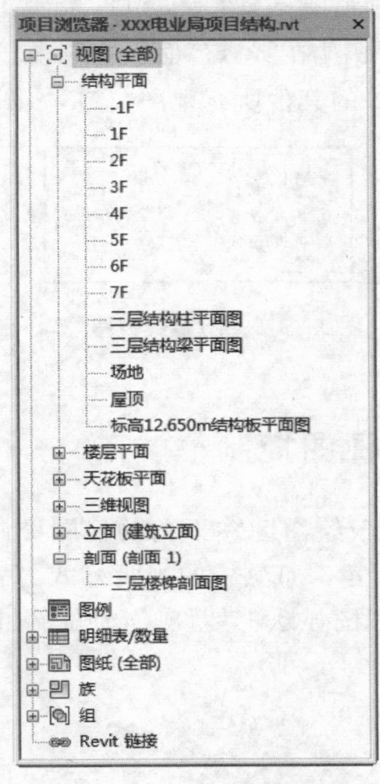

图 1-25　项目浏览器

在 Revit 2014 中进行项目设计时，最常用的操作就是利用项目浏览器在各视图中进行切换，用户可以通过双击项目浏览器中相应的视图名称来实现该操作。如图 1-26 所示就是双击指定的楼层平面视图名称，切换至该视图的效果。

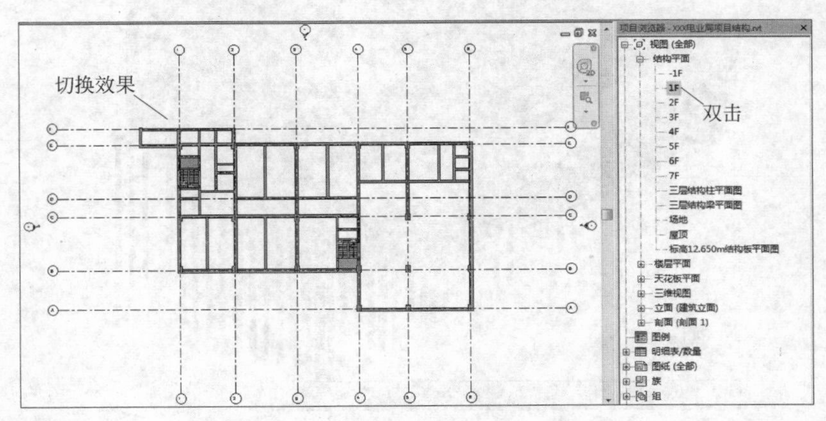

图 1-26　切换视图

知识扩展：

本章依据《民用建筑设计术语标准》(GB/T 50504—2009)编写：

2.1.14　人防设计

air defense design; civil defense design

在建筑设计中对具有预定战时防空功能的地下建筑空间采取防护措施，并兼顾平时使用的专项设计。

2.1.15　建筑节能设计

enerey-efficiency design; energy-saving design

为降低建筑物围护结构、采暖、通风、空调和照明等的能耗，在保证室内环境质量的前提下，采取节能措施，提高能源利用率的专项设计。

2.1.16　无障碍设计

barrier-free design

为保障行动不便者在生活及工作上的方便、安全，对建筑室内外的设施等进行的专项设计。

此外，在利用项目浏览器切换视图的过程中，Revit 都将在新视图窗口中打开相应的视图。如切换的视图次数过多，系统会因视图窗口过多而消耗较多的计算机内存资源。此时，可以根据实际情况及时关闭不需要的视图，或者利用系统提供的“关闭隐藏窗口”工具一次性关闭除当前窗口外的其他所有活动视图窗口。

切换至“视图”选项卡，在“窗口”面板中单击“关闭隐藏窗口”按钮，即可关闭除当前窗口外的其他所有视图窗口，如图 1-27 所示。

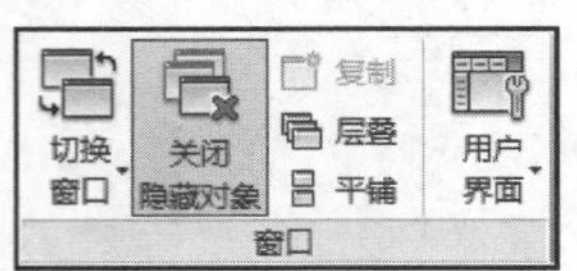

图 1-27　关闭多余视图窗口

知识扩展：

本章依据《民用建筑设计术语标准》(GB/T 50504—2009)编写：

2.2　建筑分类

2.2.1　建筑类型
building type

将建筑按照不同的分类方法区分成不同的类型，以使相应的建筑标准、规范对同一类型的建筑加以技术上或经济上的规定。

2.2.2　民用建筑
civil building

供人们居住和进行各种公共活动的建筑的总称。

2.2.3　居住建筑
residential building

供人们居住使用的建筑。

2.2.4　公共建筑
public building

供人们进行各种公共活动的建筑。

2.2.5　工业建筑
industrial building

以工业性生产为主要使用功能的建筑。

2.2.6　农业建筑
agricultural building

以农业性生产为主要使用功能的建筑。

1.2.2　使用视图控制栏

在视图窗口中，位于绘图区左下角的视图控制栏用于控制视图的显示状态，如图 1-28 所示。且其中的视觉样式、阴影控制和临时隐藏/隔离工具是最常用的视图显示工具，现分别介绍如下。

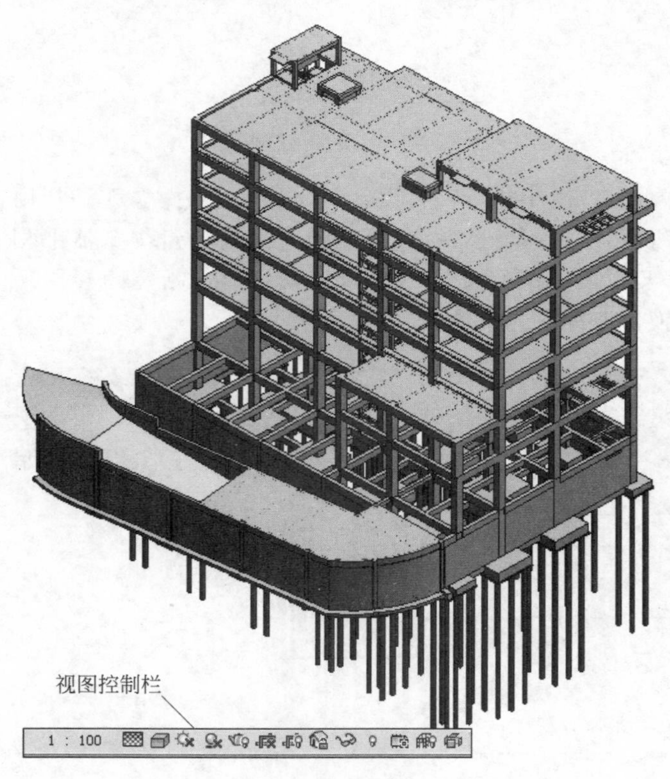

图 1-28　视图控制栏

1. 视觉样式

Revit 2014 提供了 6 种模型视觉样式：线框、隐藏线、着色、一致的颜色、真实和光线追踪。其显示效果逐渐增强，但消耗的计算资源逐渐增多，且显示刷新的速度逐渐降低。用户可以根据计算机的性能和所需的视图表现形式来选择相应的视觉样式类型，效果如图 1-29 所示。

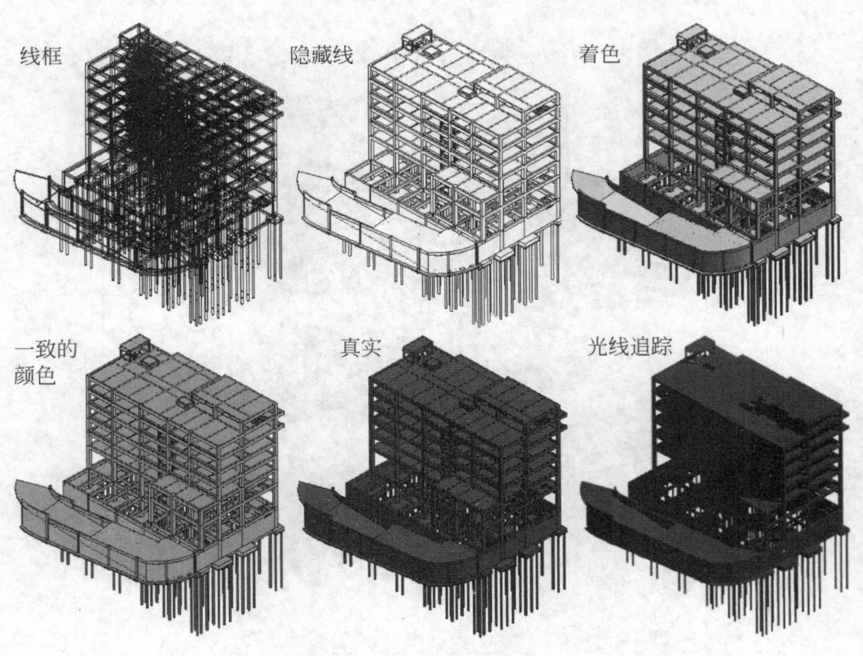

图 1-29　视图视觉样式

此外，选择“视觉样式”工具栏中的“图形显示选项”选项，系统将打开“图形显示选项”对话框，如图 1-30 所示。此时，即可对相关的视图显示参数选项进行设置。

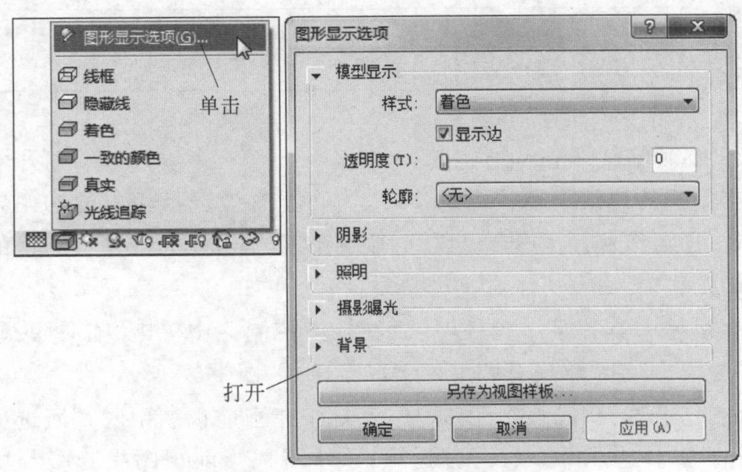

图 1-30　“图形显示选项”对话框

知识扩展：

本章依据《民用建筑设计术语标准》(GB/T 50504—2009)编写：

2.3　设计前期工作、设计依据、设计程序

2.3.1　设计前期工作 predesign study; predesign programming

一个建设项目的初期策划阶段的工作。工作内容主要包括提出项目建议书或项目申请报告，编制可行性研究报告，做出项目评估报告。

2.3.2　项目建议书 project proposal

项目设计前期最初的工作文件。建设项目需政府审批时，由项目主管单位或业主对拟建项目提出的轮廓设想，从宏观上说明拟建项目建设的必要性，同时初步分析项目建设的可行性和投资效益。

2.3.3　可行性研究 feasibility study

建设项目投资决策前进行技术经济论证的一种科学方法。通过对项目有关的工程、技术、环境、经济及社会效益等方面条件和情况进行调查、研究、分析，对建设项目技术上的先进性、经济上的合理性和建设上的可行性，在多方案分析的基础上做出比较和综合评价，为项目决策提供可靠依据。

2. 阴影控制

当指定的视图视觉样式为隐藏线、着色、一致的颜色和真实等类型时，用户可以打开视图控制栏中的阴影开关，此时视图将根据项目设置的阳光位置投射阴影，如图 1-31 所示。

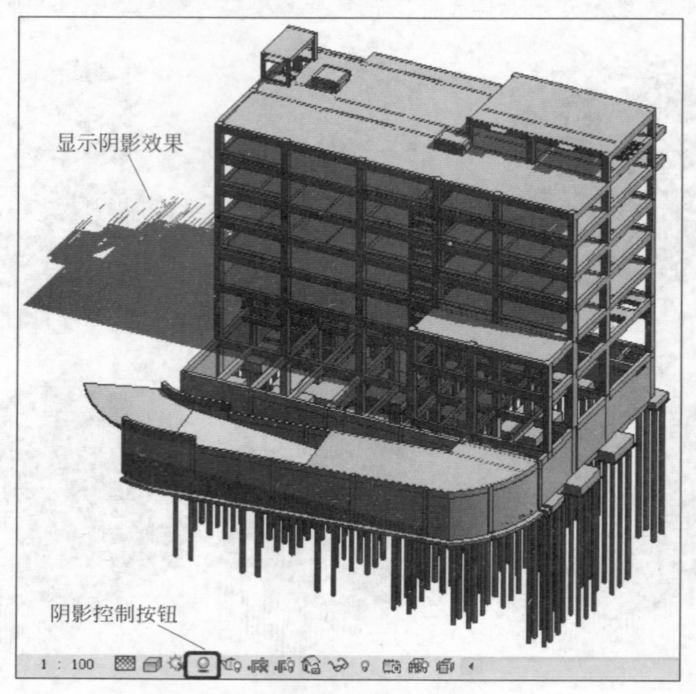

图 1-31　打开视图阴影

> **提示**
>
> 启动阴影效果后，在进行视图导航控制时，系统将实时重新计算视图阴影，显示刷新的速度将会变慢。

3. 临时隐藏/隔离

当创建的建筑模型较为复杂时，为防止意外选择相应的构件导致误操作，还可以利用 Revit 提供的“临时隐藏/隔离”工具进行图元的显示控制操作。

在模型中选择某一构件，然后在视图控制栏中单击“临时隐藏/隔离”按钮，系统将展开相应的关联菜单，如图 1-32 所示。

此时，若选择“隐藏图元”选项，系统将在当前视图中隐藏所选择的构件图元；若选择“隐藏类别”选项，系统将在当前视图中隐藏与所选构件属于同一类别的所有图元，如图 1-33 所示。

知识扩展：

本章依据《民用建筑设计术语标准》(GB/T 50504—2009)编写：

2.3.4　项目评估

project appraisal; project assessment

对拟建项目的可行性研究报告进行评价，审查项目可行性研究的可靠性、真实性和客观性，对最终决策项目投资是否可行进行认可，确认最佳投资方案。

2.3.5　概念设计

conceptual design; concept design

对设计对象的总体布局、功能、形式等进行可能性的构想和分析，并提出设计概念及创意。

2.3.6　设计依据

design basis

整个设计过程应遵照执行并以此为据的法律性文件、工程建设标准和相关资料。

2.3.7　工程建设标准

construction standard

为在工程建设领域内获得最佳秩序所制定的统一的、重复使用的技术要求和准则。

2.3.8　规划设计条件

planning and design conditions

城市规划管理部门对工程建设项目土地使用的具体要求。

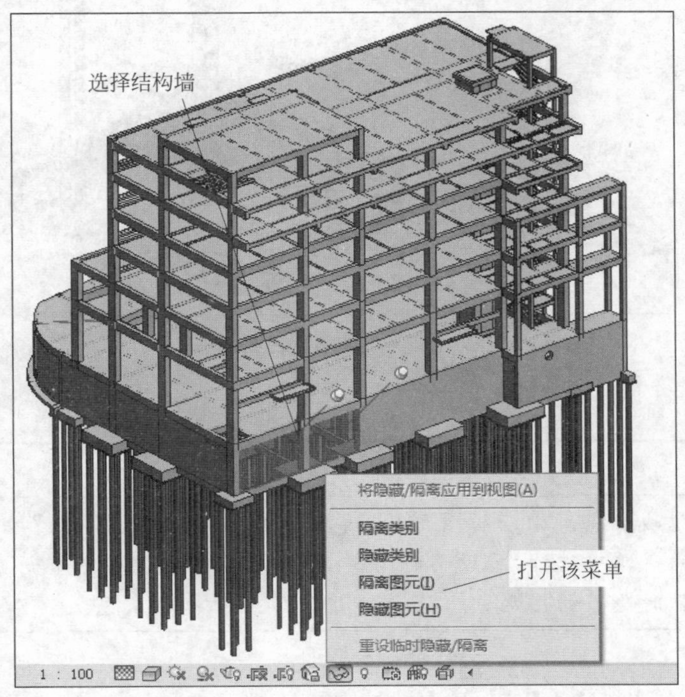

图 1-32 “临时隐藏/隔离”关联菜单

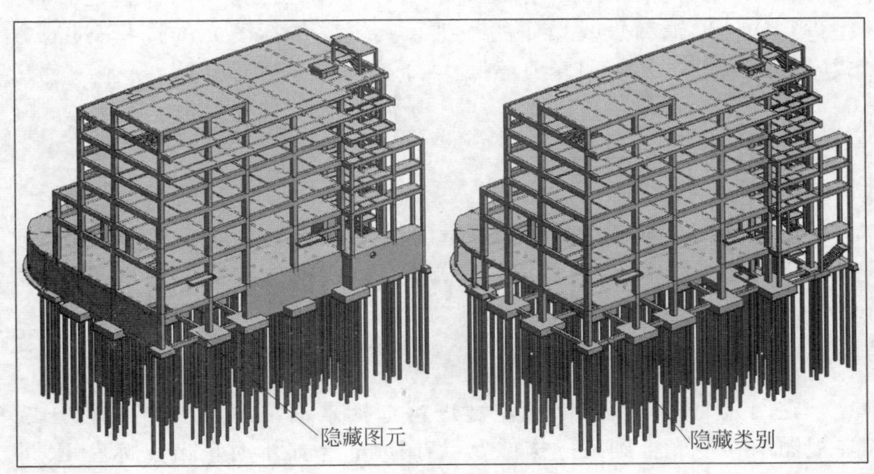

图 1-33 隐藏视图

而若选择“隔离图元”选项，系统将单独显示所选图元，并隐藏未选择的其他所有图元；选择“隔离类别”选项，系统将单独显示或所选图元属于同类别的所有图元，并隐藏未选择的其他所有类别图元，如图 1-34 所示。

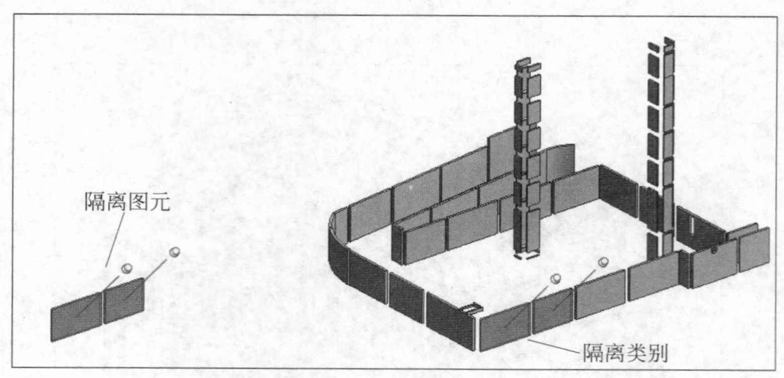

图 1-34 隔离视图

提示

隐藏或隔离相应的图元后，再次单击“临时隐藏/隔离”按钮，在打开的菜单中选择“重设临时隐藏/隔离”选项，系统即可重新显示所有被临时隐藏的图元。

知识扩展：

本章依据《民用建筑设计术语标准》(GB/T 50504—2009)编写：

2.3.9 设计任务书

design assignment statement;

design program

由建设方编制的工程项目建设大纲，向受托设计单位明确建设单位对拟建项目的设计内容及要求。

2.3.10 设计合同

design contract

各方当事人针对工程设计事宜所签订的具有约束力的协议。

2.3.11 地形图

topographical map

通过测量编制而成的，反映建设用地实际地形、地貌、地物的平面图。

2.3.12 用地红线图

map of red line; map of property line

城市规划管理部门签发的，规定建设用地范围的平面图。

1.3 常用图元操作

在 Revit 中，图元操作是建筑建模设计过程最常用的操作之一，也是进行构件编辑和修改操作的基础。其主要包括图元的选择、过滤方式，图元的调整、复制和修剪等操作，下文将分别进行介绍。

1.3.1 图元选择

图元选择是项目设计中最基本的操作命令，和其他的 CAD 设计软件一样，Revit 2014 软件也提供了单击选择、窗选和交叉窗选等方式。各方式的具体操作方法如下所述。

1. 单击选择

在图元上直接单击鼠标左键进行选择是最常用的图元选择方式。在视图中移动光标到某一构件上，当图元高亮显示时单击鼠标左键，即可选择该图元，如图 1-35 所示。

此外，当按住 Ctrl 键，且光标箭头右上角出现“＋”符号时，连续单击选取相应的图元，即可同时选择多个图元，如图 1-36 所示。

技巧：此外，当单击选择某一构件图元后，单击鼠标右键，并在打开的快捷菜单中选择“选择全部实例”选项，系统即可选择所有相同类型的图元。

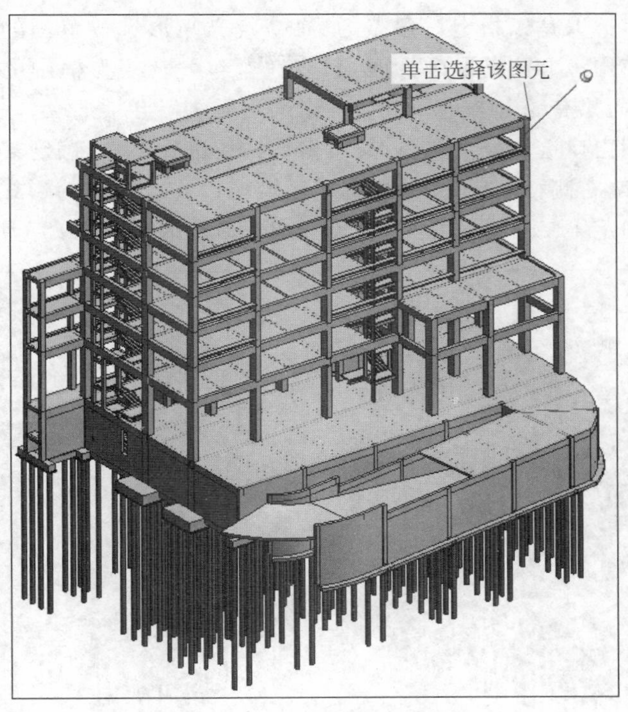

图 1-35 单击选择单个图元

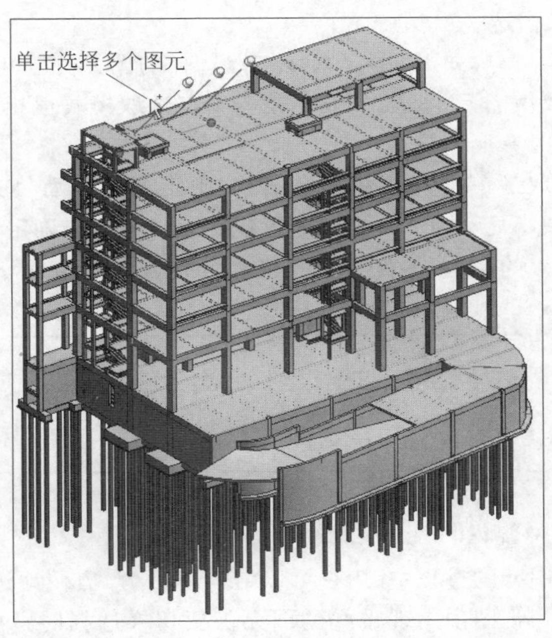

图 1-36 单击选择多个图元

知识扩展：

本章依据《民用建筑设计术语标准》(GB/T 50504—2009)编写：

2.3.13 方案设计 schematic design

对拟建的项目按设计依据的规定进行建筑设计创作的过程，对拟建项目的总体布局、功能安排、建筑造型等提出可能且可行的技术文件，是建筑工程设计全过程的最初阶段。

2.3.14 初步设计 preliminary design; design development

在方案设计文件的基础上进行的深化设计，解决总体、使用功能、建筑用材、工艺、系统、设备选型等工程技术方面的问题，符合环保、节能、防火、人防等技术要求，并提交工程概算，以满足编制施工图设计文件的需要。

2.3.15 施工图设计 working drawing; construction drawing

在已批准的初步设计文件基础上进行的深化设计，提出各有关专业详细的设计图纸，以满足设备材料采购、非标准设备制作和施工的需要。

2. 窗选

窗口选取是以指定对角点的方式，定义矩形选取范围的一种选取方法。使用该方法选取图元时，只有完全包含在矩形框中的图元才会被选取，而只有一部分进入矩形框中的图元将不会被选取。

采用窗口选取方法时，首先单击并按住鼠标不放，确定第一个对角点，然后向右侧移动鼠标，此时选取区域将以实线矩形的形式显示。接着单击确定第二个对角点后，即可完成窗口选取，如图 1-37 所示。

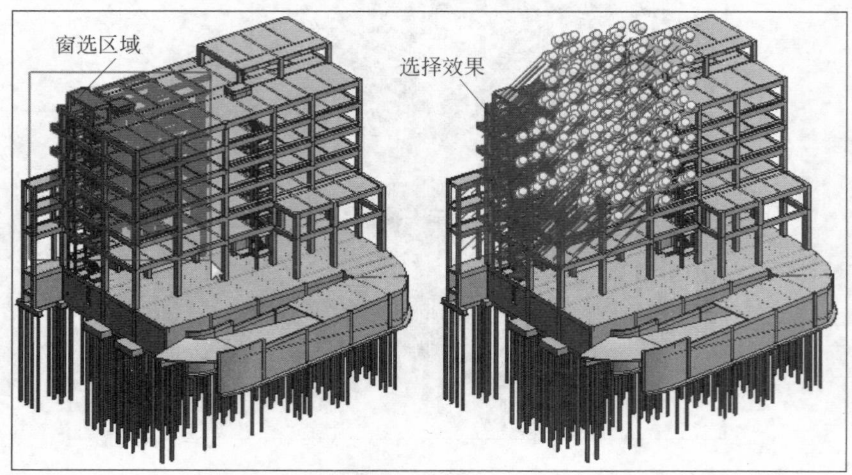

图 1-37　窗选图元

3. 交叉窗选

在交叉窗口模式下，用户无须将欲选择的图元完全包含在矩形框中，即可选取该图元。交叉窗口选取与窗口选取模式很相似，只是在定义选取窗口时有所不同。

交叉选取是单击并按住鼠标不放，确定第一点后，向左侧移动鼠标，选取区域将显示为一个虚线矩形框。此时再单击确定第二点，即第二点在第一点的左边，即可将完全或部分包含在交叉窗口中的图元均选中，如图 1-38 所示。

提示

选择图元后，在视图空白处单击鼠标左键或按 Esc 键即可取消选择。

4. Tab 键选择

在选择图元的过程中，用户可以结合 Tab 键，方便地选取视图中的相应图元。当视图中出现重叠的图元需要切换选择时，可以将光标移至该重叠区域，使其亮显。连续按下 Tab 键，系统即可在多个图元之间循环切换以供选择。

知识扩展：

本章依据《民用建筑设计术语标准》(GB/T 50504—2009)编写：

2.4　主要设计文件与技术经济指标

2.4.1　设计文件
design document

以批准的可行性研究报告和可靠的设计基础资料为依据，分阶段编制的设计说明书、计算书、图纸、主要设备材料表及工程概预算等文件的总称。

2.4.2　建筑设计说明
description of architectural design; design description

由文字与表格或简图组成的对建筑设计进行说明的设计文件。

2.4.3　总平面图
site plan

表示拟建房屋所在规划用地范围内的总体布置图，并反映与原有环境的关系和邻界的情况等。

2.4.4　竖向布置图
vertical planning

表示拟建房屋所在规划用地范围内场地各部位标高的设计图。

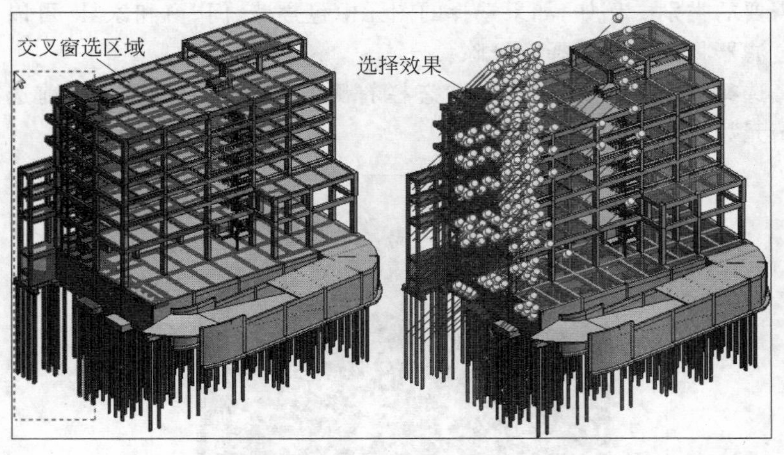

图 1-38　交叉窗选图元

此外，用户还可以利用 Tab 键选择墙链或线链的一部分：单击选择第一个图元作为链的起点，然后移动光标到该链中的最后一个图元上，使其亮显。此时，按下 Tab 键，系统将高亮显示两个图元之间的所有图元，单击即可选择该亮显部分。

1.3.2　图元过滤

当选择了多个图元后，尤其是利用窗选或交叉窗选等方式选择图元时，特别容易将一些不需要的图元选中。此时，用户可以利用不同的方式从选择集中过滤不需要的图元。各方式的具体操作方法现介绍如下：

1. Shift 键＋单击选择

选择多个图元后，按住 Shift 键，光标箭头右上角将出现"－"符号。此时，连续单击选取需要过滤的图元，即可将其从当前选择集中过滤。

2. Shift 键＋窗选

选择多个图元后，按住 Shift 键，光标箭头右上角将出现"－"符号。此时，从左侧单击鼠标左键并按住不放，向右侧拖动鼠标拉出实线矩形框，完全包含在框中的图元将高亮显示，松开鼠标即可将这些图元从当前选择集中过滤。

3. Shift 键＋交叉窗选

选择多个图元后，按住 Shift 键，光标箭头右上角将出现"－"符号。此时，从右侧单击鼠标左键并按住不放，向左侧拖动鼠标拉出虚线矩形框，完全或部分包含在框中的图元都将高亮显示，松开鼠标即可将这些图元从当前选择集中过滤。

4. 过滤器

当选择中包含不同类别的图元时，可以使用过滤器从选择中删除

> **知识扩展：**
>
> 本章依据《民用建筑设计术语标准》(GB/T 50504—2009)编写：
>
> 2.4.5　土方图
> earth work drawing; earth work planning
> 表示拟建房屋所在规划用地范围内场地平整所需土方挖填量的设计图。
>
> 2.4.6　管线综合图
> integral pipelines longitudinal and vertical drawing
> 表示建筑设计所涉及的工程管线平面走向和竖向标高的布置图。
>
> 2.4.7　平面图
> plan
> 用一水平的剖切面沿门窗洞位置将房屋剖切后，对剖切面以下部分所做的水平投影图。
>
> 2.4.8　立面图
> elevation
> 在与房屋主要外墙面平行的投影面上所做的房屋正投影图。
>
> 2.4.9　剖面图
> section
> 用垂直于外墙水平方向轴线的铅垂剖切面，将房屋剖切所得的正投影图。
>
> 2.4.10　建筑详图
> architectural details
> 对建筑物的主要部位或房间用较大的比例(一般为 1∶20～1∶50)绘制的详细图样。

不需要的类别。例如，如果选择的图元中包含墙、门、窗和家具，可以使用过滤器将家具从选择中排除。

选择多个图元后，在软件状态栏右侧的过滤器中将显示当前选择的图元数量，如图 1-39 所示。

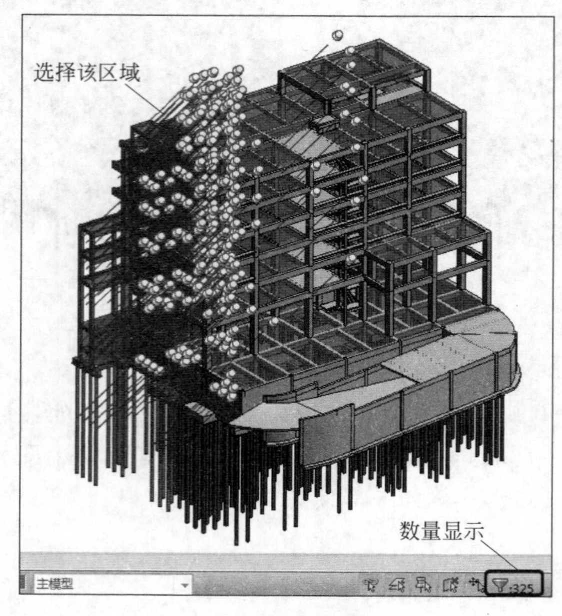

图 1-39 过滤器

此时，单击过滤器漏斗图标，系统将打开"过滤器"对话框，如图 1-40 所示。该对话框中显示了当前选择的图元类别及各类别的图元数量，用户可以通过禁用相应类别前的复选框来过滤选择集中的已选图元。

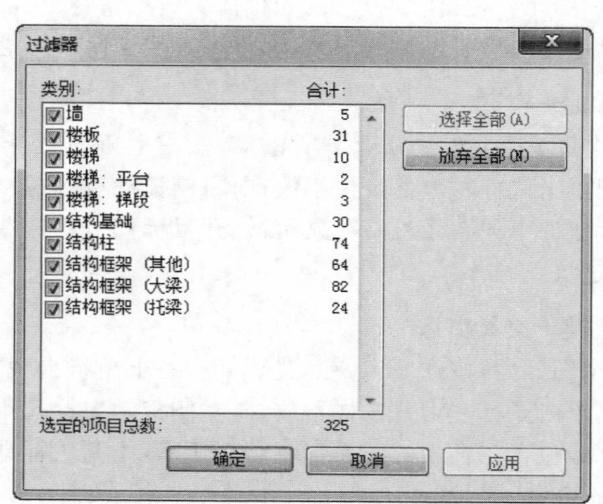

图 1-40 "过滤器"对话框

知识扩展：

本章依据《民用建筑设计术语标准》(GB/T 50504—2009)编写：

2.4.11 建筑大样图 architectural detail drawing

对建筑物的细部或建筑构、配件用较大的比例（一般为 1∶20、1∶10、1∶5 等）将其形状、大小、材料和做法详细地表示出来的图样，又称节点详图。

2.4.12 建筑模型 model of building; building model

以三维空间表达建筑设计意图，并按一定比例制作的模拟建筑及周边环境的实体。

2.4.13 透视图 perspective drawing

根据透视原理绘制出的具有近大远小特征的图像，以表达建筑设计意图。

2.4.14 技术经济指标 technical and economicindex

反映或评价一个设计项目是否经济合理，是否满足相关技术标准要求的指标。

例如，只需选取选择集中的楼板图元，即可依次禁用其他图元前的复选框，然后单击“确定”按钮，系统即可过滤选择集中的其他图元，且状态栏中的过滤器将显示此时保留的楼板图元的数量，如图 1-41 所示。

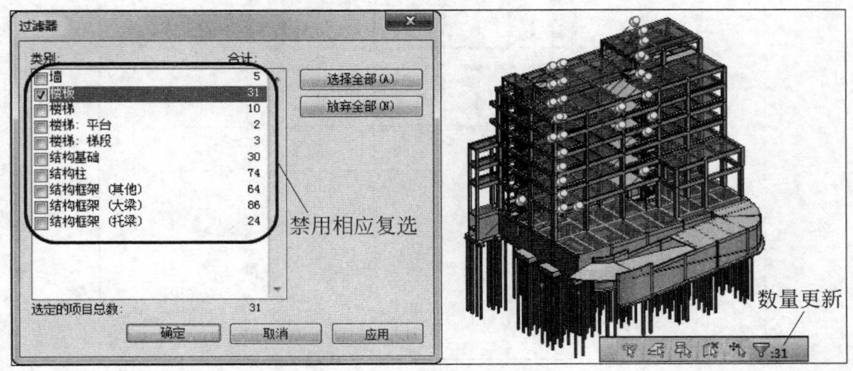

图 1-41 过滤选择图元

1.3.3 调整图元

移动和旋转工具都是在不改变被编辑图元具体形状的基础上，对图元的放置位置和角度进行重新调整，以满足最终的设计要求。

1. 移动

移动是图元的重定位操作，用来对图元对象的位置进行调整，而方向和大小不变。该操作是图元编辑命令中使用最多的操作之一。用户可以通过以下几种方式对图元进行相应的移动操作。

(1) 单击拖曳

启用状态栏中的“选择时拖曳图元”功能，然后在平面视图上单击选择相应的图元，并按住鼠标左键不放，此时拖动光标即可移动该图元，如图 1-42 所示。

技巧：在拖曳图元的同时按住 Shift 键，即可水平或者垂直方向移动该图元。

(2) 箭头方向键

单击选择某图元后，用户可以通过单击键盘的方向箭头来移动该图元。

(3) 移动工具

单击选择某图元后，在激活展开的相应选项卡中单击“移动”按钮，然后在平面视图中选择一点作为移动的起点，并输入相应的距离参数，或指定移动终点，即可完成该图元的移动操作，如图 1-43 所示。

知识扩展：

本章依据《民用建筑设计术语标准》(GB/T 50504—2009)编写：

2.4.15 投资估算
investment estimation; estimated cost

根据现有的资料和一定的方法，对工程项目建设费用的投资额进行的估计。是项目评价与投资决策的重要依据。

2.4.16 初步设计概算
estimated cost of preliminary design

根据初步设计文件编制的工程项目建设费用的概略计算，是初步设计文件的组成部分。

2.4.17 施工图预算
estimated cost at wroking drawing phase

根据施工图设计文件和建筑工程预算定额编制的工程项目建设费用的详细预算。

2.4.18 建筑密度
building density; building coverage ratio

在一定范围内，建筑物的基底面积占用地面积的百分比。

2.4.19 容积率
plot ratio; floor area ratio

在一定范围内，建筑面积总和与用地面积的比值。

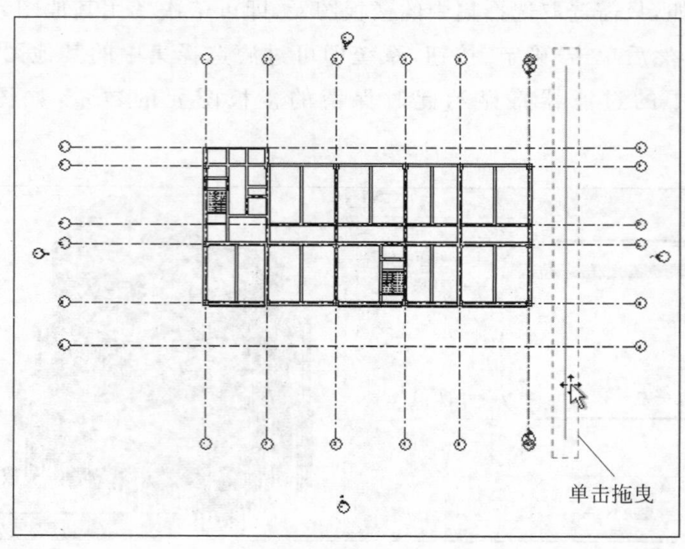

图 1-42 单击拖曳图元

此外，选择“移动”工具后，系统将在功能区选项卡的下方打开“移动”选项栏。如启用“约束”复选框，则只能在水平或垂直方向进行移动。

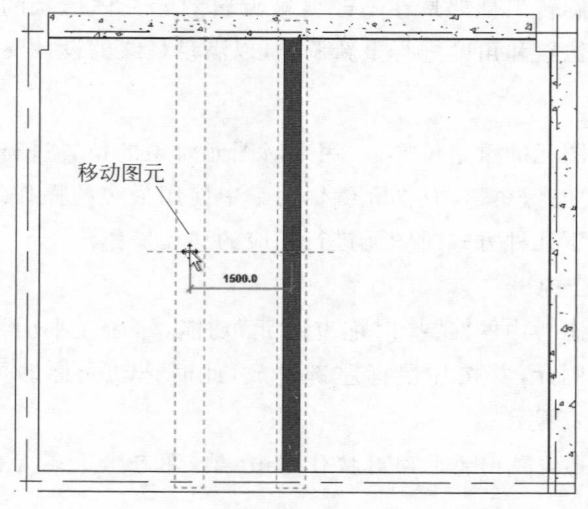

图 1-43 移动图元

(4) 对齐工具

单击选择某图元后，在激活展开的相应选项卡中单击“对齐”按钮，系统将展开“对齐”选项栏，如图 1-44 所示。在该选项栏的“首选”列表框中，用户可以选择相应的对齐参照方式。

例如，选择“参照墙中心线”选项，然后在平面视图中单击选择相应的墙轴线作为对齐的目标位置，并再次单击选择要对齐的图元的墙轴

知识扩展：

本章依据《民用建筑设计术语标准》(GB/T 50504—2009)编写：

2.4.20 绿地率
green space ratio
在一定范围内，各类绿地总面积占该用地总面积的百分比。

2.4.21 建筑面积
floor area
指建筑物（包括墙体）所形成的楼地面面积。

2.4.22 使用面积
usable floor area; floorage
建筑面积中减去公共交通面积、结构面积等，留下可供使用的面积。

2.4.23 使用面积系数
usable area coefficient
建筑物中使用面积与建筑面积之比，即使用面积/建筑面积(%)。

2.4.24 模数
modular
选定的尺寸单位，作为尺度协调中的增值单位。

2.4.25 开间
bay width
建筑物纵向两个相邻的墙或柱中心线之间的距离。

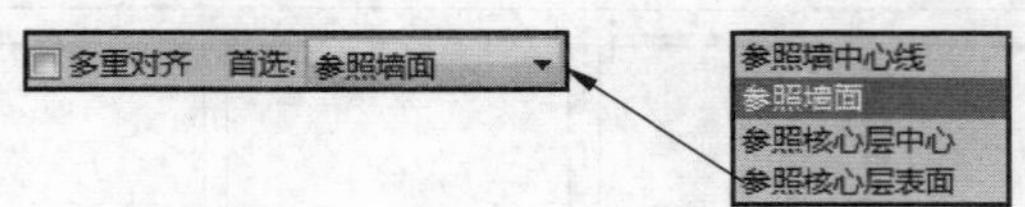

图 1-44 “对齐”选项栏

线,即可将该图元移动到指定位置,如图 1-45 所示。

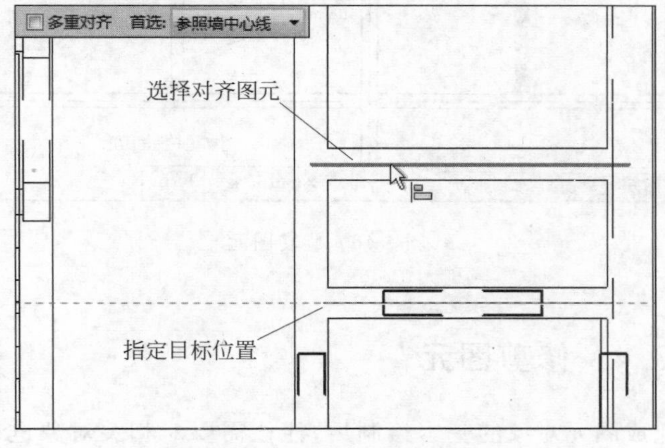

图 1-45 对齐图元

提示

此外,选择要移动的图元后,用户还可以通过激活的选项卡中的“剪切板”选项板进行相应的移动操作。

知识扩展:

本章依据《民用建筑设计术语标准》(GB/T 50504—2009)编写:

2.4.26 进深
depth

建筑物横向两个相邻的墙或柱中心线之间的距离。

2.4.27 建筑高度
building height

建筑物室外地面到建筑物屋面、檐口或女儿墙的高度。

2.4.28 建筑间距
spacing of building; building spacing

两栋建筑物或构筑物外墙面之间的最小的垂直距离。

2.4.29 层高
story height

建筑物各楼层之间以楼、地面面层(完成面)计算的垂直距离。对于平屋面,屋顶层的层高是指该层楼面面层(完成面)至平屋面的结构面层(上表面)的高度;对于坡屋面,屋顶层的层高是指该层楼面面层(完成面)至坡屋面的结构面层(上表面)与外墙外皮延长线的交点计算的垂直距离。

2. 旋转

旋转同样是重定位操作,用于对图元对象的方向进行调整,而大小形状不改变。该操作可以将选定对象绕指定点旋转任意角度。

选择平面视图中要旋转的图元后,在激活展开的相应选项卡中单击“旋转”按钮,此时在所选图元外围将出现一个虚线矩形框,且中心位置显示一个旋转中心符号。可通过移动光标依次指定旋转的起始和终止位置来旋转该图元,如图 1-46 所示。

此外,在旋转图元前,若在“旋转”选项栏中设置角度参数值,则单击回车键后可自动旋转到指定角度位置。输入的角度参数为正时,图元逆时针旋转;为负时,图元顺时针旋转。

提示

用户还可以单击选择旋转中心符号,并按住鼠标左键不放,然后拖曳光标到指定位置,即可修改旋转中心的位置。

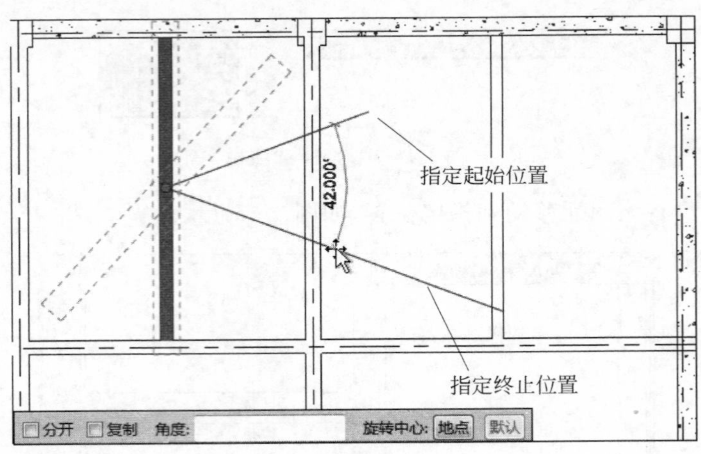

图 1-46　旋转图元

1.3.4　修剪图元

在完成图元对象的基本绘制后,往往需要对相关对象进行编辑修改,使之达到预期的设计要求。用户可以通过修剪、延伸和拆分等常规操作来完成图元对象的编辑工作。

1. 修剪/延伸

修剪/延伸工具的共同点都是以视图中现有的图元对象为参照,以两图元对象间的交点为切割点或延伸终点,对与其相交或成一定角度的对象进行去除或延长操作。

在 Revit 中,用户可以通过 3 种工具修剪或延伸相应的图元对象,具体操作如下。

(1) 修剪/延伸为角部

在"修改"选项卡中单击"修剪/延伸为角部"按钮,然后在平面视图中依次单击选择要延伸的图元即可,如图 1-47 所示。

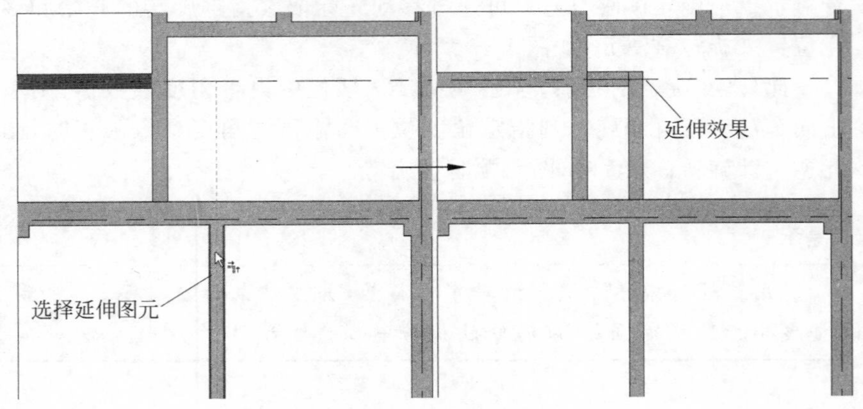

图 1-47　延伸图元

知识扩展:

本章依据《民用建筑设计术语标准》(GB/T 50504—2009)编写:

2.4.30　室内净高
net story height; floor to ceiling height

从楼、地面面层(完成面)至吊顶或楼盖、屋盖底面之间的有效使用空间的垂直距离。

2.4.31　标高
elevation

以某一水平面作为基准面,并作零点(水准原点)起算地面(楼面)至基准面的垂直高度。

2.4.32　室内外高差
indoor-outdoor elevation difference

一般指自室外地面至设计标高±0.000之间的垂直距离。

此外，在利用该工具修剪图元时，用户可通过系统提供的预览效果确定修剪方向，如图 1-48 所示。

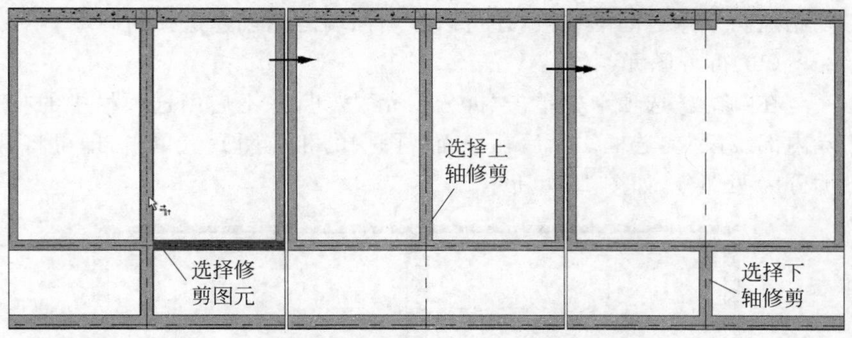

图 1-48 修剪图元

（2）修剪/延伸单个图元

利用该工具可以通过选择相应的边界修剪或延伸单个图元。在"修改"选项卡中单击"修剪/延伸单个图元"按钮，然后在平面视图中依次单击选择修剪边界和要修剪的图元即可，如图 1-49 所示。

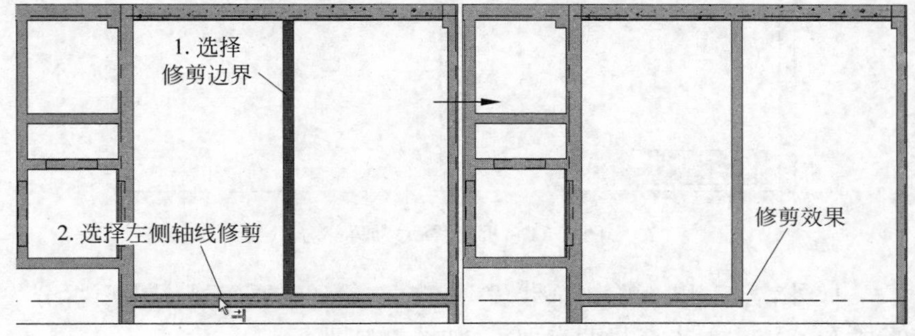

图 1-49 修剪单个图元

（3）修剪/延伸多个图元

利用该工具可以通过选择相应的边界修剪或延伸多个图元。在"修改"选项卡中单击"修剪/延伸多个图元"按钮，然后在平面视图中选择相应的边界图元，并依次单击选择要修剪和延伸的图元即可，如图 1-50 所示。

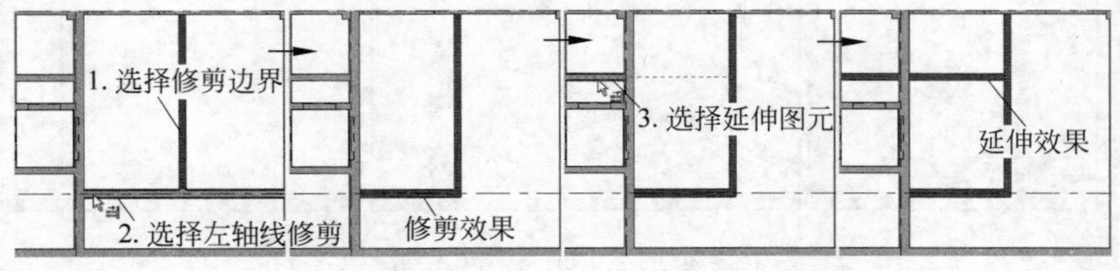

图 1-50 修剪并延伸多个图元

知识扩展：

本章依据《民用建筑节能条例》编写：

建筑节能的重要意义

第一条 为了加强民用建筑节能管理，降低民用建筑使用过程中的能源消耗，提高能源利用效率，制定本条例。

第二条 本条例所称民用建筑节能，是指在保证民用建筑使用功能和室内热环境质量的前提下，降低其使用过程中能源消耗的活动。

本条例所称民用建筑，是指居住建筑、国家机关办公建筑和商业、服务业、教育、卫生等其他公共建筑。

第三条 各级人民政府应当加强对民用建筑节能工作的领导，积极培育民用建筑节能服务市场，健全民用建筑节能服务体系，推动民用建筑节能技术的开发应用，做好民用建筑节能知识的宣传教育工作。

第四条 国家鼓励和扶持在新建建筑和既有建筑节能改造中采用太阳能、地热能等可再生能源。

在具备太阳能利用条件的地区，有关地方人民政府及其部门应当采取有效措施，鼓励和扶持单位、个人安装使用太阳能热水系统、照明系统、供热系统、采暖制冷系统等太阳能利用系统。

2. 拆分

在 Revit 中，利用拆分工具可以将图元分割为两个单独的部分，可以删除两个点之间的线段，还可以在两面墙之间创建定义的间隙。

(1) 拆分图元

在"修改"选项卡中单击"拆分图元"按钮，并不启用选项栏中的"删除内部线段"复选框。然后在平面视图中的相应图元上单击，即可将其拆分为两部分，如图 1-51 所示。

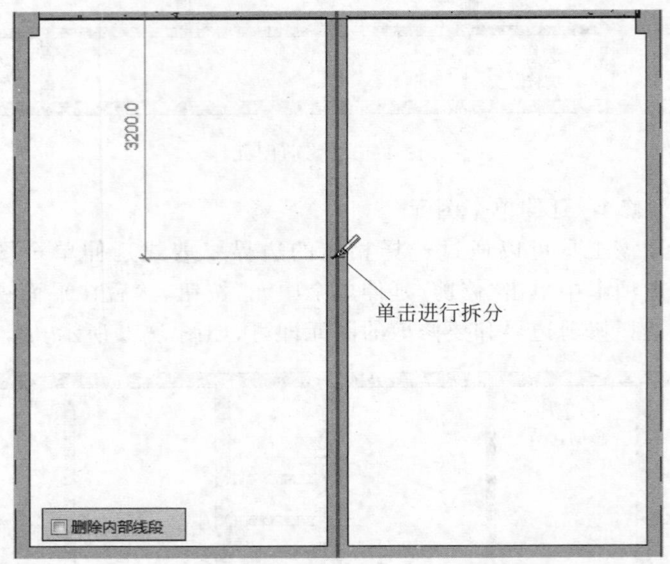

图 1-51 拆分图元为两部分

此外，若启用"删除内部线段"复选框，然后在平面视图中要拆分去除的位置依次单击选择两点即可，如图 1-52 所示。

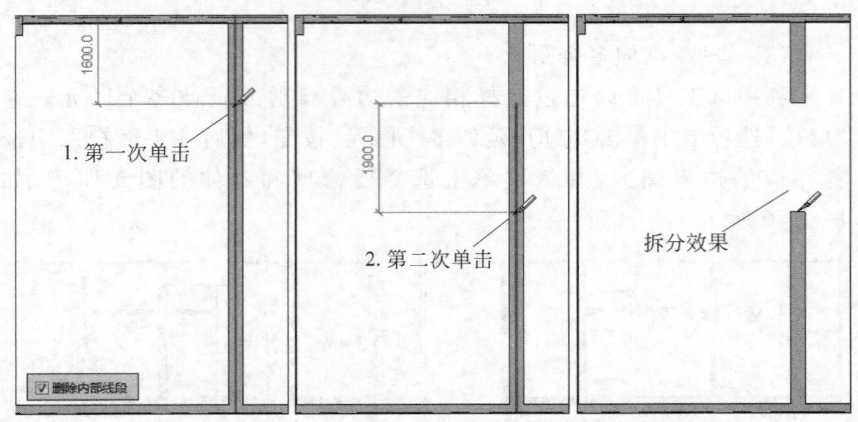

图 1-52 拆分去除图元

(2) 用间隙拆分

在"修改"选项卡中单击"用间隙拆分"按钮，并在选项栏中的"连接间隙"文本框中设置相应的参数,然后在平面视图中的相应图元上单击选择拆分位置,即可创建一个所设置的间隙距离的缺口,如图 1-53 所示。

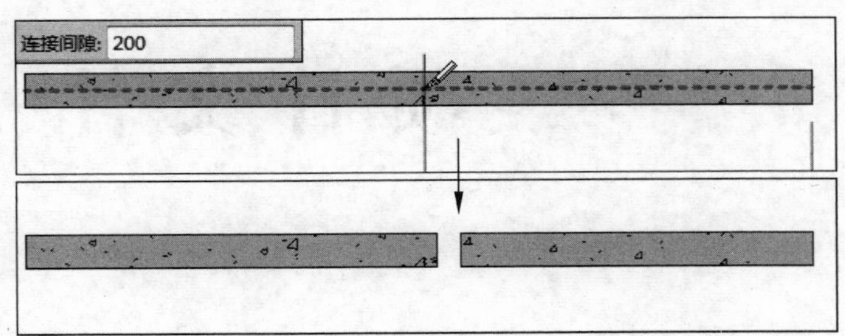

图 1-53　间隙拆分图元

注意:在利用间隙拆分图元时,系统默认的间隙参数为 1.6～304.8mm。需要注意的是,该工具只适用于墙图元。

第 2 章

项 目 文 件

知识扩展：

本章依据《民用建筑设计术语标准》(GB/T 50504—2009)编写：

2.5.1 建筑空间
space
以建筑界面限定的、供人们生活和活动的场所。

2.5.2 多功能厅
multifunctional hall/space
可提供多种使用功能的空间。

2.5.3 餐厅
dining space/room/hall
建筑物中专设的就餐空间或用房。

2.5.4 厨房
kitchen
加工制作及烹饪食品的炊事用房。

2.5.5 备餐间
pantry
厨房制作完成的餐食在送餐前的准备房间。

2.5.6 卫生间
washroom; restroom; toilet; lavatory
供人们进行便溺、盥洗、洗浴等活动的房间。

2.5.7 盥洗室
lavatory; washroom
供人们进行洗漱、洗衣等活动的房间。

2.5.8 更衣室
dressing room; locker
供人们更换衣服用的房间。

在 Autodesk Revit 中，项目是指单个设计信息数据库——建筑信息模型。项目文件包含了建筑的所有设计信息(从几何图形到构造数据)，包括完整的三维建筑模型、所有设计视图(平、立、剖、明细表等)和施工图图纸等信息。

2.1 新建项目

2.1.1 新建项目文件

在 Revit 结构设计中，新建一个文件是指新建一个“项目”文件，有别于传统 AutoCAD 中的新建一个平面图或立剖面图等文件的概念。创建新的项目文件是开始建筑设计的第一步。

1. 样板文件

当在 Revit 中新建项目时，系统会自动以一个后缀名为“.rte”的文件作为项目的初始条件，这个“.rte”格式的文件即称为“样板文件”。Revit 的样板文件功能与 AutoCAD 的“.dwt”文件相同，其定义了新建项目中默认的初始参数，如项目默认的度量单位、楼层数量、层高信息、线型和显示设置等。且 Revit 允许用户自定义自己的样本文件内容，并保存为新的“.rte”文件。

在 Revit 2014 中创建项目文件时，可以选择系统默认配置的相关样板文件作为模板，如图 2-1 所示。

但在使用上述软件本身自带的默认样板文件“DefaultCHSCHS.rte”为模板新建项目文件时，此模板的标高符号、剖面标头、门窗标记等符号不完全符合中国国标出图规范要求。因此需要先设置自己的样板文件，然后再开始项目设计。

2. 新建项目

在 Revit 2014 中，可以通过 3 种方式新建项目文件。

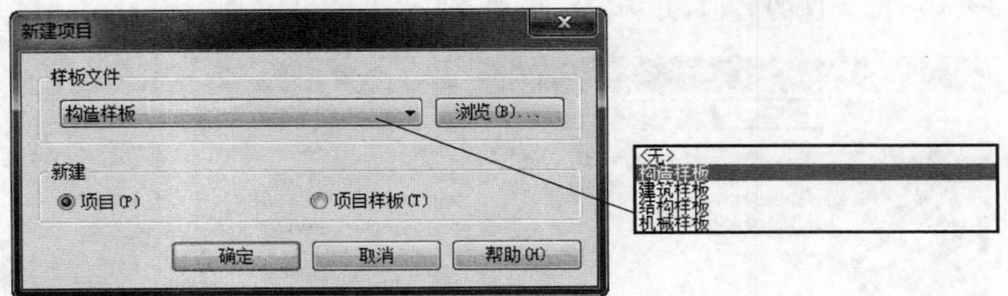

图 2-1 系统默认样板文件

(1)“最近使用的文件”主界面

打开 Revit 软件后,在主界面的“项目”选项组中单击“新建”按钮,系统将打开“新建项目”对话框。此时,在“新建”选项组中选择“项目”单选按钮,然后单击“浏览”按钮,选择合适的样板文件作为模板,即可新建相应的项目文件,如图 2-2 所示。

图 2-2 “新建项目”对话框

(2) 快速访问工具栏

单击该工具栏中的“新建”按钮,然后即可在打开的“新建项目”对话框中按照上述操作方法新建相应的项目文件。

(3) 应用程序菜单

单击主界面左上角图标,在展开的下拉菜单中选择“新建”|“项目”选项,然后即可在打开的“新建项目”对话框中按照上述操作方法新建相应的项目文件。

2.1.2 保存项目文件

在完成图形的创建和编辑后,用户可将当前图形保存到指定的文件夹。此外,在使用 Revit 软件绘图的过程中,应每隔 10～20min 自动保存一次所绘的图形。定期保存绘制的图形是为了防止一些突发情况,如电源被切断、错误编辑和一些其他故障,尽可能地做到防患于未然。

完成项目文件内容的创建后,用户可以在快速访问工具栏中单击“保存”按钮,系统将打开“另存为”对话框,如图 2-3 所示。此时即可

知识扩展:

本章依据《民用建筑设计术语标准》(GB/T 50504—2009)编写:

2.5.9 浴室
bathroom
供人们洗浴用的房间。

2.5.10 库房(储藏室)
stockroom; storage room
专门用于存储物品的房间。

2.5.11 设备用房
equipment room; machine room
独立设置或附设于建筑物中用于设置建筑设备的房间。

2.5.12 车库
garage; indoor parking
用于停放车辆的室内空间。

2.5.13 停车场
parking lot
停放机动车或非机动车的露天场地。

2.5.14 门厅
lobby; entrance room
位于建筑物入口处,用于人员集散并联系建筑室内外的枢纽空间。

2.5.15 门廊
porch
建筑物入口前有顶棚的半围合空间。

2.5.16 走廊(走道)
corridor; passage
建筑物中的水平交通空间。

输入项目文件的名称，并指定相应的路径来保存该文件。

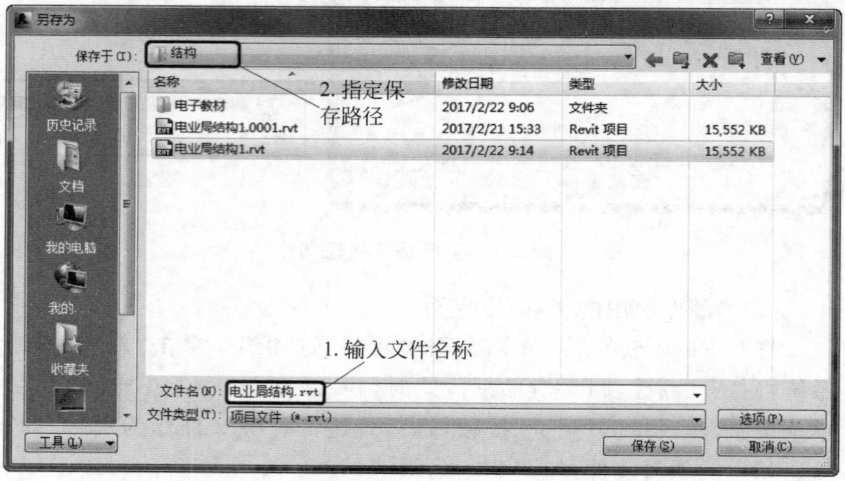

图 2-3　保存项目文件

除了上面的保存方法之外，Revit 还为用户提供了一种提醒保存的方法，即间隔时间保存。单击主界面左上角图标，在展开的下拉菜单中单击“选项”按钮，系统将打开“选项”对话框，如图 2-4 所示。此时，在“通知”选项组中设置相应的时间参数即可。

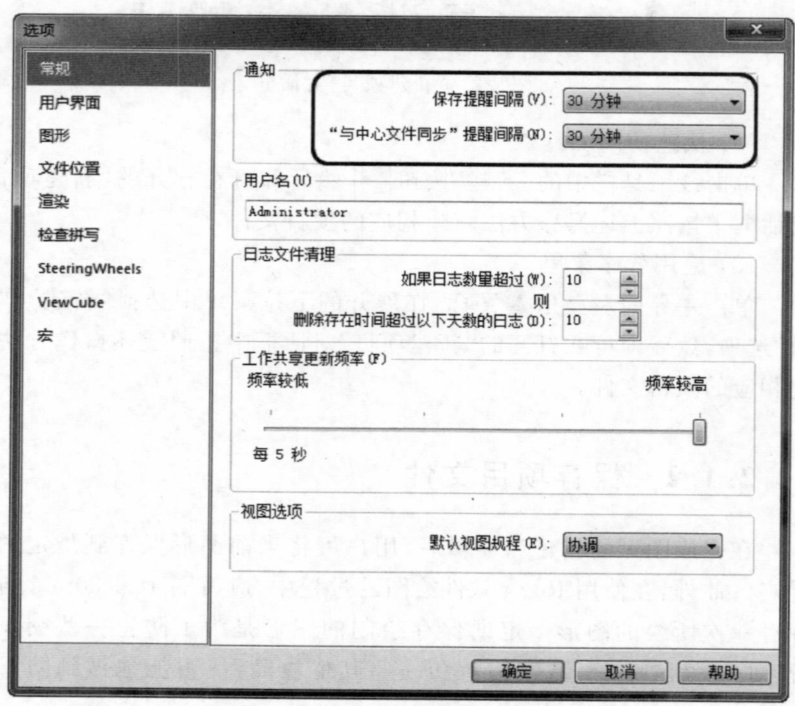

图 2-4　设置提醒保存时间

2.2 案例实操

建立项目样板见二维码 2-1。

通过项目样板创建项目文件见二维码 2-2。

二维码链接：

2-1 建立项目样板

二维码链接：

2-2 通过项目样板创建项目文件

第 3 章

标　高

标高，实际是指在空间高度方向上相互平行的一组面，用于定义建筑内的垂直高度或楼层高度，反映了建筑构件在高度方向上的定位情况。在 Revit Structure 中，“标高”命令只能在立面和剖面视图中使用。

3.1　绘制标高

3.1.1　标高概述

标高由标头和标高线组成。其中，标头反映了标高的标头符号样式、标高值、标高名称等信息；而标高线反映了标高对象投影的位置和线型，如图 3-1 所示。

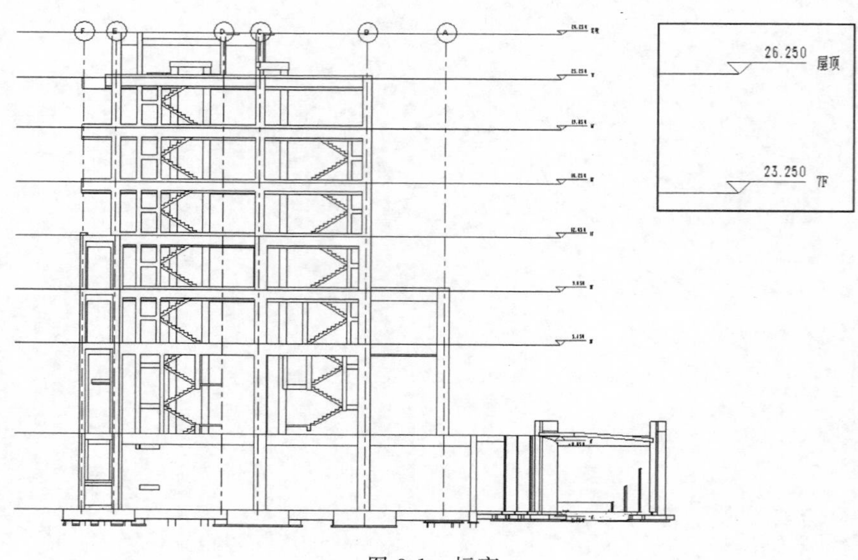

图 3-1　标高

知识扩展：

本章依据《民用建筑设计术语标准》(GB/T 50504—2009)编写：

2.4　主要设计文件与技术经济指标

2.4.27　建筑高度
building height

建筑物室外地面到建筑物屋面、檐口或女儿墙的高度。

2.4.28　建筑间距
spacing of building; building spacing

两栋建筑物或构筑物外墙面之间的最小的垂直距离。

2.4.29　层高
story height

建筑物各楼层之间以楼、地面面层(完成面)计算的垂直距离。对于平屋面，屋顶层的层高是指该层横面面层(完成面)至平屋面的结构面层(上表面)的高度；对于坡屋面，屋顶层的层高是指该层楼面面层(完成面)至坡屋面的结构面层(上表面)与外墙外皮延长线的交点计算的垂直距离。

注意：标高的创建与编辑，必须在立面或剖面视图中才能操作。

3.1.2 创建标高

在 Revit 中，用户可以根据不同情况选择创建标高的方法，例如修改现有标高参数，或者直接绘制标高。

1. 修改标高

在项目浏览器中选择任意立面，双击该立面，打开立面视图。在默认状态下，样板文件创建了两个标高：标高 1 和标高 2，如图 3-2 所示。

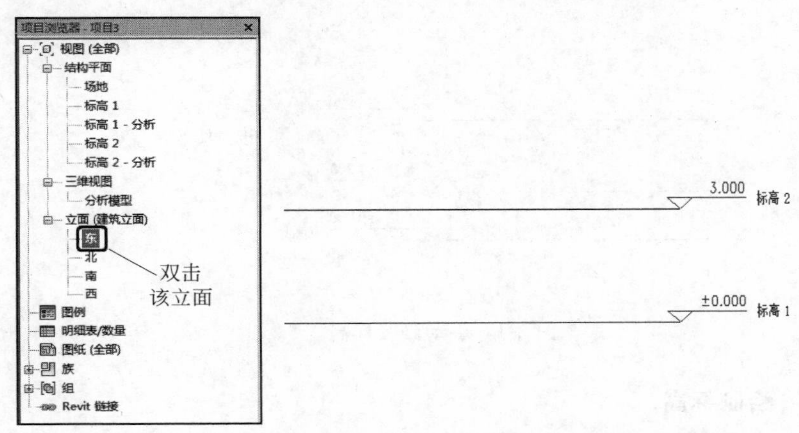

图 3-2 默认标高

用户可以通过修改标高来创建需要的标高。选中标高 1，标高 1 将亮显。此时，在打开的“属性”对话框中修改立面参数值，即可得到所需的标高，如图 3-3 所示。

注意：在“属性”对话框中还可改变标高的表示符号和标高名称等。

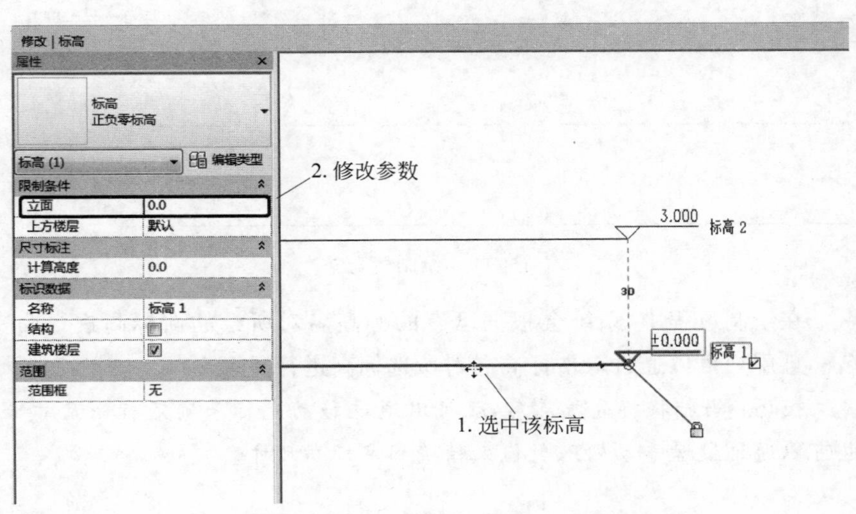

图 3-3 修改标高参数值

知识扩展：

本章依据《民用建筑设计术语标准》(GB/T 50504—2009)编写：

2.4.30 室内净高

net story height; floor to ceiling height

从楼、地面面层（完成面）至吊顶或楼盖、屋盖底面之间的有效使用空间的垂直距离。

2.4.31 标高

elevation

以某一水平面作为基准面，并作零点（水准原点）起算地面（楼面）至基准面的垂直高度。

2.4.32 室内外高差

indoor-outdoor elevation difference

一般指自室外地面至设计标高±0.000 之间的垂直距离。

此外，用户也可以通过选取该标高，单击标高值来改变标高；还可以按住鼠标左键不动，上下拖动来修改标高，如图 3-4 所示。

注意：该项目样板的标高值是以米为单位，且标高值并不是任意设置的，而是根据结构设计图中的结构尺寸来设置相应的层高。

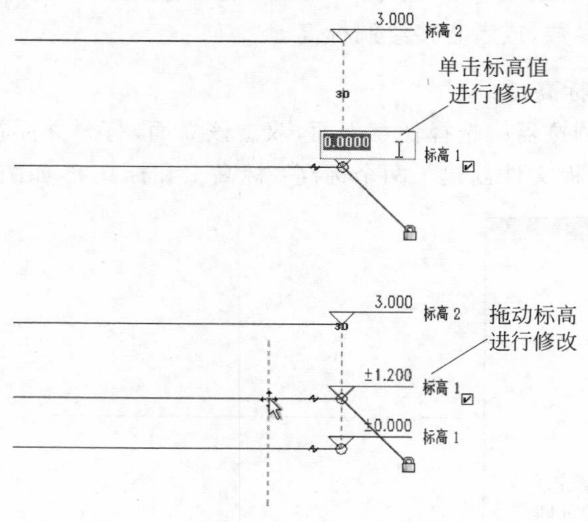

图 3-4　手动修改标高

2. 绘制标高

切换到“结构”选项卡，在“基准”面板中单击“标高”按钮，即可在绘图区中通过依次单击起点和终点来绘制标高线。其中，光标与现有标高之间将显示一个临时尺寸标注，且所绘标高的两端与原有标高对齐时会亮显一条蓝色虚线，即标头对齐线，如图 3-5 所示。

知识扩展：

本章依据《民用建筑设计通则》(GB 50352—2005)编写：

4.1　建筑基地

4.1.3　基地地面高程应符合下列规定：

1　基地地面高程应按城市规划确定的控制标高设计；

2　基地地面高程应与相邻基地标高协调，不妨碍相邻各方的排水；

3　基地地面最低处高程宜高于相邻城市道路最低高程，否则应有排除地面水的措施。

图 3-5　绘制标高

在绘制过程中，系统会根据已有的标高名对所绘的新标高进行命名。且用户可以通过双击标高名对所选标高进行重命名。

技巧：当捕捉标高端点后，既可以通过移动光标来确定标高尺寸，也可以通过键盘手动输入数值来精确确定标高尺寸。

3.2 案例实操

二维码链接：

3-1 新建标高

新建标高见二维码 3-1。

第 4 章

轴　网

知识扩展：
本章依据《民用建筑设计通则》(GB 50352—2005)编写：
6.1　平面布置
6.1.1　平面布置应根据建筑的使用性质、功能、工艺要求，合理布局。
6.1.2　平面布置的柱网、开间、进深等定位轴线尺寸，应符合现行国家标准《建筑模数协调统一标准》(GBJ 2—86)等有关标准的规定。
6.1.3　根据使用功能，应使大多数房间或重要房间布置在有良好日照、采光、通风和景观的部位。对有私密性要求的房间，应防止视线干扰。
6.1.4　平面布置宜具有一定的灵活性。
6.1.5　地震区的建筑，平面布置宜规整，不宜错层。

轴网是由轴线组成的网，是人为地在图纸中为了标识构件的详细尺寸，并按照一般的习惯标准虚设的，且一般标注在对称界面或截面构件的中心线上。

4.1　绘制轴网

4.1.1　轴网概述

轴网由定位轴线、标识尺寸和轴号组成。其是建筑制图的主体框架，且建筑物的主要支撑构件均按照轴网定位排列，并达到了井然有序的效果，如图 4-1 所示。

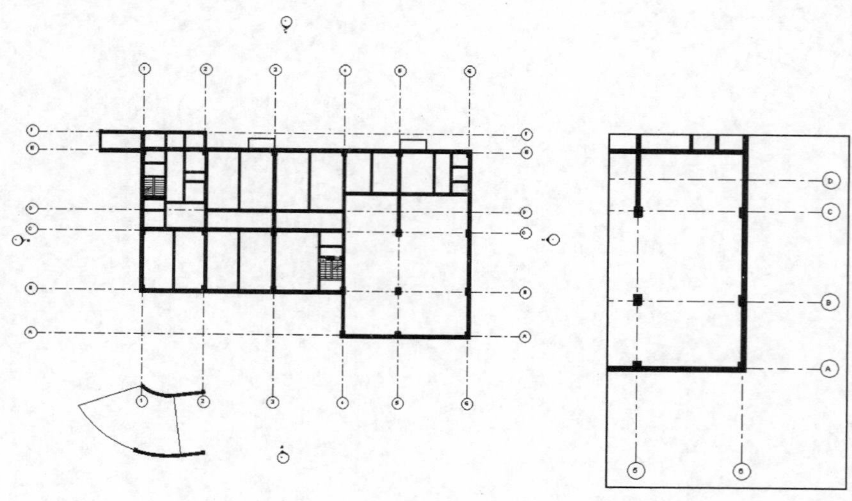

图 4-1　轴网

注意：在任一平面绘制轴网，其他平面都可以看见。

4.1.2　创建轴网

在 Revit Structure 中，用户可以通过直接绘制的方式创建轴网，还可以通过拾取的方式创建轴网。

1. 绘制轴网

绘制轴线是最基本的创建轴网方法，且轴网是在平面视图中创建的。在“项目浏览器”中展开结构平面，双击“标高 1”，进入“标高 1”平面视图。此时，切换至“结构”选项卡，在“基准”面板中单击“轴网”按钮，即可在绘图区的适当位置通过依次单击来绘制轴线，如图 4-2 所示。

> **知识扩展：**
> 本章依据《厂房建筑模数协调标准》(GB/T 50006—2010)编写：
> 2.1　术语
> 2.1.2　联系尺寸
> connecting size
> 由于上柱截面的技术要求，为了使其与桥式、梁式起重机或单梁悬挂起重机等起重设备正常运行所需要的与上柱之间的最小净空距离的协调，边柱外缘或厂房高低跨处的高跨上柱外缘与纵向定位轴线之间所设置的偏移值。
> 2.1.3　插入距
> inserting size
> 由于上柱截面的技术要求或因变形缝处理等构造需要，在厂房某个跨度方向或柱距方向插入的两条定位轴线间的距离。
> 2.1.6　标志尺寸
> coordinating size
> 符合模数数列的规定，用以标注建筑物定为轴面、定位面或定为轴线、定位线之间的垂直距离，以及建筑构配件、建筑组合件、建筑制品、有关设备界限之间的尺寸。

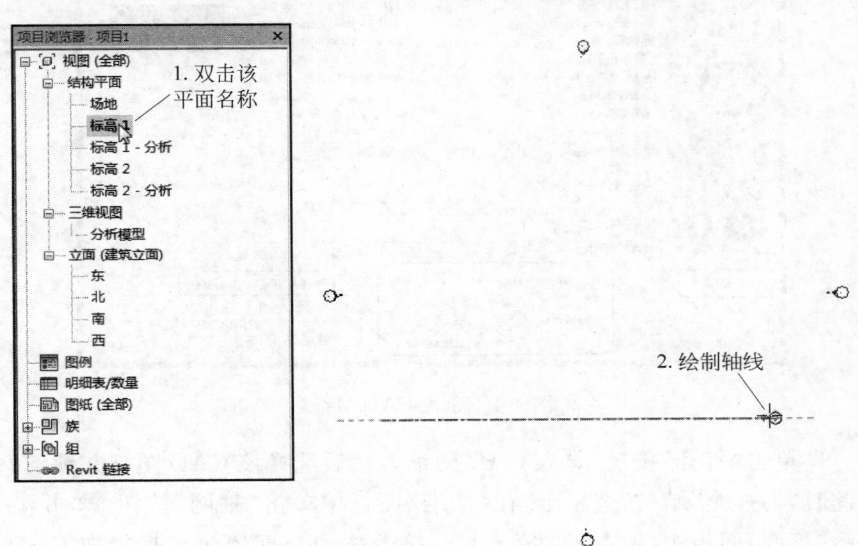

图 4-2　绘制轴线

在绘制轴网的过程中，用户可以通过双击轴号来修改轴号名称；还可以通过是否选中轴线端部的小方框来设置在该端部是否显示轴号，如图 4-3 所示。

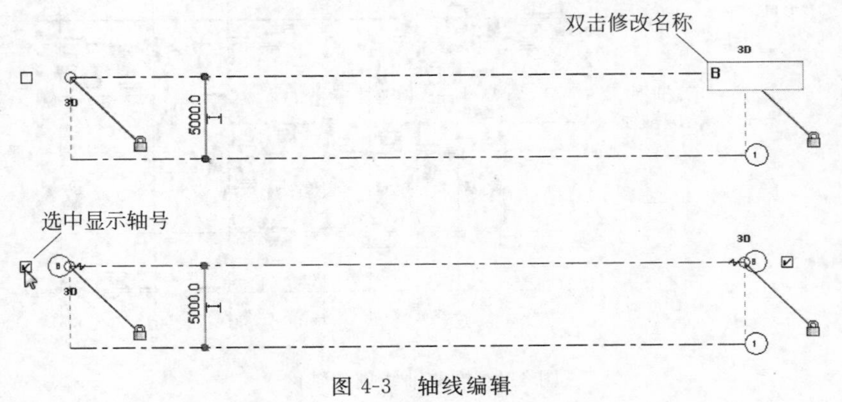

图 4-3　轴线编辑

2. 拾取轴网

在 Revit Structure 中，可以导入 CAD 图纸，根据 CAD 图纸创建轴网。在导入之前可以将 CAD 图纸中的每一幅图都另存一份，以便之后导入 CAD 时能快速地找到所需图纸。

双击进入任一平面视图，然后切换至"插入"选项卡，单击"导入"面板中的"导入 CAD"按钮，在打开的对话框中选择"一层梁"图纸，并设置相关的参数选项，如图 4-4 所示。

图 4-4 导入 CAD 图纸

单击"打开"按钮，导入 CAD 图纸。然后选择该 CAD 图纸并锁定。此时，切换至"结构"选项卡，在"基准"面板中单击"轴网"按钮，并激活"绘制"面板中的"拾取线"工具。接着拖动光标依次捕捉拾取 CAD 底图中的轴线，如图 4-5 所示。

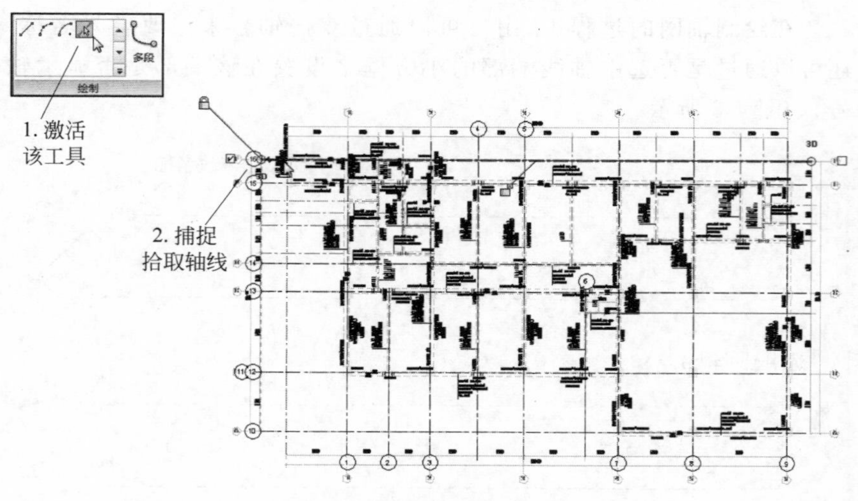

图 4-5 拾取轴线创建轴网

知识扩展：

本章依据《厂房建筑模数协调标准》(GB/T 50006—2010)编写：

4.7.1 轻型钢结构厂房墙、柱与横向定位轴线的定位，应符合下列规定：

1 除变形缝处的柱和端部柱外，柱的中心线应与横向定位轴线重合；

2 横向变形缝处应采用双柱及两条横向定位轴线，柱的中心线均应自定位轴线向两侧各移600mm，两条横向定位轴线间缝的宽度应采用50mm 的整数倍数；

3 厂房两端横向定位轴线可与端部承重柱子中心线重合。当横向定位轴线与山墙内缘重合时，端部承重柱子的中心线与横向定位轴线间的尺寸应取 50mm 的整数倍数。

4.7.2 轻型钢结构厂房墙、柱与纵向定位轴线的定位，应符合下列规定：

1 厂房纵向定位轴线除边跨外，应与柱列中心线重合。当中柱柱列有不同柱子截面时，可取主要柱子的中心线作为纵向定位轴线；

2 厂房纵向定位轴线在边跨处应与边柱外缘重合；

3 厂房纵向设双柱变形缝时，其柱子中心线应与纵向定位轴线重合，两轴线间距离应取 50mm 的整数倍数。

轴网绘制完成后，选中 CAD 底图，在视图控制栏中选择“临时隐藏/隔离”工具中的“隐藏图元”选项，即可隐藏 CAD 底图，查看拾取轴线创建轴网的效果，如图 4-6 所示。

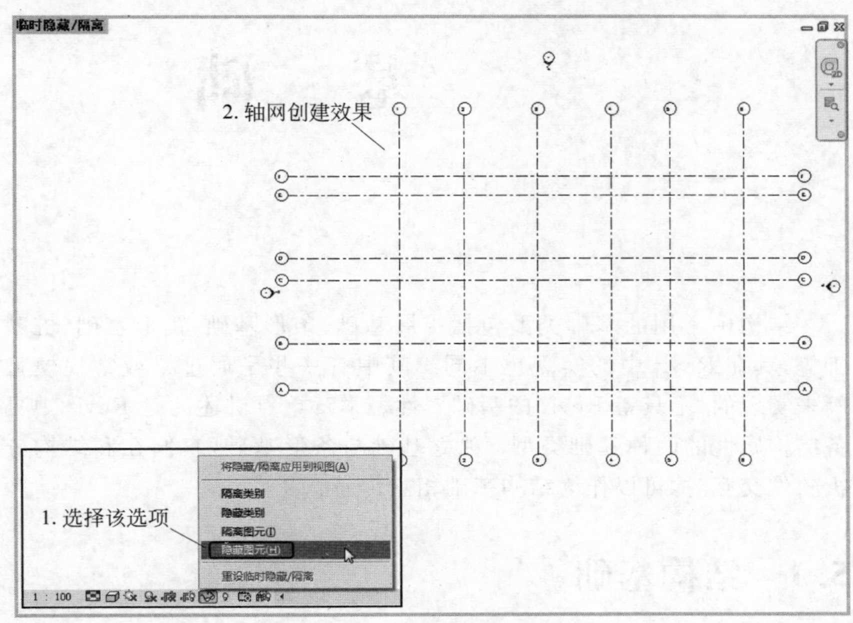

图 4-6 查看轴网

注意：如果想要将隐藏图元显示出来，单击“临时隐藏/隔离”按钮，选择其中的“重设临时隐藏/隔离”选项即可。

二维码链接：

4-1 参照 CAD 图纸拾取轴网

4.2 案例实操

参照 CAD 图纸拾取轴网见二维码 4-1。

链接桩基础平面图 CAD 图纸并载入族文件见二维码 4-2。

二维码链接：

4-2 链接桩基础平面图 CAD 图纸并载入族文件

第5章

基　础

结构中常用的基础类型包括扩展基础、条形基础、筏形基础、桩基础等，其在Revit中的实现也不同。其中有一些是通过梁或常规模型等来实现的，不具备Revit的基础属性。本章重点讲述的是Revit中具备结构属性的两种基础类型：独立基础与条形基础，它们在和结构分析软件交互时，可以作为结构基础相互传递。

5.1　结构基础

在Revit 2014中，“结构”选项卡中“基础”分类包含“独立”“条形”以及“板”三个选项。这里主要介绍，Revit中的独立基础与条形基础在项目中的应用。

> **知识扩展：**
>
> 本章依据《建筑地基基础设计规范》(GB 50007—2011)编写：
>
> 2.1　术语
>
> 2.1.1　地基
>
> ground,foundation soils
>
> 支撑基础的土体或岩体。
>
> 2.1.2　基础
>
> foundation
>
> 将结构所承受的各种作用传递到地基上的结构组成部分。
>
> 2.1.3　地基承载力特征值
>
> characteristic value of subsoil bearing capacity
>
> 由载荷试验测定的地基土压力变形曲线线性变形段内规定的变形所对应的压力值，其最大值为比例界限值。

5.1.1　独立基础

Revit中独立基础是一个宽泛的概念，它包括扩展基础、桩基础、桩承台等。所以通过选择“结构”|“独立”选项，能够分别放置桩和承台。

在配套资源中，打开“004-链接桩基础平面图并载入族文件.rvt”文件。在－1F结构平面中，查看已经载入“桩基础平面图”，以CTj2承台为例依次放置桩与承台，如图5-1所示。

选择“结构”|“独立”选项，即可在“属性”面板中，查看列表中承台以及桩的类型，如图5-2所示。

选择列表中桩的类型“S-C20-桩”，在紫色圆圈位置单击，即可放置桩，如图5-3所示。

按照上述方法，依次在紫色圆圈位置单击，放置CTj2承台内的桩，如图5-4所示。

接着，选择“属性”面板列表中承台的类型“S-CTj2-C40-桩承台”，在CTj2承台附近单击，放置承台，如图5-5所示。

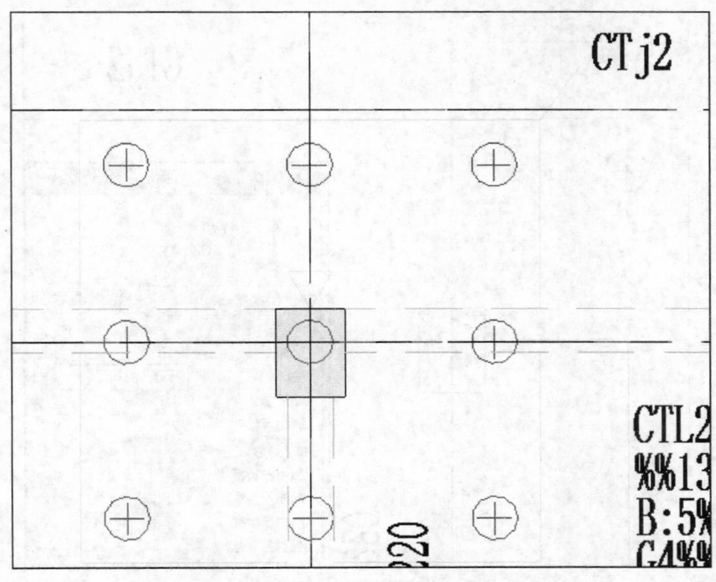

图 5-1 图纸中的 CTj2 承台

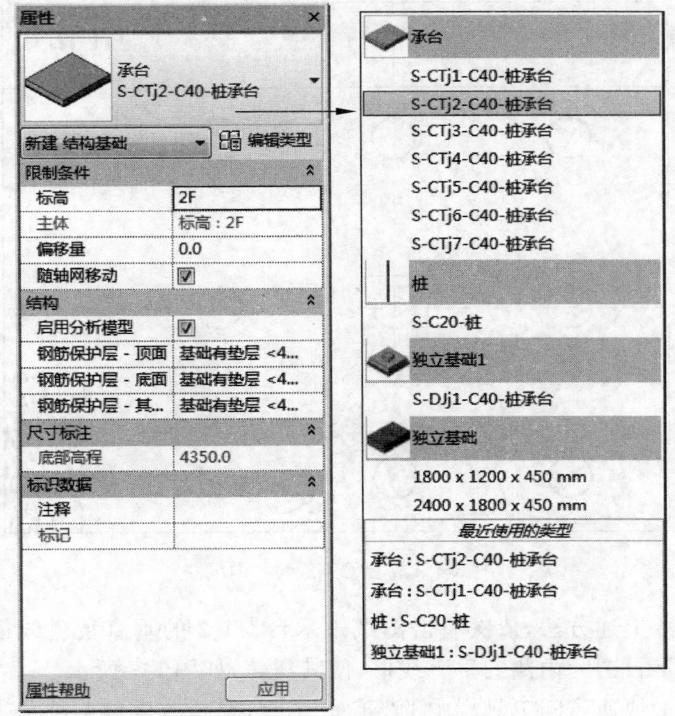

图 5-2 独立基础中的类型

按 Esc 键取消放置状态后，选择“修改”|“对齐”选项。单击图纸中承台 CTj2 的黄色水平线框，紧接着单击承台图元内侧的水平线框，使其水平对齐，如图 5-6 所示。

知识扩展：

本章依据《建筑地基基础术语标准》(GB/T 50941—2014)编写：

2 基本术语

2.0.13 浅基础

shallow foundation

埋置深度不超过 5m，或不超过基底最小宽度，在其承载力中不计入基础侧壁岩土摩阻力的基础。

2.0.14 深基础

deep foundation

埋置深度超过 5m，或超过基底最小宽度，在其承载力中计入基础侧壁岩土摩阻力的基础。

2.0.15 桩基础

pile foundation

由设置于岩土中的桩和与桩顶连接的承台共同组成的基础，或由柱与桩直接连接的单桩基础。

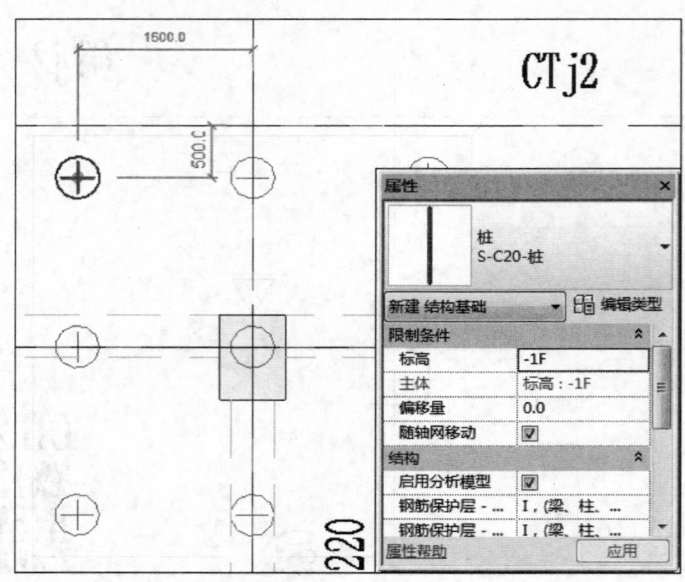

图 5-3 放置桩

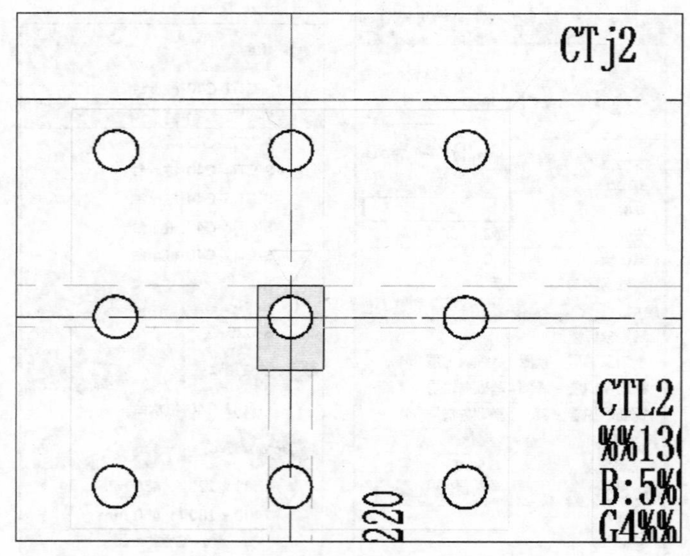

图 5-4 放置 CTj2 承台内的桩

知识扩展：

本章依据《建筑地基基础术语标准》(GB/T 50941—2014)编写：

1 一般术语

8.1.1 扩展基础
spread foundation

为扩散上部结构传来的荷载，使作用在基底的压应力满足地基承载力的设计要求，且基础内部的应力满足材料强度的设计要求，通过向侧边扩展一定底面积的基础。

8.1.2 刚性基础
rigid foundation

由砖、毛石、混凝土或毛石混凝土、灰土和三合土等材料组成，不配置钢筋的墙下条形基础或柱下独立基础。

8.1.3 独立基础
pad foundation

独立承受柱荷载的基础。

8.1.4 条形基础
strip foundation

传递墙体荷载或间距较小柱荷载的条状的基础。

8.1.5 筏形基础
raft foundation

柱下或墙下连续的平板式或梁板式钢筋混凝土基础。

8.1.6 箱形基础
box foundation

由底板、顶板、侧墙及一定数量内隔墙构成的整体刚度较好的单层或多层钢筋混凝土基础。

按照上述方法，依次单击图纸中承台 CTj2 的垂直黄色线框，紧接着单击承台图元内侧的垂直线框，使其覆盖，如图 5-7 所示。

单击快速访问工具栏中的“剖面”工具，在承台区域连续单击，建立剖面，如图 5-8 所示。

右击剖面，选择“转到视图”选项，切换至剖面视图，如图 5-9 所示。

选中承台图元，单击“属性”面板中的“编辑类型”选项，在打开的“类型属性”对话框中查看承台的高度 h 为 1000，如图 5-10 所示。

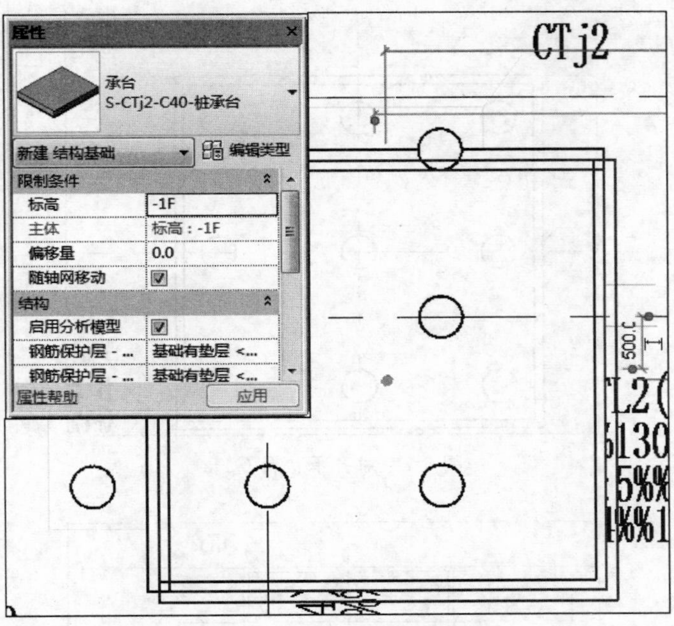

图 5-5 放置承台 CTj2

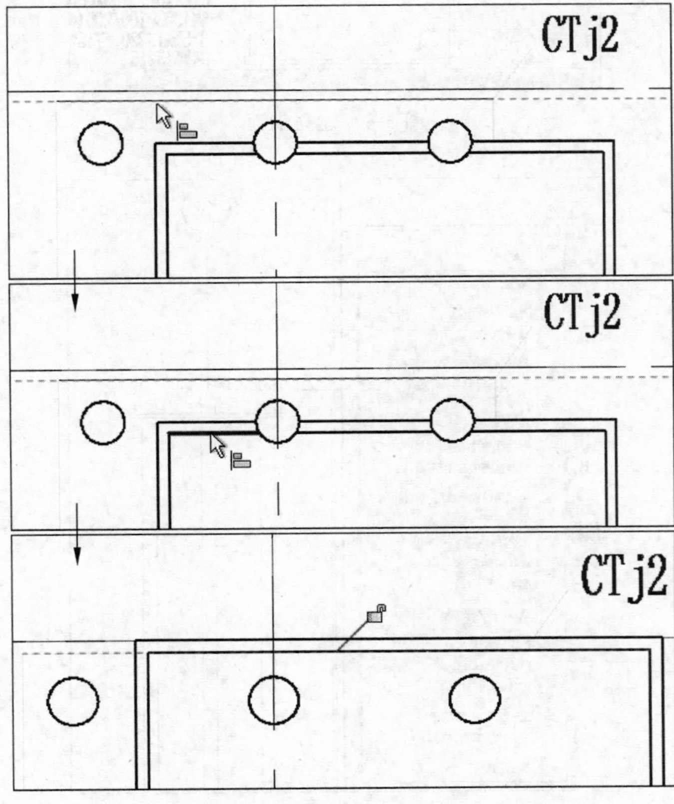

图 5-6 对齐水平线框

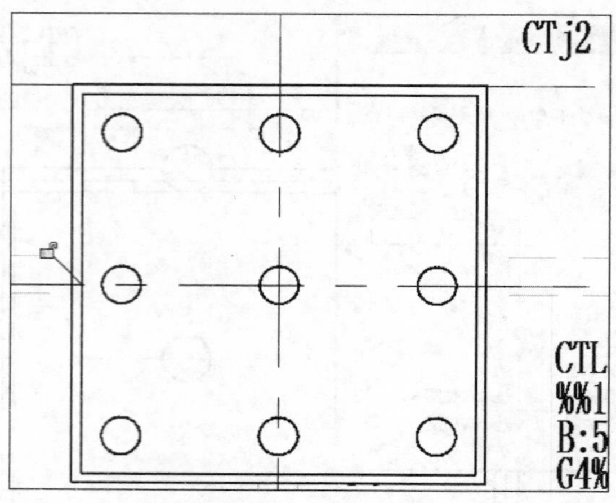

图 5-7　对齐承台台 CTj2

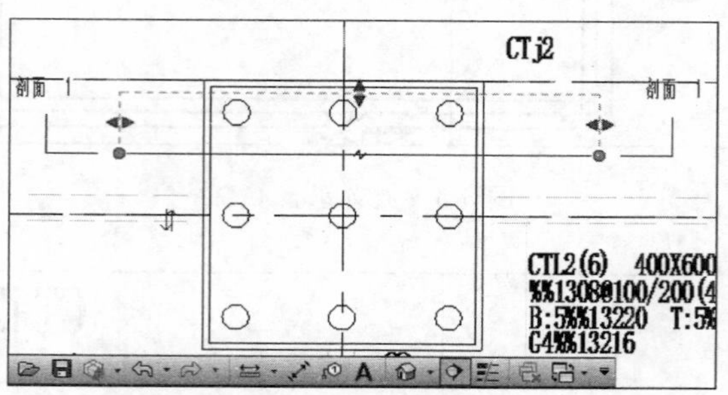

图 5-8　建立剖面

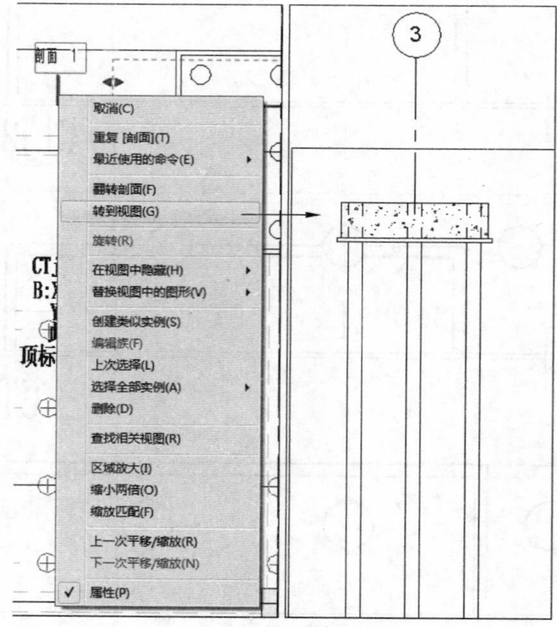

图 5-9　切换至剖面视图

知识扩展：

本章依据《建筑地基基础设计规范》(GB 50007—2011)编写：

3.0.2　根据建筑物地基基础设计等级及长期荷载作用下地基变形对上部结构的影响程度，地基基础设计应符合下列规定：

1　所有建筑物的地基计算均应满足承载力计算的有关规定。

2　设计等级为甲级、乙级的建筑物，均应按地基变形设计。

3　设计等级为丙级的建筑物有下列情况之一时应作变形验算：

1）地基承载力特征值小于 130kPa，且体型复杂的建筑；

2）在基础上及其附近有地面堆载或相邻基础荷载差异较大，可能引起地基产生过大的不均匀沉降时；

3）软弱地基上的建筑物存在偏心荷载时；

4）相邻建筑距离近，可能发生倾斜时；

5）地基内有厚度较大或厚薄不均的填土，其自重固结未完成时。

4　对经常受水平荷载作用的高层建筑、高耸结构和挡土墙等，以及建造在斜坡上或边坡附近的建筑物和构筑物，尚应验算其稳定性。

5　基坑工程应进行稳定性验算。

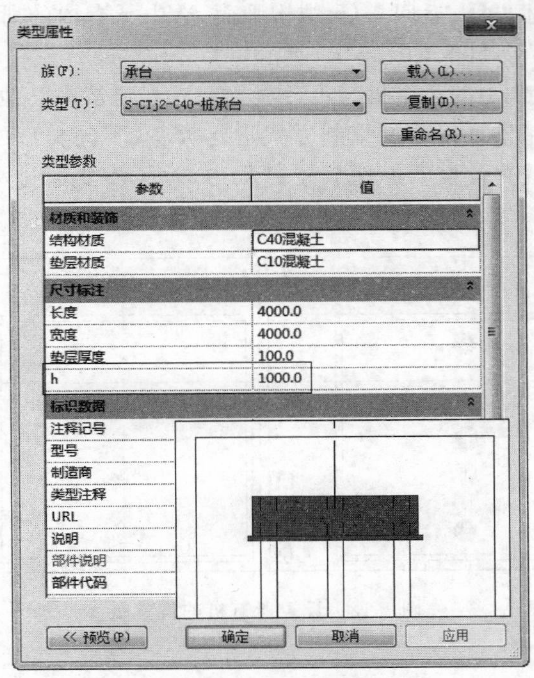

图 5-10 查看承台高度

由于桩在承台内部 100 的位置，所以选中桩图元，在“属性”面板中设置“偏移量”为－900，更改桩在承台中的位置，如图 5-11 所示。

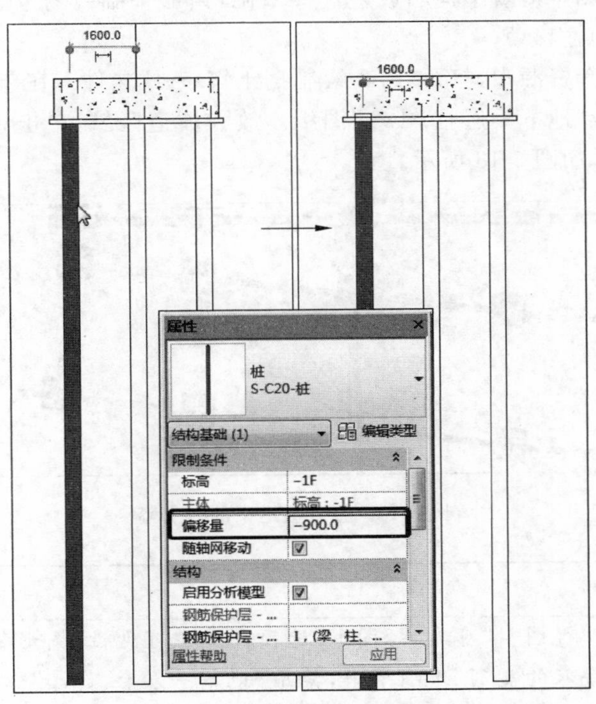

图 5-11 设置桩的偏移量

知识扩展：

本章依据《建筑地基基础设计规范》(GB 50007—2011)编写：

5.1 基础埋置深度

5.1.1 基础的埋置深度，应按下列条件确定：

1 建筑物的用途，有无地下室、设备基础和地下设施，基础的形式和构造；

2 作用在地基上的荷载大小和性质；

3 工程地质和水文地质条件；

4 相邻建筑物的基础埋深；

5 地基土冻胀和融陷的影响。

5.1.2 在满足地基稳定和变形要求的前提下，当上层地基的承载力大于下层土时，宜利用上层土作持力层。除岩石地基外，基础埋深不宜小于 0.5m。

按照上述方法，返回－1F 结构平面，选中承台内的所有桩图元，设置"偏移量"为－900，如图 5-12 所示。

至此，建筑中的某个桩与承台放置完成。建筑中其他的桩承台，相同类型的桩基础可以通过复制方式进行放置，不同类型的能够通过上述方法进行放置与设置。在放置过程中，除了需要通过承台的高度来设置桩的偏移量，还需注意某些承台的标高偏移。

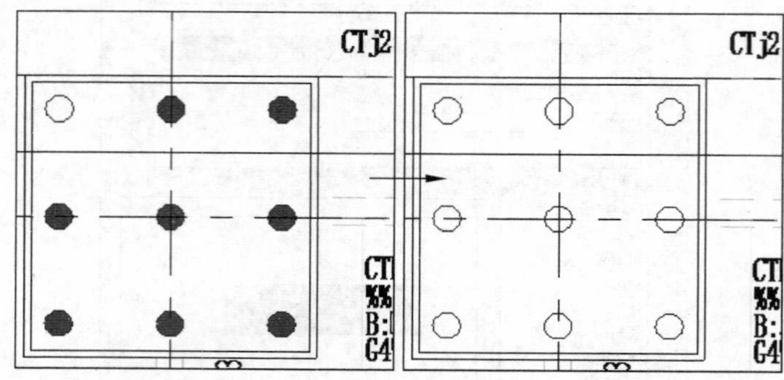

图 5-12 设置所有桩的偏移量

知识扩展：

本章依据《建筑地基基础设计规范》(GB 50007—2011)编写：

5.1.3 高层建筑基础的埋置深度应满足地基承载力、变形和稳定性要求。位于岩石地基上的高层建筑，其基础埋深应满足抗滑稳定性要求。

5.1.4 在抗震设防区，除岩石地基外，天然地基上的箱形和筏形基础其埋置深度不宜小于建筑物高度的 1/15；桩箱或桩筏基础的埋置深度(不计桩长)不宜小于建筑物高度的 1/18。

5.1.5 基础宜埋置在地下水位以上，当必须埋在地下水位以下时，应采取地基土在施工时不受扰动的措施。当基础埋置在易风化的岩层上，施工时应在基坑开挖后立即铺筑垫层。

5.1.2 条形基础

条形基础是结构基础类型的一种，并以墙为主体。可在平面视图或三维视图中沿着结构墙放置这些基础，条形基础被约束至所支撑的墙下，并随之移动。

在配套资源中，打开"P. 2-绘制挡土墙. rvt"文件。在－1F 结构平面中，隐藏"地下一层柱. dwg"图纸。放大坡道区域，单击查看坡道中的挡土墙，如图 5-13 所示。

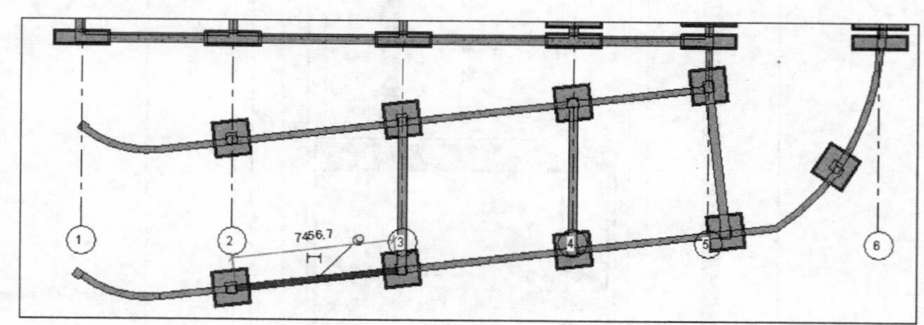

图 5-13 查看坡道中的挡土墙

提示

通过"视图"|"可见性/图形"选项，打开"可见性/图形替换"对话框。在"导入的类别"选项卡中，禁用"地下一层柱. dwg"选项即可隐藏"地下一层柱. dwg"图纸。

不同于独立基础，墙下条形基础是系统族，用户不能自己创建族文件加载到项目中，只能在软件自带的墙基础形状下修改或添加新的类型。条形基础依附于墙，只有在有墙体存在的情况下才能布置条形基础，条形基础会随着墙的移动而移动，如果删除条形基础所附着的墙体，条形基础也会被同时删除。

选中“结构”|“条形”选项，在“属性”下拉列表中选择类型“承重基础-900×300”，并打开对应的“类型属性”对话框，如图 5-14 所示。

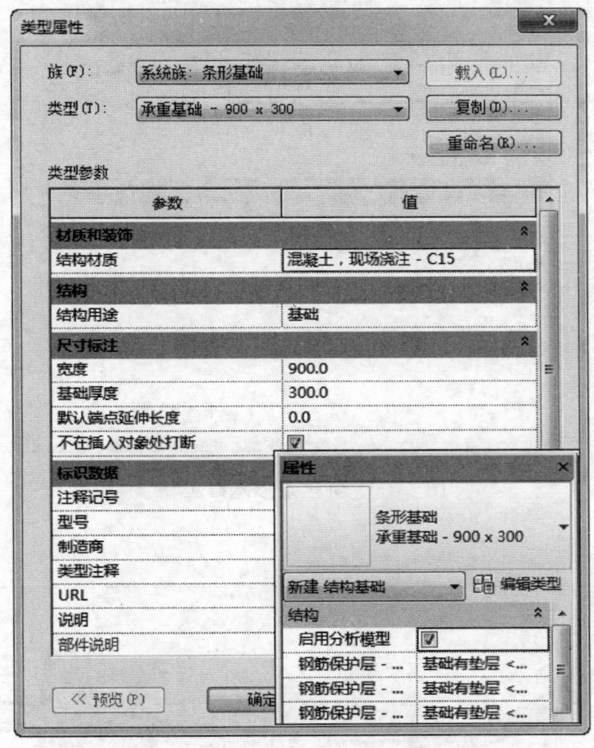

图 5-14　打开“类型属性”对话框

知识扩展：

本章依据《建筑抗震设计规范》(GB 50011—2010)编写：

3.3.2　建筑场地为Ⅰ类时，对甲、乙类的建筑应允许仍按本地区抗震设防烈度的要求采取抗震构造措施；对丙类的建筑应允许按本地区抗震设防烈度降低一度的要求采取抗震构造措施，但抗震设防烈度为6度时仍应按本地区抗震设防烈度的要求采取抗震构造措施。

3.3.4　地基和基础设计应符合下列要求：

1　同一结构单元的基础不宜设置在性质截然不同的地基上。

2　同一结构单元不宜部分采用天然地基部分采用桩基；当采用不同基础类型或基础埋深显著不同时，应根据地震时两部分地基基础的沉降差异，在基础、上部结构的相关部位采取相应措施。

3　地基为软弱黏性土、液化土、新近填土或严重不均匀土时，应根据地震时地基不均匀沉降和其他不利影响，采取相应的措施。

提示

在放置结构图元时，禁用“属性”面板中的“启用分析模型”选项，可以减少软件的计算时间，从而快速显示图元效果。

单击对话框中的“复制”按钮，将类型“承重基础-900×300”复制为“承重基础-1500×300”，并设置“宽度”为 1500，设置“结构材质”为 C40 混凝土，如图 5-15 所示。

确定条形基础的类型创建完成后，将鼠标指向坡道的挡土墙，单击即可添加条形基础，如图 5-16 所示。

按照上述方法，依次单击坡道中的挡土墙，添加条形基础，如图 5-17 所示。

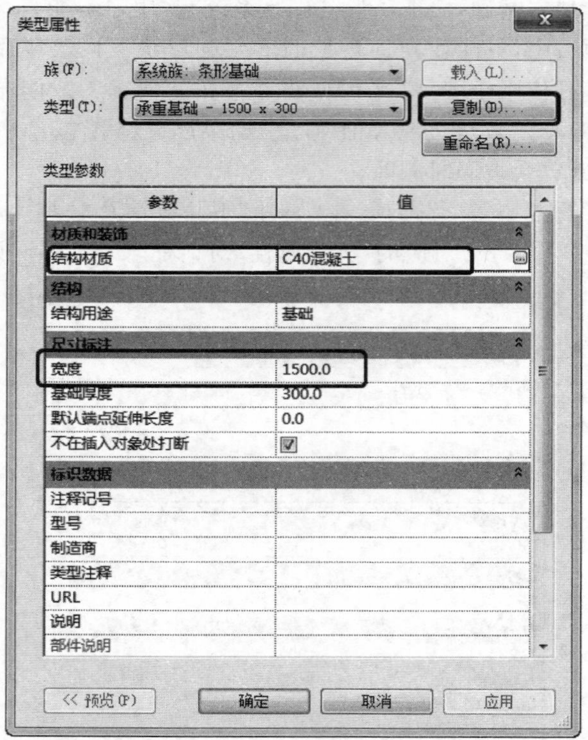

图 5-15 新建条形基础类型

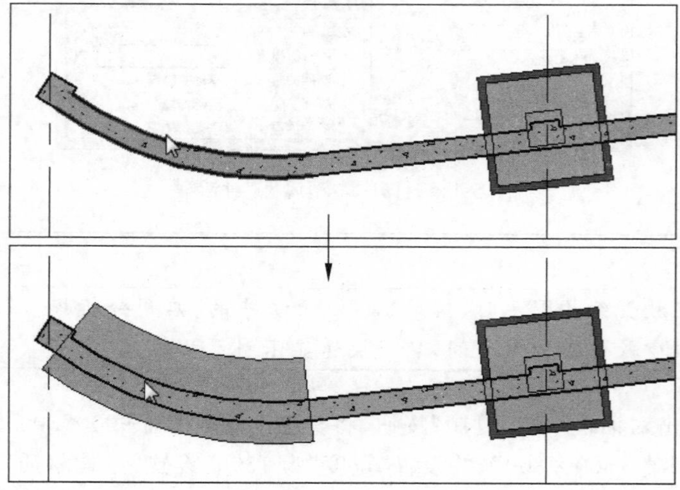

图 5-16 放置条形基础

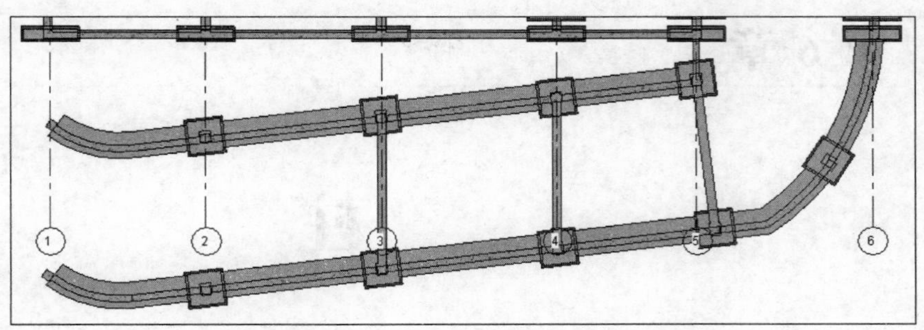

图 5-17 坡道中的条形基础

5.2 案例实操

放置桩与承台见二维码 5-1。

放置独立基础见二维码 5-2。

二维码链接：

5-1 地下一层-放置桩与承台

二维码链接：

5-2 地下一层-放置独立基础

第 6 章

柱

在建筑工程设计中，柱是用来支撑上部结构并将荷载传至基础的竖向构件。在 Revit 中，有建筑柱和结构柱之分。尽管建筑柱和结构柱有许多相同属性，但结构柱有其独特的属性和行为。结构柱有分析线，可导入分析软件进行分析。结构图元(如梁、基础和支撑)可以与结构柱连接，混凝土结构柱内可以放置钢筋，以满足施工图的需要。本节将重点介绍如何创建结构柱，以及在项目中的应用。

知识扩展：

本章依据《砌体结构设计规范》(GB 50003—2011)编写：

2.1.1　砌体结构

masonry structure

由块体和砂浆砌筑而成的墙、柱作为建筑物主要受力构件的结构。是砖砌体、砌块砌体和石砌体结构的统称。

2.1.2　配筋砌体结构

reinforced masonry structure

由配置钢筋的砌体作为建筑物主要受力构件的结构。是网状配筋砌体柱、水平配筋砌体墙、砖砌体和钢筋混凝土面层或钢筋砂浆面层组合砌体柱(墙)、砖砌体和钢筋混凝土构造柱组合墙和配筋砌块砌体剪力墙结构的统称。

2.1.3　配筋砌块砌体剪力墙结构

reinforced concrete masonry shear wall structure

由承受竖向和水平作用的配筋砌块砌体剪力墙和混凝土楼、屋盖所组成的房屋建筑结构。

6.1　结构柱

6.1.1　柱概述

框架柱按结构形式的不同，通常有等截面柱、阶形柱和分离式柱三大类；按柱截面类型又可分为实腹式柱及格构式柱两类。

其中，按结构形式的不同分为的柱类型如下：

(1) 等截面柱：有实腹式和格构式两种。等截面柱构造简单，一般适于用作工作平台柱，无吊车或吊车起重量的轻型厂房中的框架柱等。

(2) 阶形柱：有实腹式柱和格构式柱两种。阶形柱由于吊车梁或吊车桁架支撑在柱截面变化的肩梁处，荷载偏心小，构造合理，其用钢量比等截面柱节省，在厂房中广泛应用。

(3) 分离式柱：有支撑屋盖结构的屋盖和支撑吊车梁或吊车桁架的吊车肢所组成，两肢之间以水平板相连接。分离式柱构造简单，制作和安装比较方便，但用钢量比阶形柱多，且刚度较差。

框架柱按截面形式可分为实腹式柱和格构式柱两种：

(1) 实腹式柱：实腹式柱的截面形式为焊接工字形钢截面，一般用于厂房等截面柱，阶形柱的上段。

(2) 格构式柱：当柱承受较大弯矩作用，或要求较大刚度时，为了合理用材宜采用格构式组合截面。格构式组合截面一般每肢由型钢截面的双肢组成，当采用钢管(包括钢管混凝土)组合柱时，也可采用三肢或四肢组合截面。格构柱的柱肢之间均由缀条或缀板相连，以保证组合截面整体工作。

混凝土宜于受压，而钢材宜于受拉，为了充分发挥两种材料的优势，钢-混凝土组合结构正得到国内外学者的密切关注，在钢-混凝土组合结构中，由两种不同性质的材料结合扬长避短，各自发挥其特长，因此具有诸多优点。高层建筑中常见的钢-混凝土组合柱有钢骨混凝土柱和钢管混凝土柱。研究结果表明，由型钢与混凝土组合成的柱子具有较高的承载力、良好的延性。与钢筋混凝土柱相比，钢-混凝土组合柱在给定荷载条件下，组合柱具有较小的横截面积和较高的承载力。因此，在建筑物中使用组合柱可以解决高层建筑中的“胖柱”问题和钢筋高强混凝土柱的脆性破坏问题，并且可以显著增加建筑物的使用空间，简化了施工，获得较大的经济效益。与钢柱相比，可提高柱子的稳定性，避免型钢出现局部的屈曲，同时还可节省高层建筑的用钢量，提高结构的防火和防腐能力。

6.1.2 创建结构柱类型

在建立结构模型之前，首先要项目样板。其中，建筑模型中用到的结构柱类型，均是在项目样板中创建的。

在 Revit 2014 中，单击“新建”按钮，在弹出的“新建项目”对话框中，选择列表中的“结构样板”选项，并启用“项目样板”选项。单击“确定”按钮，即可建立空白的项目样板文件，如图 6-1 所示。

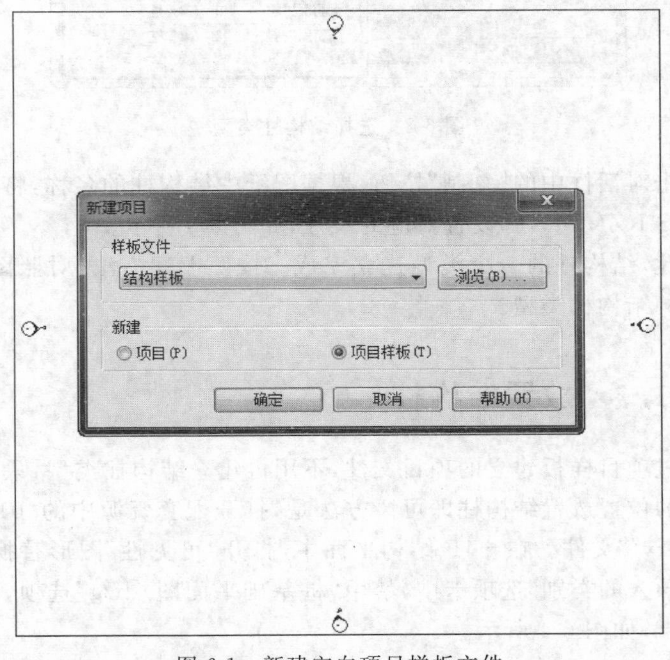

图 6-1 新建空白项目样板文件

知识扩展：

本章依据《砌体结构设计规范》(GB 50003—2011)编写：

2.1.13 带壁柱墙 pilastered wall

沿墙长度方向隔一定距离将墙体局部加厚，形成的带垛墙体。

2.1.14 混凝土构造柱 structural concrete column

在砌体房屋墙体的规定部位，按构造配筋，并按先砌墙后浇灌混凝土柱的施工顺序制成的混凝土柱。通常称为混凝土构造柱，简称构造柱。

技巧：无论是创建项目样板，还是在项目中放置任意结构图元，均需要对应图纸。特别是各种结构图元的类型名称设置，否则后期放置时，无法找到对应的图元类型。

选择“结构”|“柱”选项，在“属性”面板的列表中，选择混凝土-矩形-柱的类型为 300mm×450mm，打开对应的“类型属性”对话框，如图 6-2 所示。

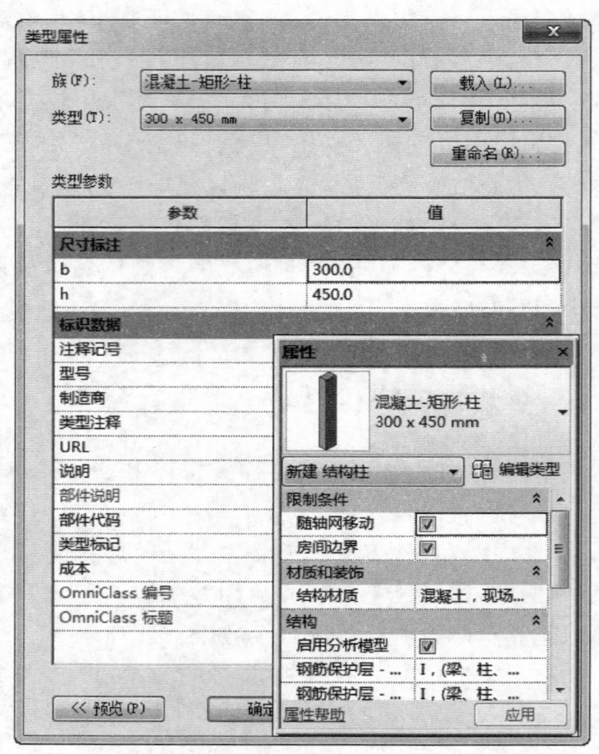

图 6-2 选择结构柱类型

单击对话框中的“复制”按钮，根据图纸中结构柱的名称，将该类型复制为 S-KZ1-C40，并设置对应的尺寸，如图 6-3 所示。

至此，结构柱的一个类型建立完成。按照上述方法，对照图纸，建立其他的结构柱类型。

6.1.3 放置结构柱

通过项目样板建立的项目文件，不用再建立结构柱类型，只要按照图纸中的位置放置结构柱即可。方法是，打开配套资源中的“014-绘制挡土墙.rvt”文件。在 -1F 结构平面中，打开“可见性/图形替换”对话框，在“导入的类别”选项卡中，禁用“桩基础平面图.dwg”选项，隐藏桩基础图纸，如图 6-4 所示。

知识扩展：

本章依据《建筑抗震设计规范》(GB 50011—2010)编写：

6.3 框架的基本抗震构造措施。

6.3.5 柱的截面尺寸，宜符合下列各项要求：

1 截面的宽度和高度，四级或不超过 2 层时不宜小于 300mm，一、二、三级且超过 2 层时不宜小于 400mm；圆柱的直径，四级或不超过 2 层时不宜小于 350mm，一、二、三级且超过 2 层时不宜小于 450mm。

2 剪跨比宜大于 2。

3 截面长边与短边的边长比不宜大于 3。

6.3.6 建造于Ⅳ类场地且较高的高层建筑，柱轴压比限值应适当减小。

1 沿柱全高采用井字复合箍且箍筋肢距不大于 200mm、间距不大于 100mm、直径不小于 12mm，或沿柱全高采用复合螺旋箍、螺旋间距不大于 100mm、箍筋肢距不大于 200mm、直径不小于 12mm，或沿柱全高采用连续复合矩形螺旋箍、螺旋净距不大于 80mm、箍筋肢距不大于 200mm、直径不小于 10mm，轴压比限值均可增加 0.10。

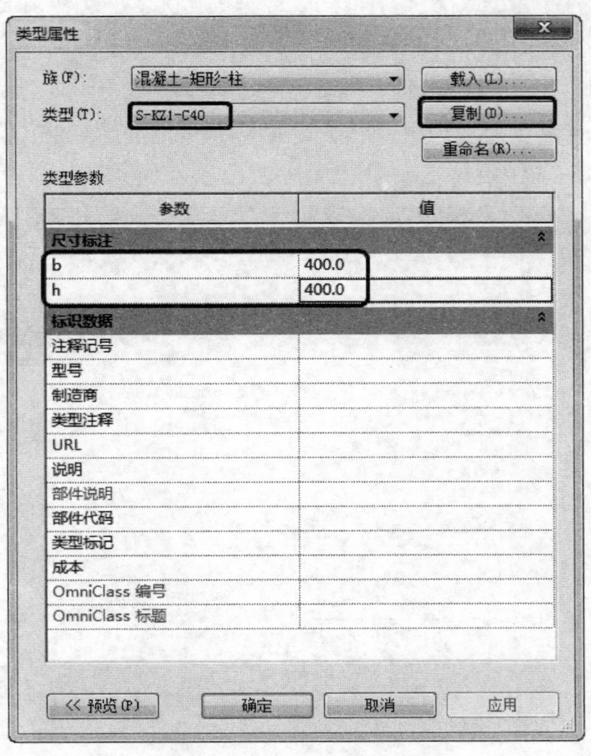

图 6-3 通过复制建立新类型

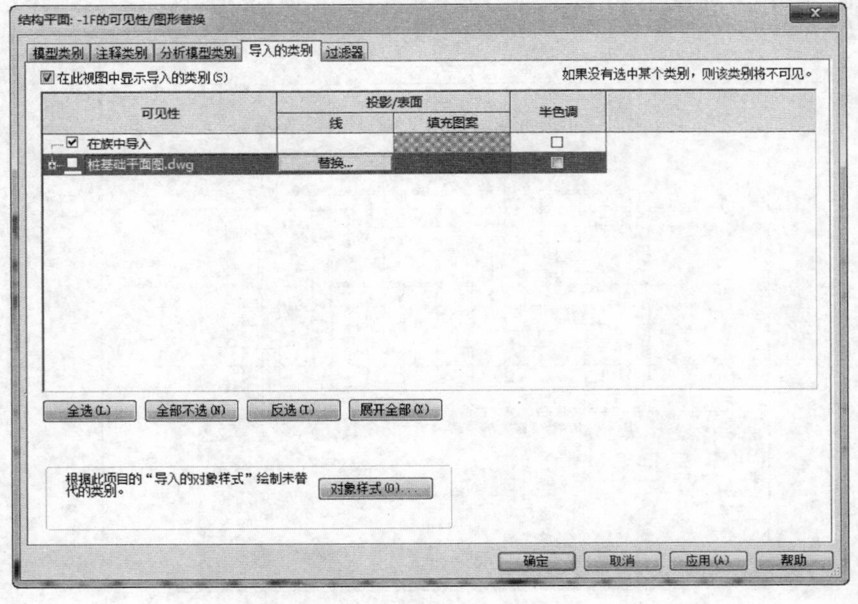

图 6-4 隐藏桩基础图纸

知识扩展：

本章依据《建筑抗震设计规范》(GB 50011—2010)编写：

6.3.7 柱的钢筋配置，应符合下列各项要求：

1 柱纵向受力钢筋每一侧配筋率不应小于0.2%；对建造于Ⅳ类场地且较高的高层建筑，最小总配筋率应增加0.1%。

2 柱箍筋在规定的范围内应加密，加密区的箍筋间距和直径，应符合下列要求：

1）一级框架柱的箍筋直径大于12mm且箍筋肢距不大于150mm及二级框架柱的箍筋直径不小于10mm且箍筋肢距不大于200mm时，除底层柱下端外，最大间距应允许采用150mm；三级框架柱的截面尺寸不大于400mm时，箍筋最小直径应允许采用6mm；四级框架柱剪跨比不大于2时，箍筋直径不应小于8mm。

2）框支柱和剪跨比不大于2的框架柱，箍筋间距不应大于100mm。

注意：为了在后期操作时，不影响其他图元，可以将项目中的所有图元锁定，其中包括标高与轴网。

选择"插入"|"链接 CAD"选项，将配套资源中的"地下一层柱.dwg"文件链接至 Revit 中。其中，设置"链接 CAD 格式"对话框中的选项，如图 6-5 所示。

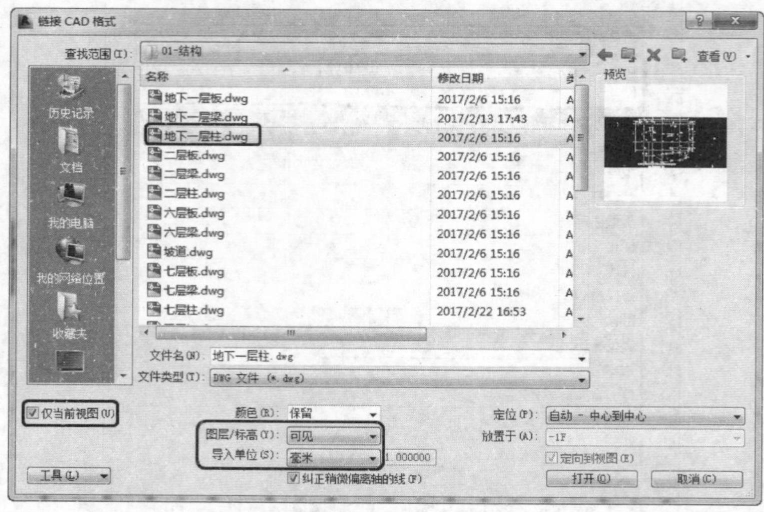

图 6-5 链接图纸

通过"修改"选项卡中的"对齐"工具，使图纸中的轴网与项目中的轴网对齐。选中该图纸，单击"修改"选项卡中的"锁定"按钮进行锁定，如图 6-6 所示。

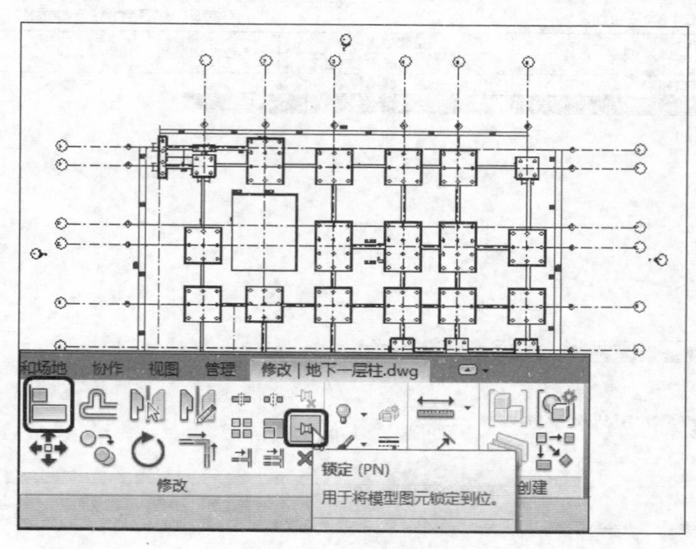

图 6-6 对齐图纸并锁定

知识扩展：

本章依据《建筑抗震设计规范》(GB 50011—2010)编写：

6.3.8 柱的纵向钢筋配置，尚应符合下列规定：

1 柱的纵向钢筋宜对称配置。

2 截面边长大于 400mm 的柱，纵向钢筋间距不宜大于 200mm。

3 柱总配筋率不应大于 5%；剪跨比不大于 2 的一级框架的柱，每侧纵向钢筋配筋率不宜大于 1.2%。

4 边柱、角柱及抗震墙端柱在小偏心受拉时，柱内纵筋总截面面积应比计算值增加 25%。

5 柱纵向钢筋的绑扎接头应避开柱端的箍筋加密区。

在图纸被选中的状态下，选择选项栏中列表中的“前景”选项，使图纸放置在图元上方，如图 6-7 所示。

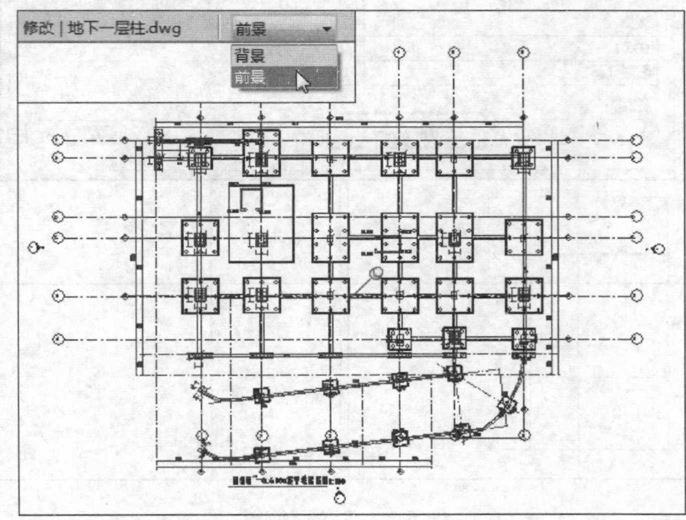

图 6-7 设置图纸显示方式

再次确定图纸在选中状态下，单击“修改 | 地下一层柱. dwg”选项卡中的“查询”按钮，如图 6-8 所示。

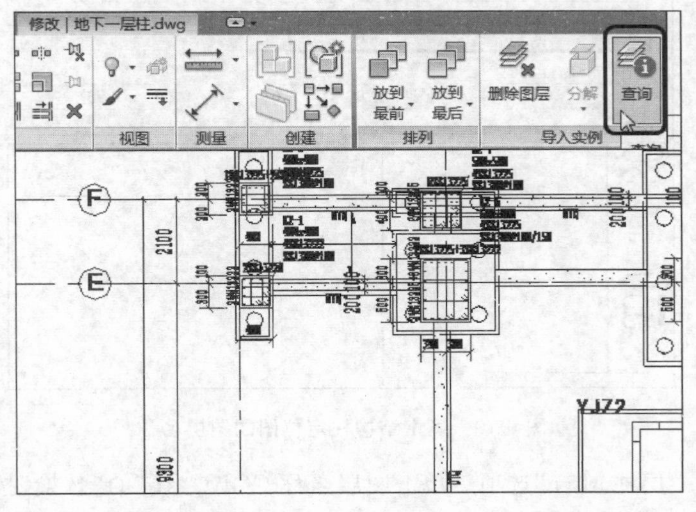

图 6-8 查询图层

接着选中图纸中某个结构柱中的配筋图，在弹出的“导入实例查询”对话框中，单击“在视图中隐藏”按钮，将配筋图进行隐藏，如图 6-9 所示。

再次选中图纸中结构柱定位图，在弹出的“导入实例查询”对话框中，查询其图层名称，如图 6-10 所示。

打开“可视性/图形替换”对话框，在“导入的类别”选项卡中，展开

知识扩展：

本章依据《建筑抗震设计规范》(GB 50011—2010)编写：

6.3.9 柱的箍筋配置，尚应符合下列要求：

1 柱的箍筋加密范围，应按下列规定采用：

1) 柱端，取截面高度(圆柱直径)、柱净高的1/6和500mm三者的最大值；

2) 底层柱的下端不小于柱净高的1/3；

3) 刚性地面上下各500mm；

4) 剪跨比不大于2的柱、因设置填充墙等形成的柱净高与柱截面高度之比不大于4的柱、框支柱、一级和二级框架的角柱，取全高。

2 柱箍筋加密区的箍筋肢距，一级不宜大于200mm，二、三级不宜大于250mm，四级不宜大于300mm。至少每隔一根纵向钢筋宜在两个方向有箍筋或拉筋约束；采用拉筋复合箍时，拉筋宜紧靠纵向钢筋并钩住箍筋。

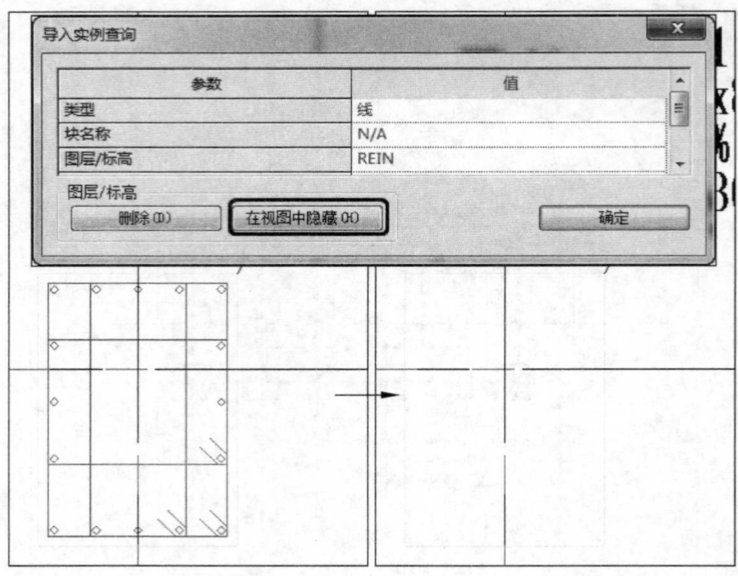

图 6-9 隐藏配筋图

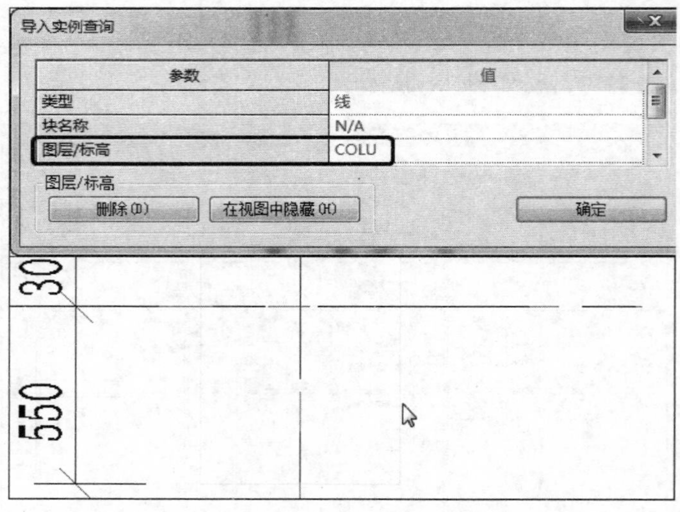

图 6-10 确定结构柱定位图的图层名称

“地下一层柱. dwg”选项。单击图层名称 COLU“线”的“替换”按钮，在“线图形”对话框中，依次设置“颜色”和“填充图案”选项。连续单击“确定”按钮，即可改变图纸中结构柱定位图的显示颜色，如图 6-11 所示。

提示
图纸的修改是为了后期方便结构柱的放置。对于非常熟悉图纸的用户，则无需修改图纸。

放大 KZ-2 柱区域，选择“结构”中的“柱”选项，选择“属性”面板中

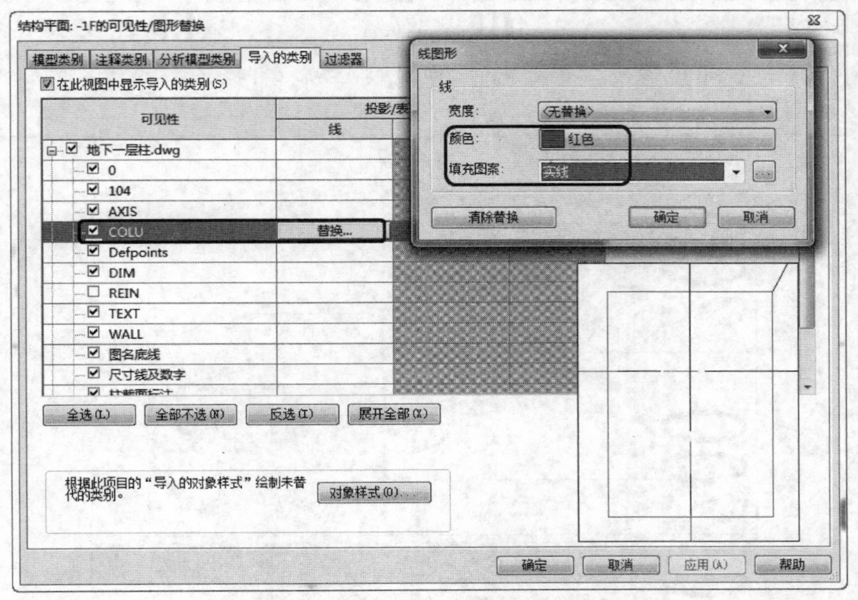

图 6-11 更改结构柱定位轮廓的显示颜色

相应的柱类型 S-KZ2-C40。查看该类型中的尺寸与图纸中的柱尺寸相同后，设置选项栏中的"高度"为 1F，并单击放置该结构柱，如图 6-12 所示。

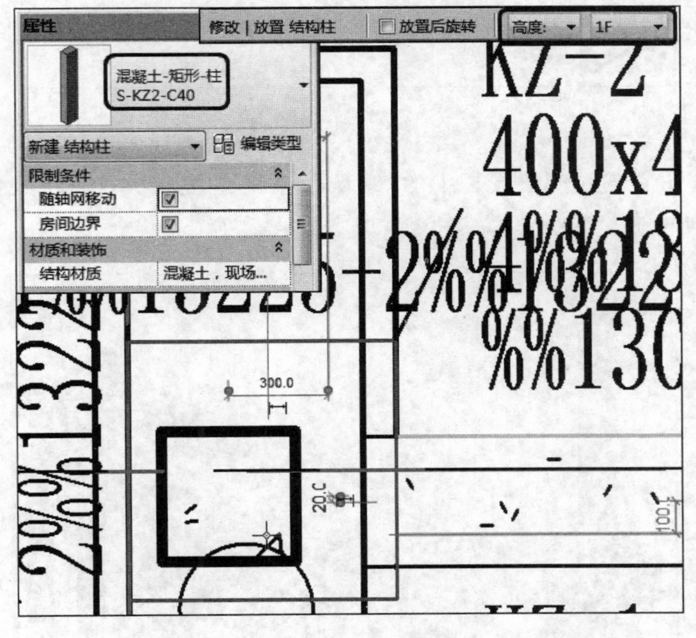

图 6-12 放置结构柱

根据图纸上的信息，通过"对齐"工具，将放置后的结构柱进行对齐，如图 6-13 所示。

知识扩展：

本章依据《高层建筑混凝土结构技术规程》(JGJ 3—2010)编写：

10.4.4 抗震设计时，错层处框架柱应符合下列要求：

1 截面高度不应小于 600mm，混凝土强度等级不应低于 C30，箍筋应全柱段加密配置；

2 抗震等级应提高一级采用，一级应提高至特一级，但抗震等级已经为特一级时应允许不再提高。

提示

单击快速访问工具栏中的“细线”按钮，即可将图元的线条显示为细线模式，以方便精确定位。

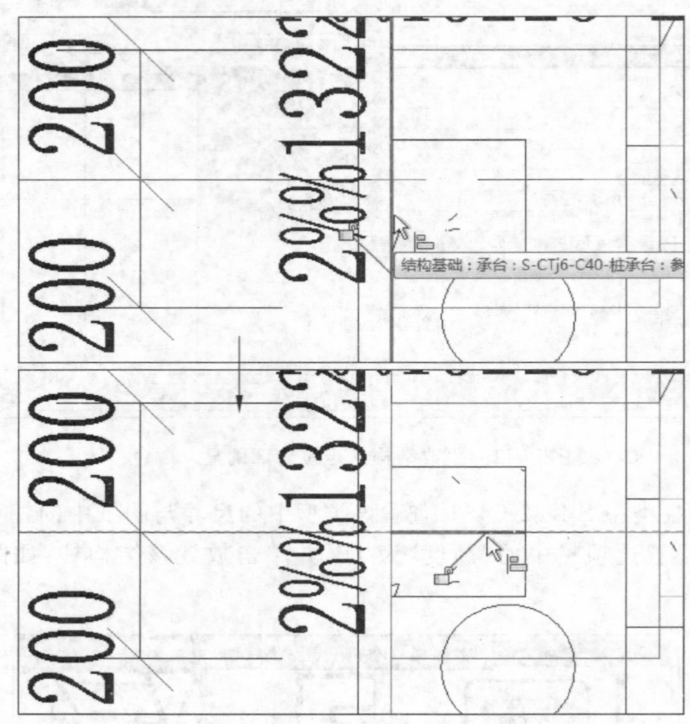

图 6-13　对齐结构柱

单击快速访问工具栏中的“默认三维视图”按钮，在三维视图中查看结构柱的三维效果，如图 6-14 所示。

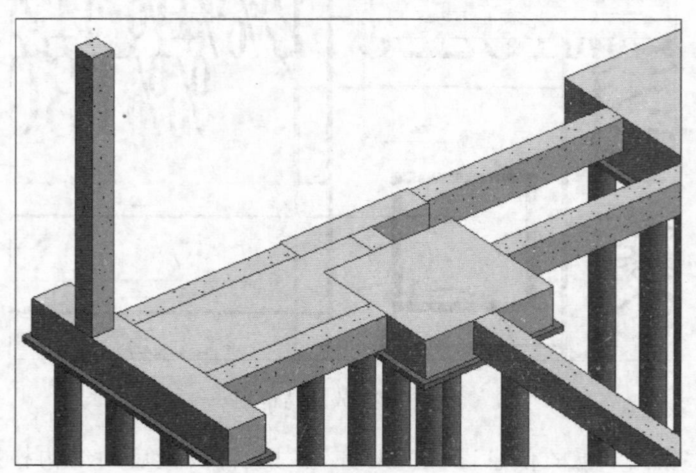

图 6-14　结构柱三维效果

知识扩展：

本章依据《高层建筑混凝土结构技术规程》(JGJ 3—2010)编写：

10.2.10　转换柱设计应符合下列要求：

1　抗震设计时，转换柱箍筋应采用复合螺旋箍或井字复合箍，并应沿柱全高加密，箍筋直径不应小于 10mm，箍筋间距不应大于 100mm 和 6 倍纵向钢筋直径的较小值。

2　抗震设计时，转换柱的箍筋配箍特征值应比普通框架柱要求的数值增加 0.02 采用，且箍筋体积配箍率不应小于 1.5%。

选中该结构柱图元，在“属性”面板中，单击“结构材质”右侧的“菜单”按钮，在打开的“材质浏览器”对话框中，选中 C40 混凝土，更改结构柱的实例属性，如图 6-15 所示。

注意：结构柱在创建类型时，并没有设置其材质的类型属性。所以当某一层的结构柱放置完成后，需要选中该层的所有结构柱，在“属性”面板中，设置其材质的实例属性，比如地下一层结构柱的“结构材质”应该设置为 C40 混凝土。

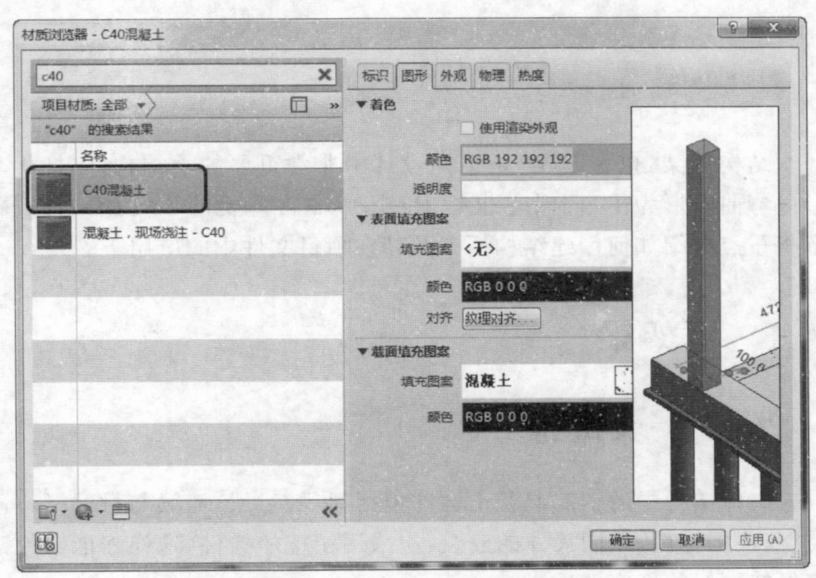

图 6-15 设置结构柱的结构材质

按照上述方法，根据图纸中结构柱的名称，放置地下一层结构柱，并进行对齐，完成地下一层结构柱的放置。

二维码链接：

6-1 地下一层-放置柱

6.2 案例实操

放置地下一层结构柱见二维码 6-1。

放置地下一层 L 形柱见二维码 6-2。

二维码链接：

6-2 地下一层-放置 L 形柱

第 7 章

结构框架

结构框架，也就是梁，是结构设计中非常重要的承重构件，杆件变形以弯曲变形为主，同时它也是 Revit 中非常重要的一类族构件。本章将重点介绍如何创建结构框架及其在项目文件中的应用。

7.1 框架梁

7.1.1 梁概述

砌体结构中的钢筋混凝土构件包括圈梁、过梁、墙梁与挑梁。不同类型、不同作用、不同尺寸的建筑，应采用相应的构件，这样才能够使建筑保持更好的稳定性。

1. 圈梁

在房屋的檐口、窗顶、楼层、吊车梁顶或基础面标高处，沿砌体墙水平方向设置封闭状的按构造配筋的混凝土梁构件叫做圈梁。为增强房屋的整体刚度，防止地基的不均匀沉降或较大振动荷载对房屋引起的不利影响，在墙中设置现浇钢筋混凝土圈梁。设置圈梁的规定：

(1) 车间、仓库、食堂等空旷的单层房屋应设置圈梁。

(2) 宿舍、办公楼等多层其他民用房屋，且层数为 3～4 层时，应在檐口标高处设置一道圈梁。当层数超过 4 层时，应每层设置现浇钢筋混凝土圈梁。

(3) 采用现浇钢筋混凝土楼盖的多层砌体结构房屋，当层数超过 5 层时，除在檐口标高处设置一道圈梁外，可隔层设置圈梁，并与楼层面板一起现浇。

2. 过梁

过梁多用于跨度不大的门、窗等洞口处，其中有砖砌过梁和钢筋混凝土过梁等。而对于有较大振动荷载或可能产生不均匀沉降的房屋，应采用钢筋混凝土过梁。其中，砖砌过梁的构造规定如下：

知识扩展：

本章依据《砌体结构设计规范》(GB 50003—2011)编写：

2.1　术语

2.1.15　圈梁

ring beam

在房屋的檐口、窗顶、楼层、吊车梁顶或基础顶面标高处，沿砌体墙水平方向设置封闭状的按构造配筋的混凝土梁式构件。

2.1.16　墙梁

wall beam

由钢筋混凝土托梁和梁上计算高度范围内的砌体墙组成的组合构件。包括简支墙梁、连续墙梁和框支墙梁。

2.1.17　挑梁

cantilever beam

嵌固在砌体中的悬挑式钢筋混凝土梁。一般指房屋中的阳台挑梁、雨篷挑梁或外廊挑梁。

(1) 砖砌过梁截面计算高度内的砂浆不宜低于 M5。

(2) 砖砌平拱用竖砖砌筑部分的高度不应小于 240mm。

(3) 钢筋砖过梁底面砂浆层处的钢筋，其直径不应小于 5mm，间距不宜大于 120mm，钢筋伸入支座砌体内的长度不宜小于 2400mm，砂浆层的厚度不宜小于 30mm。

3. 墙梁

墙梁包括简支墙梁、连续墙梁和框支墙梁。可划分为承重墙梁和自承重墙梁。用烧结普通砖和烧结多孔砖砌体和配筋砌体的墙梁设计应符合如表 7-1 所示的规定。墙梁在高度范围内每跨允许设置的一个洞口；洞口边至支座中心的距离，距边支座不应小于 $0.15l_{oi}$，距中支座不应小于 $0.07l_{oi}$ 对多层房屋的墙梁，各层洞口宜设置在相同位置，并宜上、下对齐。

表 7-1 墙梁的一般规定

墙梁类别	墙体总高度/m	跨度/m	墙高 h_w/l_{oi}	托梁高 h_b/l_{oi}	洞宽 b_h/l_{oi}	洞高 h_h
承重墙梁	≤18	≤9	≥0.4	≥1/10	≤0.3	$\leqslant 5h_w/6$ 且 $h_w - h_h \geqslant 0.4$m
自承重墙梁	≤18	≤12	≥1/3	≥1/15	≤0.8	

4. 挑梁

嵌固在砌体中的悬挑式钢筋混凝土梁，叫挑梁。一般指房屋中的阳台挑梁、雨篷挑梁或外廊挑梁。砌体墙中钢筋混凝土挑梁应满足抗倾覆验算及砌体的局部受压承载力验算。其中，钢筋混凝土挑梁的构造规定如下。

(1) 纵向受力钢筋至少应有 1/2 的钢筋面积伸入梁尾端，且不小于 $2\phi12$。其余钢筋伸入支座的长度不应小于 $2l_1/3$。

(2) 挑梁埋入砌体长度 l_1 与挑出长度 l 之比宜大于 1.2；当挑梁上无砌体时，l_1 与 l 之比宜大于 2。

7.1.2 创建梁系统

结构梁系统可创建包含一系列平行放置的梁的结构框架图元。对于需要额外支座的结构，梁系统提供了一种对该结构的面积进行框架的便捷方法。可使用一次单击法或绘制法这两种方法来创建梁系统。

1. 自动创建梁系统

要想通过自动创建的方式来建立梁系统，首先只能在含有水平草图平面的平面视图或天花板视图中，才能够自动创建。其次必须已经绘制了支撑图元的闭合环，比如墙或梁，否则 Revit 将自动重定向到

> **知识扩展：**
> 本章依据《砌体结构设计规范》(GB 50003—2011)编写：
> 6.2 一般构造要求
> 6.2.6 支撑在墙、柱上的吊车梁、屋架及跨度大于或等于下列数值的预制梁的端部，应采用锚固件与墙、柱上的垫块锚固：
> 1 对砖砌体为 9m；
> 2 对砌块和料石砌体为 7.2m。
> 6.2.7 跨度大于 6m 的屋架和跨度大于下列数值的梁，应在支撑处砌体上设置混凝土或钢筋混凝土垫块；当墙中设有圈梁时，垫块与圈梁宜浇成整体。
> 1 对砖砌体为 4.8m；
> 2 对砌块和料石砌体为 4.2m；
> 3 对毛石砌体为 3.9m。
> 6.2.8 当梁跨度大于或等于下列数值时，其支撑处宜加设壁柱，或采取其他加强措施：
> 1 对 240mm 厚的砖墙为 6m；对 180mm 厚的砖墙为 4.8m；
> 2 对砌块、料石墙为 4.8m。

"创建梁系统边界"选项卡。

在 Revit 中,打开配套资源中的"梁系统. rvt"项目文件,并将其另存为"自动创建梁系统 . rvt"。在该项目文件中,已经创建了闭合梁,如图 7-1 所示。

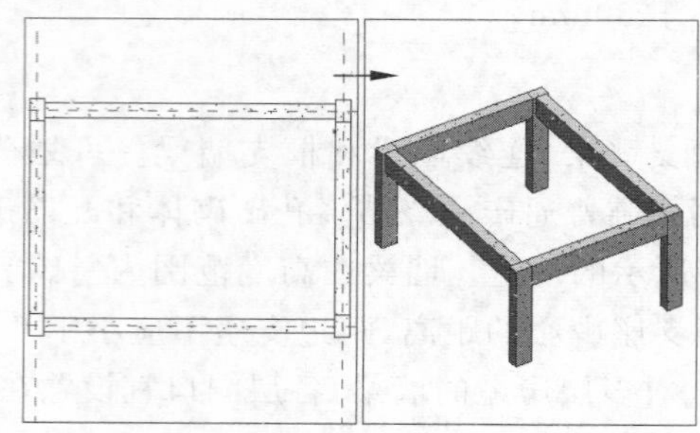

图 7-1 闭合梁

在 2F 结构平面视图中,切换至"结构"选项卡,单击"结构"面板中的"梁系统"按钮。在打开的"修改|放置结构梁系统"选项卡中,Revit 自动选中"梁系统"面板的"自动创建梁系统"工具,如图 7-2 所示。

图 7-2 选择梁系统

确定"属性"面板类型选择器中类型为"结构梁系统",即可单击结构构件,自动添加梁系统,如图 7-3 所示。

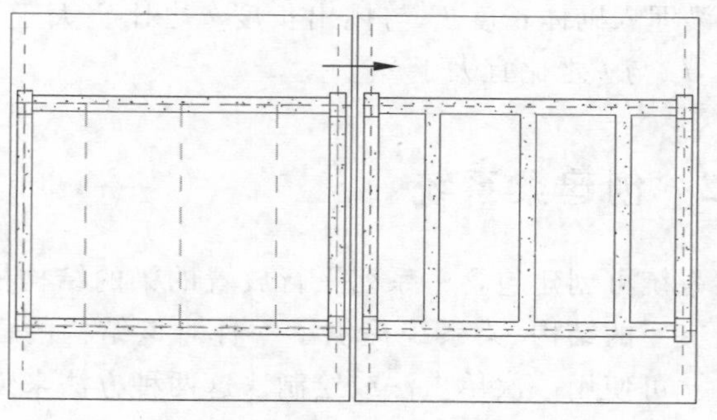

图 7-3 自动添加梁系统

切换至默认三维视图,查看梁系统效果,如图 7-4 所示。

梁系统参数随设计的改变而调整。如果重新定位了一个柱,梁系

知识扩展:

本章依据《砌体结构设计规范》(GB 50003—2011)编写:

6.3.4 填充墙与框架的连接,可根据设计要求采用脱开或不脱开方法。有抗震设防要求时宜采用填充墙与框架脱开的方法。

1 当填充墙与框架采用脱开的方法时,宜符合下列规定:

1) 填充墙两端与框架柱,填充墙顶面与框架梁之间留出不小于 20mm 的间隙。

2) 填充墙端部应设置构造柱,柱间距宜不大于 20 倍墙厚且不大于 4000mm,柱宽度不小于 100mm。柱竖向钢筋不宜小于 $\phi10$,箍筋宜为 ϕ^R5,竖向间距不宜大于 400mm。竖向钢筋与框架梁或其挑出部分的预埋件或预留钢筋连接,绑扎接头时不小于 $30d$,焊接时(单面焊)不小于 $10d$(d 为钢筋直径)。柱顶与框架梁(板)应预留不小于 15mm 的缝隙,用硅酮胶或其他弹性密封材料封缝。当填充墙有宽度大于 2100mm 的洞口时,洞口两侧应加设宽度不小于 50mm 的单筋混凝土柱。

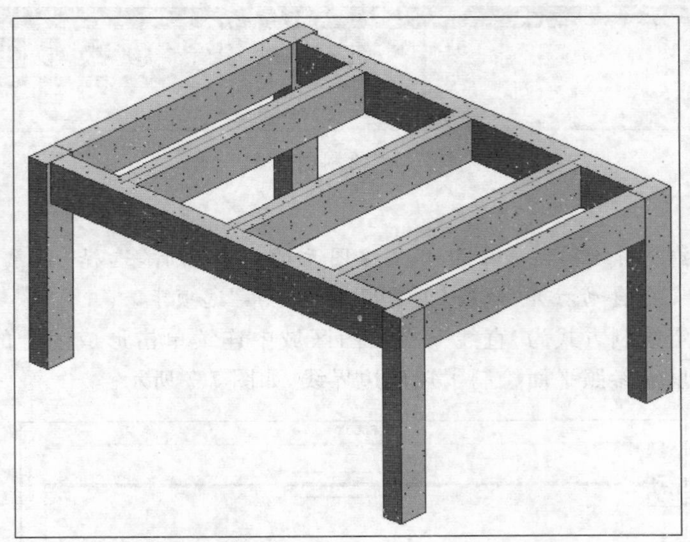

图 7-4 查看梁系统

统参数将自动随其位置的改变而调整。如图 7-5 所示，改变右下角结构柱位置梁系统发生的变化。

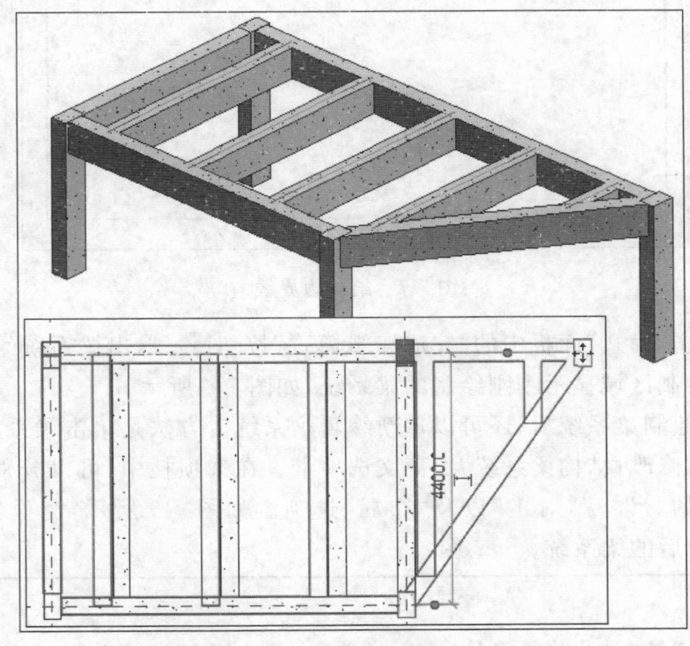

图 7-5 改变结构柱而调整的梁系统

2. 绘制梁系统

当选择“梁系统”工具后，在“梁系统”面板中除了“自动创建梁系统”工具外，还包含“绘制梁系统”工具。单击“绘制梁系统”按钮后，打开“修改|创建梁系统边界”选项卡，如图 7-6 所示。

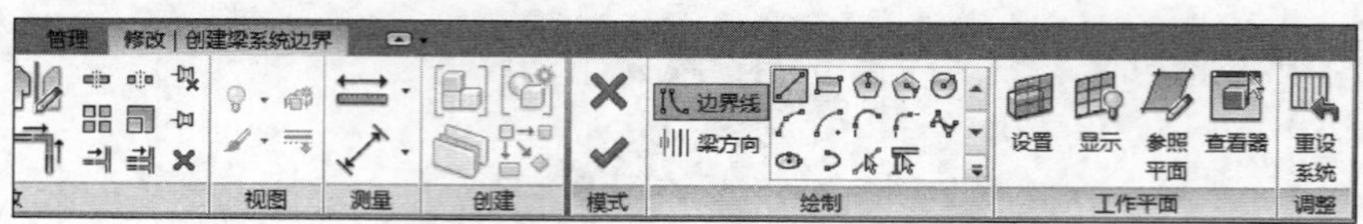

图 7-6　绘制梁系统

注意：当绘图区域中没有支撑图元的闭合环时，选择“梁系统”工具，Revit 会自动打开“修改 | 创建梁系统边界”选项卡。

确定绘制方式为“直线”，在绘图区域中连续单击形成闭合的边界线。这里沿参照平面绘制了矩形边界线，如图 7-7 所示。

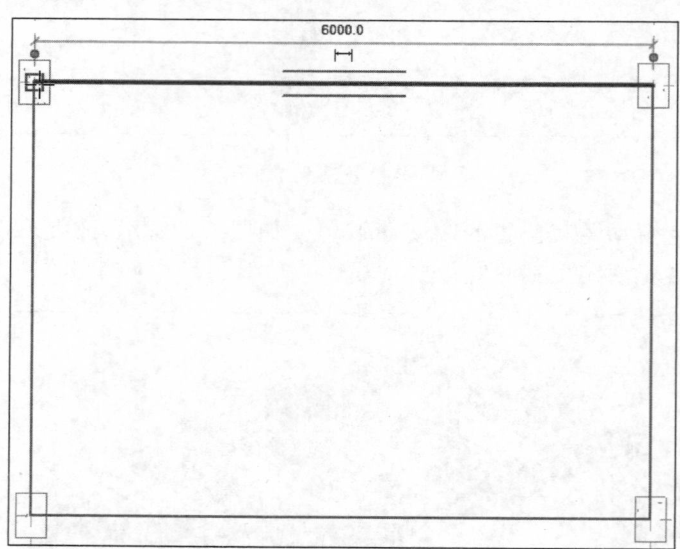

图 7-7　绘制边界线

单击“模式”面板中的“完成编辑模式”按钮，退出梁系统绘制模式，在绘制区域显示刚刚绘制的梁系统，如图 7-8 所示。

当绘制梁系统后，还可以重新编辑梁系统。方法是单击梁系统，在打开的“修改 | 结构梁系统”上下文选项卡。在选项栏中，可以分别设置梁系统的“尺寸”“对正”以及“布局”选项。如图 7-9 所示，为设置“布局”选项后的梁系统。

> **提示**
>
> 在“修改 | 结构梁系统”上下文选项卡中，不仅能够设置选项栏中的选项，还能够删除梁系统以及编辑工作平面。

单击“模式”面板中的“编辑边界”按钮，进入“修改 | 结构梁系统>编辑边界”上下文选项卡。可通过单击并拖动梁系统边界的方法，来改变梁系统边界的范围，如图 7-10 所示。

> **知识扩展：**
>
> 本章依据《砌体结构设计规范》(GB 50003—2011)编写：
>
> 3）填充墙两端宜卡入设在梁、板底及柱侧的卡口铁件内，墙侧卡口板的竖向间距不宜大于500mm，墙顶卡口板的水平间距不宜大于1500mm。
>
> 4）墙体高度超过4m时宜在墙高中部设置与柱连通的水平系梁。水平系梁的截面高度不小于60mm；填充墙高不宜大于6m。
>
> 5）填充墙与框架柱、梁的缝隙可采用聚苯乙烯泡沫塑料板条或聚氨酯发泡材料充填，并用硅酮胶或其他弹性密封材料封缝。
>
> 6）所有连接用钢筋、金属配件、铁件、预埋件等均应作防腐防锈处理。嵌缝材料应能满足变形和防护要求。

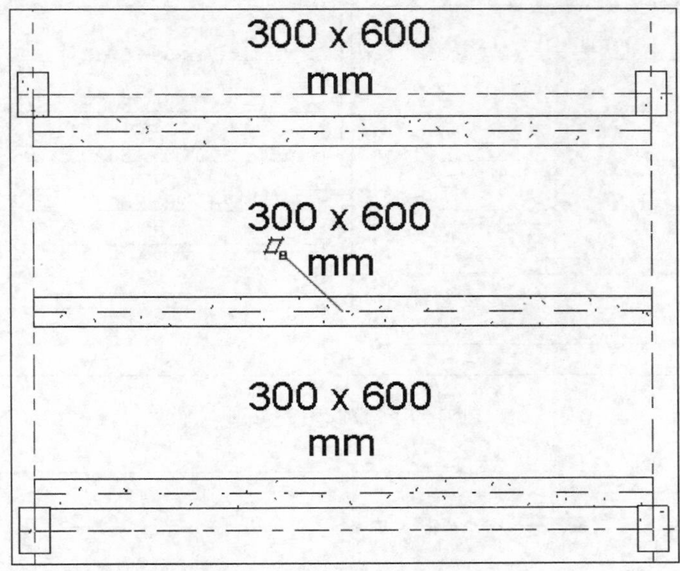

图 7-8 绘制的梁系统

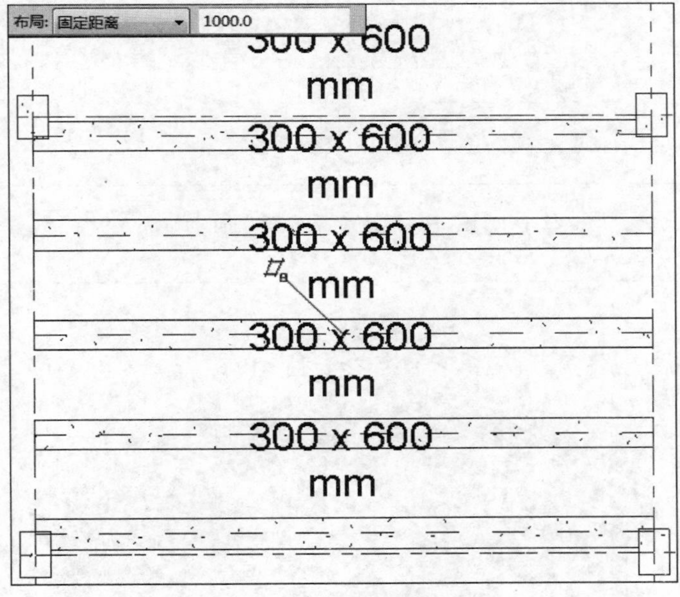

图 7-9 设置梁系统选项

绘制的梁系统中的梁方向为水平方向，要想改变梁方向，单击"梁边界"按钮▥，在梁系统垂直边界单击，即可改变梁系统中梁放置方向，如图 7-11 所示。

切换至默认三维视图中，即可查看梁系统的绘制效果，如图 7-12 所示，该效果是更改后的梁系统效果。

知识扩展：

本章依据《砌体结构设计规范》(GB 50003—2011)编写：

2. 当填充墙与框架采用不脱开的方法时，宜符合下列规定：

1）沿柱高每隔 500mm 配置 2 根直径 6mm 的拉结钢筋(墙厚大于 240mm 时配置 3 根直径 6mm)，钢筋伸入填充墙长度不宜小于 700mm，且拉结钢筋应错开截断，相距不宜小于 200mm。填充墙墙顶应与框架梁紧密结合。顶面与上部结构接触处宜用一皮砖或配砖斜砌楔紧；

2）当填充墙有洞口时，宜在窗洞口的上端或下端、门洞口的上端设置钢筋混凝土带，钢筋混凝土带应与过梁的混凝土同时浇筑，其过梁的断面及配筋由设计确定。钢筋混凝土带的混凝土强度等级不小于 C20。当有洞口的填充墙尽端至门窗洞口边距离小于 240mm 时，宜采用钢筋混凝土门窗框；

3）填充墙长度超过 5m 或墙长大于 2 倍层高时，墙顶与梁宜有拉接措施，墙体中部应加设构造柱；墙高度超过 4m 时宜在墙高中部设置与柱连接的水平系梁，墙高超过 6m 时，宜沿墙高每 2m 设置与柱连接的水平系梁，梁的截面高度不小于 60mm。

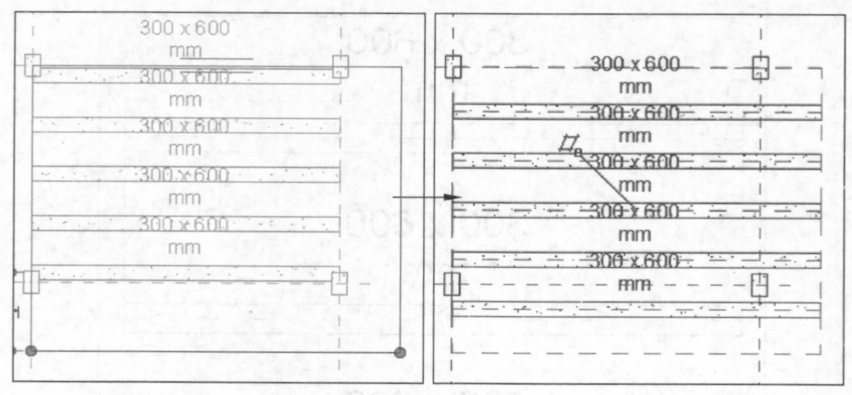

图 7-10　改变边界范围

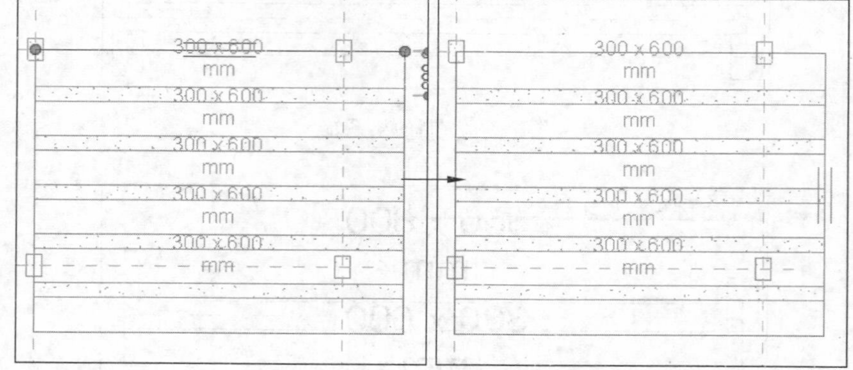

图 7-11　改变梁放置方向

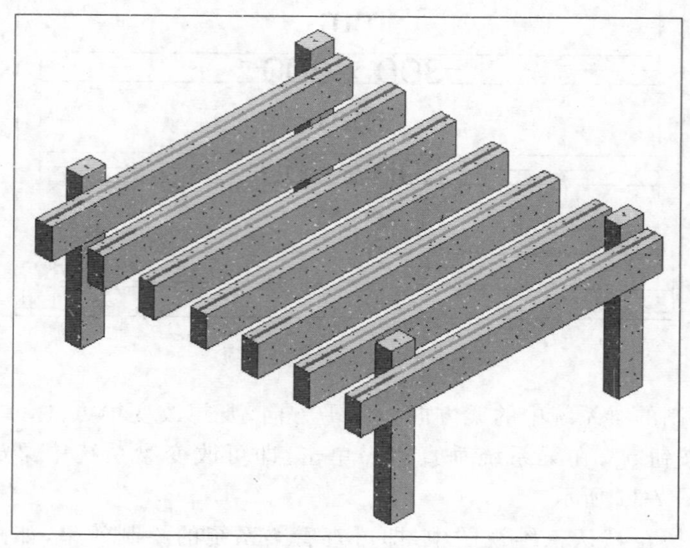

图 7-12　梁系统三维效果

知识扩展：

本章依据《砌体结构设计规范》(GB 50003—2011)编写：

7.1　圈梁

7.1.1　对于有地基不均匀沉降或较大振动荷载的房屋，可按本节规定在砌体墙中设置现浇混凝土圈梁。

7.1.5　圈梁应符合下列构造要求：

1　圈梁宜连续地设在同一水平面上，并形成封闭状；当圈梁被门窗洞口截断时，应在洞口上部增设相同截面的附加圈梁。附加圈梁与圈梁的搭接长度不应小于其中到中垂直间距的2倍，且不得小于1m。

2　纵、横墙交接处的圈梁应可靠连接。刚弹性和弹性方案房屋，圈梁应与屋架、大梁等构件可靠连接。

3　混凝土圈梁的宽度宜与墙厚相同，当墙厚不小于240mm时，其宽度不宜小于墙厚的2/3。圈梁高度不应小于120mm。纵向钢筋数量不应少于4根，直径不应小于10mm，绑扎接头的搭接长度按受拉钢筋考虑，箍筋间距不应大于300mm。

4　圈梁兼作过梁时，过梁部分的钢筋应按计算面积另行增配。

7.1.3 创建框架梁类型

在项目样板中，除了需要创建结构柱类型外，还需要创建结构梁的类型。继续在项目样板文件中，选择“结构”|“梁”选项，在“属性”面板的列表中，选择混凝土-矩形梁的类型 300mm×600mm，打开对应的“类型属性”对话框，如图 7-13 所示。

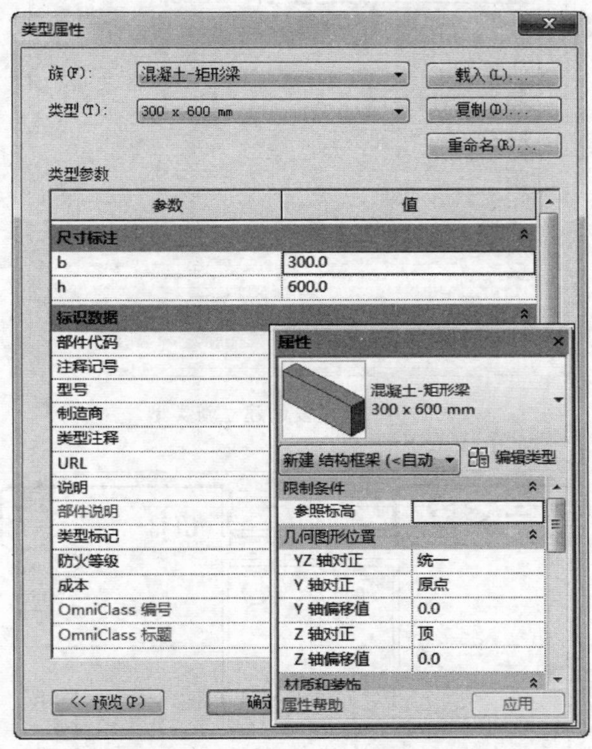

图 7-13 选择结构柱类型

单击对话框中的“复制”按钮，根据图纸中框架梁的名称，将该类型复制为 S-KL1-C40，并设置对应的尺寸，如图 7-14 所示。

至此，框架梁的一个类型建立完成。按照上述方法，对照图纸，建立其他的框架梁类型。

7.1.4 绘制框架梁

梁是用于承重的结构图元。每个梁的图元都是通过特定梁族的类型属性定义的，此外，还可以修改各种实例属性来定义梁的功能。

打开配套资源中的“006-放置独立基础.rvt”文件，—1F 结构平面视频中放大左上角区域。查看最上方的水平承台梁为 CTL8(2)，说明该承台梁的名称为 CTL8，并且为 2 跨，如图 7-15 所示。

知识扩展：

本章依据《建筑抗震设计规范》(GB 50011—2010)编写：

6.3 框架的基本抗震构造措施

6.3.1 梁的截面尺寸，宜符合下列各项要求：

1 截面宽度不宜小于 200mm；

2 截面高宽比不宜大于 4；

3 净跨与截面高度之比不宜小于 4。

6.3.2 梁宽大于柱宽的扁梁应符合下列要求：

1 采用扁梁的楼、屋盖应现浇，梁中线宜与柱中线重合，扁梁应双向布置。

2 扁梁不宜用于一级框架结构。

6.3.3 梁的钢筋配置，应符合下列各项要求：

1 梁端计入受压钢筋的混凝土受压区高度和有效高度之比，一级不应大于 0.25，二、三级不应大于 0.35。

2 梁端截面的底面和顶面纵向钢筋配筋量的比值，除按计算确定外，一级不应小于 0.5，二、三级不应小于 0.3。

3 梁端箍筋加密区的长度、箍筋最大间距和最小直径应按表 6.3.3 采用，当梁端纵向受拉钢筋配筋率大于 2%时，表中箍筋最小直径数值应增大 2mm。

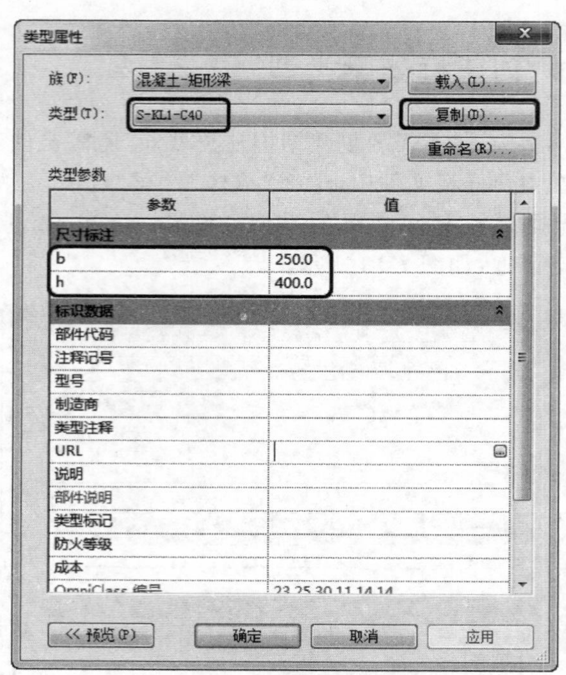

图 7-14　通过复制建立新类型

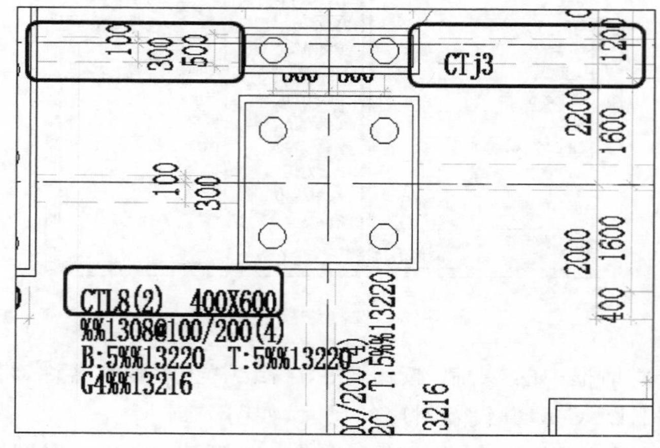

图 7-15　查看承台梁

知识扩展：

本章依据《建筑抗震设计规范》(GB 50011—2010)编写：

6.3.4　梁的钢筋配置，尚应符合下列规定：

1　梁端纵向受拉钢筋的配筋率不宜大于2.5%。沿梁全长顶面、底面的配筋，一、二级不应少于2ϕ14，且分别不应少于梁顶面、底面两端纵向配筋中较大截面面积的1/4；三、四级不应少于2ϕ12。

2　一、二、三级框架梁内贯通中柱的每根纵向钢筋直径，对框架结构不应大于矩形截面柱在该方向截面尺寸的1/20，或纵向钢筋所在位置圆形截面柱弦长的1/20；对其他结构类型的框架不宜大于矩形截面柱在该方向截面尺寸的1/20，或纵向钢筋所在位置圆形截面柱弦长的1/20。

3　梁端加密区的箍筋肢距，一级不宜大于200mm和20倍箍筋直径的较大值，二、三级不宜大于250mm和20倍箍筋直径的较大值，四级不宜大于300mm。

选择“结构”|“梁”选项，在“属性”下拉列表中选择对应的梁类型，在承台梁两端的承台依次单击绘制承台梁，如图7-16所示。

选择“修改”|“对齐”选项，单击图纸中承台梁的上边界线后，单击承台梁上边缘，使后者对齐前者，如图7-17所示。

提示

能够通过“注释”选项卡中的“对齐尺寸标注”工具测量，查看绘制后的承台梁与轴网间的距离是否与图纸中标注的一致。

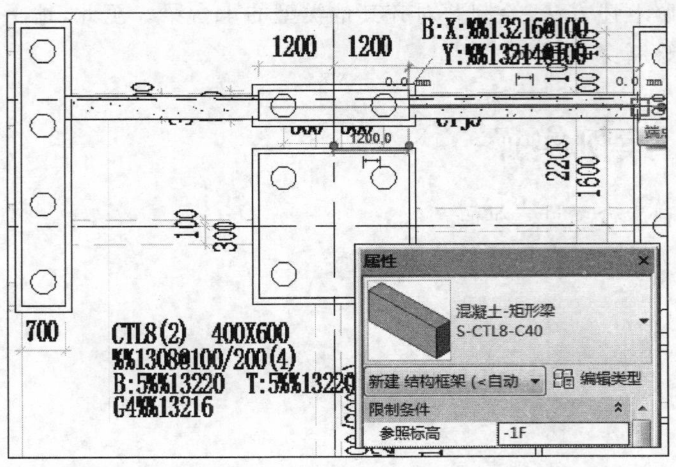

图 7-16　绘制承台梁

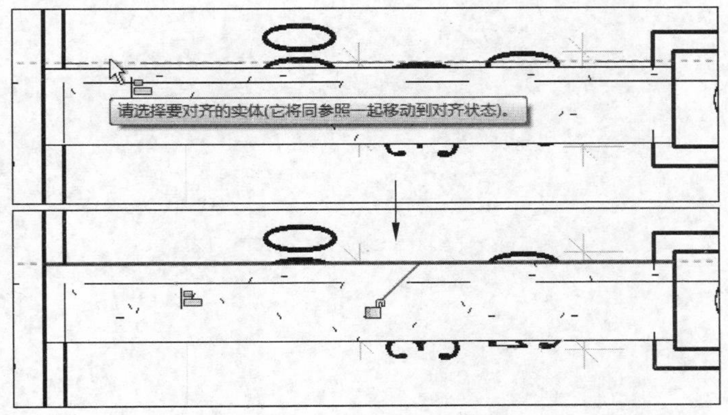

图 7-17　对齐承台梁

打开默认三维视图，查看承台梁是否与承台相连接，如图 7-18 所示。

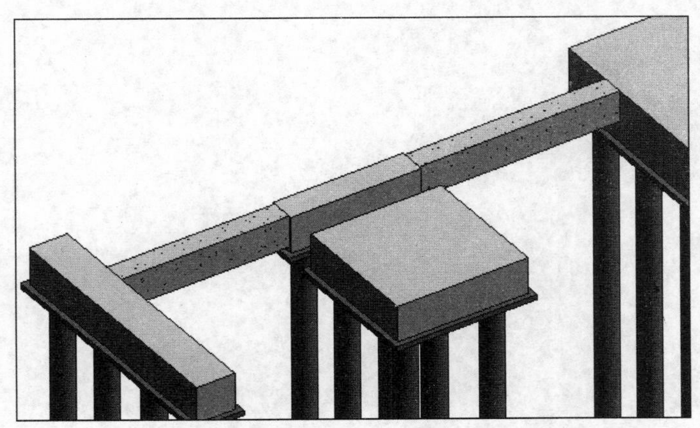

图 7-18　查看承台梁三维效果

二维码链接：

7-1 地下一层-绘制承台梁

按照上述方法，绘制并对齐其他类型的承台梁。至此，地下一层的承台梁绘制完成。

7.2 案例实操

二维码链接：

7-2 地下一层-绘制顶梁

绘制承台梁见二维码 7-1。

绘制地下一层顶梁见二维码 7-2。

第 8 章

楼　板

楼层中的楼板主要是承受水平方向的竖直荷载，楼板能在高度方向将建筑物分隔为若干层。楼板是墙、柱水平方向的支撑及联系杆件，保持墙柱的稳定性，并能承受水平方向传来的荷载，比如风载、地震载，并把这些荷载传给墙、柱，再由墙、柱传给基础。有时还要起到保温、隔热作用，即围护功能，以及起到防火、防水、防潮等功能。在该章节中，主要介绍结构楼板在项目中的应用。

8.1　结构楼板

8.1.1　楼板概述

楼板是一种分隔承重构件。楼板层中的承重部分，它将房屋垂直方向分隔为若干层，并把人和家具等竖向荷载及楼板自重通过墙体、梁或柱传给基础。按其所用的材料可分为木楼板、砖拱楼板、钢筋混凝土楼板和钢衬板承重的楼板等几种形式。

(1) 木楼板　木楼板由木梁和木地板组成。这种楼板的构造虽然简单，自重也较轻，但防火性能不好，不耐腐蚀，由于木材昂贵，故一般工程中应用较少。当前它只应用于装修等级较高的建筑中。

(2) 砖拱楼板　砖拱楼板采用钢筋混凝土倒 T 形梁密排，其间填以普通粘土砖或特制的拱壳砖砌筑成拱形，故称为砖拱楼板。这种楼板虽比钢筋混凝土楼板节省钢筋和水泥，但自重大，使用材料多，并且顶棚成弧拱形，一般需作吊顶棚，故造价偏高。此外，砖拱楼板的抗震性能较差，故在要求进行抗震设防的地区不宜采用。

(3) 钢筋混凝土楼板　钢筋混凝土楼板采用混凝土与钢筋共同制作。这种楼板坚固、耐久、刚度大、强度高、防火性能好，当前应用比较普遍。按施工方法可以分为现浇钢筋混凝土楼板和装配式钢筋混凝土楼板两大类。

① 现浇钢筋混凝土楼板一般为实心板，现浇楼板还经常与现浇梁

知识扩展：

本章依据《全国民用建筑工程设计技术措施——规划·建筑·景观》编写：

6.2　楼地面

6.2.1　一般要求

1　楼地面应平整、耐磨、防滑、耐撞击、易于清洁，满足使用要求；

2　楼地面宜选用不燃或难燃材料。

6.2.2　基本构造层（顺序从上往下）

1　无地下室的底层地面：面层、垫层、地基。

2　楼层地面：面层、楼板。

3　当基本构造层不能满足要求时，可增设结合层、防水层、找平找坡层、填充层、附加垫层及防潮层等。

> **知识扩展：**
> 本章依据《建筑抗震设计规范》(GB 50011—2010)编写：
> 6.1.14 地下室顶板作为上部结构的嵌固部位时，应符合下列要求：
> 1 地下室顶板应避免开设大洞口；地下室在地上结构相关范围的顶板应采用现浇梁板结构，相关范围以外的地下室顶板宜采用现浇梁板结构；其楼板厚度不宜小于 180mm，混凝土强度等级不宜小于 C30，应采用双层双向配筋，且每层每个方向的配筋率不宜小于 0.25%。
> 2 结构地上一层的侧向刚度，不宜大于相关范围地下一层侧向刚度的 0.5 倍；地下室周边宜有与其顶板相连的抗震墙。
> 3 地下室顶板对应于地上框架柱的梁柱节点除应满足抗震计算要求外，尚应符合下列规定之一：
> 1）地下一层柱截面每侧纵向钢筋不应小于地上一层柱对应纵向钢筋的 1.1 倍，且地下一层柱上端和节点左右梁端实配的抗震受弯承载力之和应大于地上一层柱下端实配的抗震受弯承载力的 1.3 倍。
> 2）地下一层梁刚度较大时，柱截面每侧的纵向钢筋面积应大于地上一层对应柱每侧纵向钢筋面积的 1.1 倍；同时梁端顶面和底面的纵向钢筋面积均应比计算增大 10%以上。

一起浇筑，形成现浇梁板。现浇梁板常见的类型有肋形楼板、井字梁楼板和无梁楼板等。

② 装配式钢筋混凝土楼板，除极少数为实心板以外，绝大部分采用圆孔板和槽形板(分为正槽形与反槽形两种)。装配式钢筋混凝土楼板一般在板端都伸有钢筋，现场拼装后用混凝土灌缝，以加强整体性。

③ 钢衬板楼板 钢衬板楼板是压型钢板与混凝土浇筑在一起构成的整体式楼板，压型钢板在下部起到现浇混凝土的模板作用，同时在压型钢板上加肋或压出凹槽，与混凝土共同工作，起到配筋作用。钢衬板楼板已在大空间建筑和高层建筑中采用，它提高了施工速度，具有现浇式钢筋混凝土楼板刚度大、整体性好的优点。还可利用压型钢板肋间空间敷设电力或通信管线。

8.1.2 创建结构楼板类型

只要是结构模型中用的图元，均能够在项目样板中创建其类型，以便后期应用。打开项目样板文件，选择"结构"|"楼板"|"楼板：结构"选项，在"属性"面板的列表中，选择楼板的类型常规-300mm 的类型，打开对应的"类型属性"对话框，如图 8-1 所示。

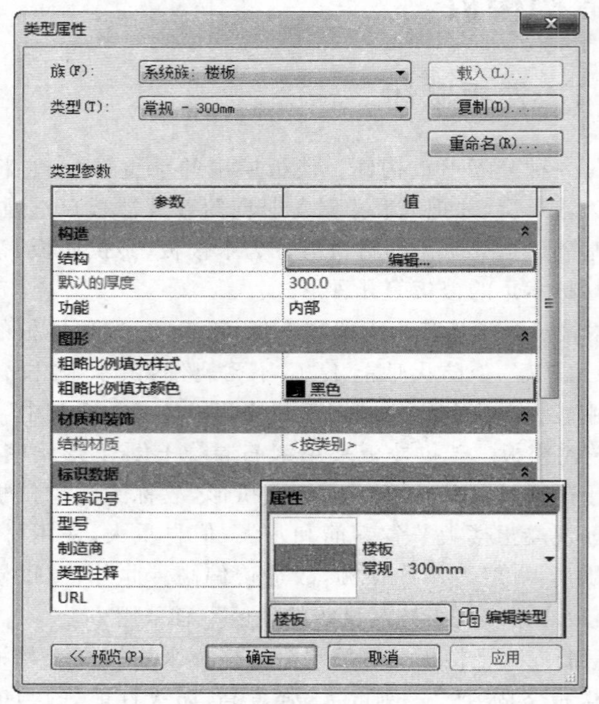

图 8-1 选择结构楼板类型

单击对话框中的"复制"按钮，根据图纸中结构楼板的名称，将该类型复制为 S-厚 200-C40，如图 8-2 所示。

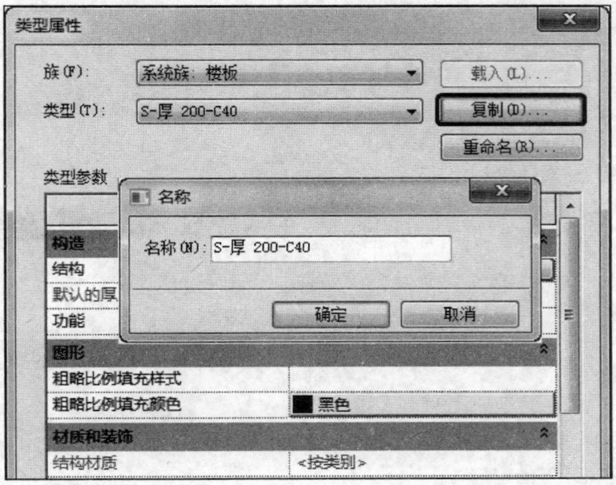

图 8-2 复制类型

单击“结构”右侧的“编辑”按钮，在打开的“编辑部件”对话框中，设置“结构[1]”的“厚度”为 200，如图 8-3 所示。

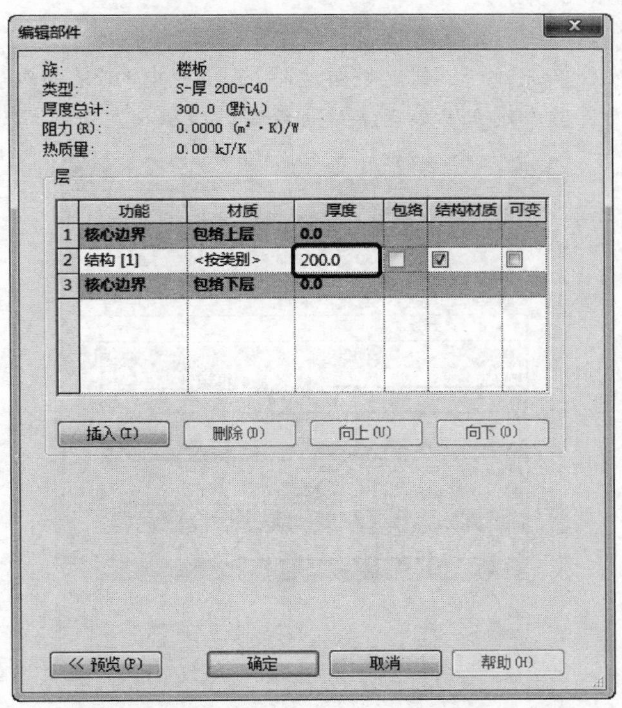

图 8-3 设置楼板厚度

单击“结构[1]”的“材质”选项中的“菜单”按钮，在弹出的“材质浏览器”对话框中搜索 C40，复制“混凝土，现场浇注-C40”复制为“C40 混凝土”，如图 8-4 所示。

知识扩展：

本章依据《建筑抗震设计规范》(GB 50011—2010)编写：

6.6 板柱-抗震墙结构抗震设计要求

6.6.1 板柱-抗震墙结构的抗震墙，其抗震构造措施应符合本节规定，尚应符合本规范的有关规定；柱(包括抗震墙端柱)和梁的抗震构造措施应符合本规范的有关规定。

6.6.2 板柱-抗震墙的结构布置，尚应符合下列要求：

1 抗震墙厚度不应小于 180mm，且不宜小于层高或无支长度的 1/20；房屋高度大于 12m 时，墙厚不应小于 200mm。

2 房屋的周边应采用有梁框架，楼、电梯洞口周边宜设置边框梁。

3 8 度时宜采用有托板或柱帽的板柱节点，托板或柱帽根部的厚度(包括板厚)不宜小于柱纵筋直径的 16 倍，托板或柱帽的边长不宜小于 4 倍板厚和柱截面对应边长之和。

4 房屋的地下一层顶板，宜采用梁板结构。

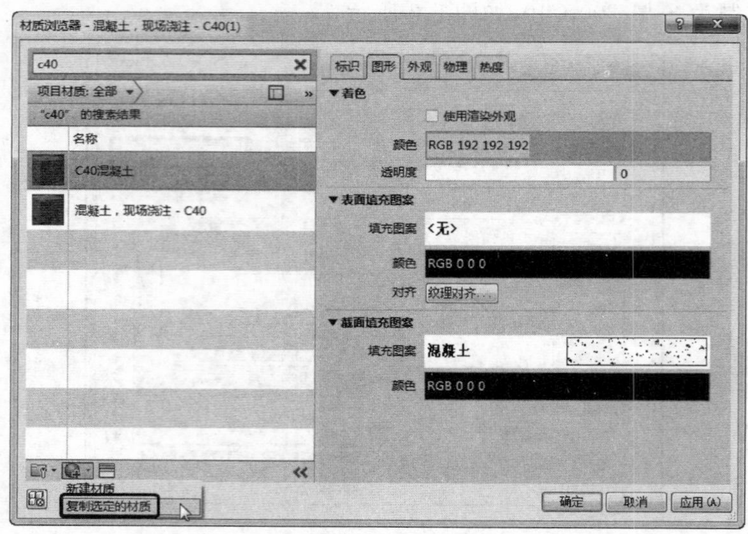

图 8-4　新建材质

连续单击“确定”按钮两次，发现“类型属性”对话框中的参数发生变化，如图 8-5 所示。

注意：当关闭“类型属性”对话框后，在工作区绘制任意形状的楼板边界，然后单击“修改|创建楼层边界”选项卡中的“完成编辑模型”按钮，该楼板类型才建立完成。其后将绘制的楼板图元进行删除。

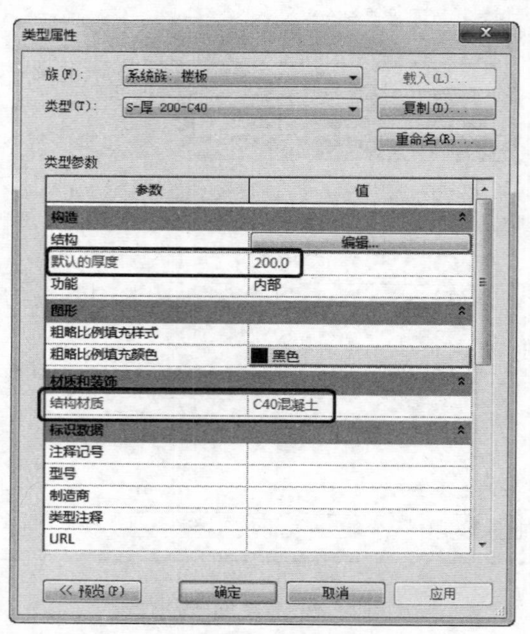

图 8-5　设置参数

再次单击“确定”按钮，完成楼板的一个类型建立。按照上述方法，根据图纸中结构楼板的名称与厚度，建立其他的结构楼板类型。

知识扩展：

本章依据《建筑抗震设计规范》(GB 50011—2010)编写：

6.6.3　板柱-抗震墙结构的抗震计算，应符合下列要求：

1　房屋高度大于 12m 时，抗震墙应承担结构的全部地震作用；房屋高度不大于 12m 时，抗震墙宜承担结构的全部地震作用。各层板柱和框架部分应能承担不少于本层地震剪力的 20%。

2　板柱结构在地震作用下按等代平面框架分析时，其等代梁的宽度宜采用垂直于等代平面框架方向两侧柱距各 1/4。

3　板柱节点应进行冲切承载力的抗震验算，应计入不平衡弯矩引起的冲切，节点处地震作用组合的不平衡弯矩引起的冲切反力设计值应乘以增大系数，一、二、三级板柱的增大系数可分别取 1.7、1.5、1.3。

8.1.3 绘制结构楼板

在建筑结构模型中，结构楼板通常情况下是以其周围的构件为边界，比如结构梁、结构柱，或者是承台。

打开配套资源中的"012-调节电梯井位置的墙与柱之高度.rvt"项目文件，根据图纸信息，需在地下一层5100的高度绘制楼板。

在-1F结构平面，单击"属性"面板"视图范围"右侧的"编辑"按钮，打开"视图范围"对话框。设置其中的参数，隐藏桩承台图元，如图8-6所示。

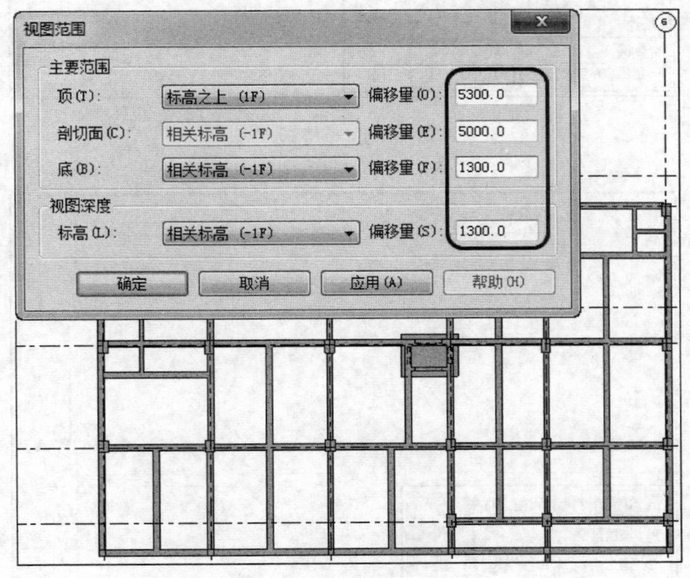

图8-6 设置视图范围

放大左上角区域，选择"结构"|"楼板"|"楼板：结构"选项，在"属性"面板的下拉列表中选择楼板类型S-厚250-C40，确定"标高"为-1F，"自标高的高度偏移"为5100，如图8-7所示。

选择绘制方式为"拾取线"工具，依次单击左上角区域的结构梁边缘以及结构柱边缘，如图8-8所示。

选择"修改"选项卡中的"修剪/延伸为角"工具，依次单击相连的两条线条，使其形成角连接在一起，如图8-9所示。

技巧：单击快速访问工具栏中的"细线"工具，使其楼板边界线以细线形式显示，以便精确操作。

继续使用"修剪/延伸为角"工具，依次单击楼板边界，使其形成封闭形状，如图8-10所示。在修剪过程中，可以通过放大视图来进行精确的操作。

知识扩展：

本章依据《建筑抗震设计规范》(GB 50011—2010)编写：

6.6.4 板柱-抗震墙结构的板柱节点构造应符合下列要求：

1 无柱帽平板应在柱上板带中设构造暗梁，暗梁宽度可取柱宽及柱两侧各不大于1.5倍板厚。暗梁支座上部钢筋面积应不小于柱上板带钢筋面积的50%，暗梁下部钢筋不宜少于上部钢筋的1/2；箍筋直径不应小于8mm，间距不宜大于3/4倍板厚，肢距不宜大于2倍板厚，在暗梁两端应加密。

2 无柱帽柱上板带的板底钢筋，宜在距柱面为2倍板厚以外连接，采用搭接时钢筋端部宜有垂直于板面的弯钩。

3 沿两个主轴方向通过柱截面的板底连续钢筋的总截面面积，应符合下式要求：

$$A_s \geq N_G / f_y$$

式中：

A_s—板底连续钢筋总截面面积；

N_G—在本层楼板重力荷载代表值(8度时尚宜计入竖向地震)作用下的柱轴压力设计值；

f_y—楼板钢筋的抗拉强度设计值。

4 板柱节点应根据抗冲切承载力要求，配置抗剪栓钉或抗冲切钢筋。

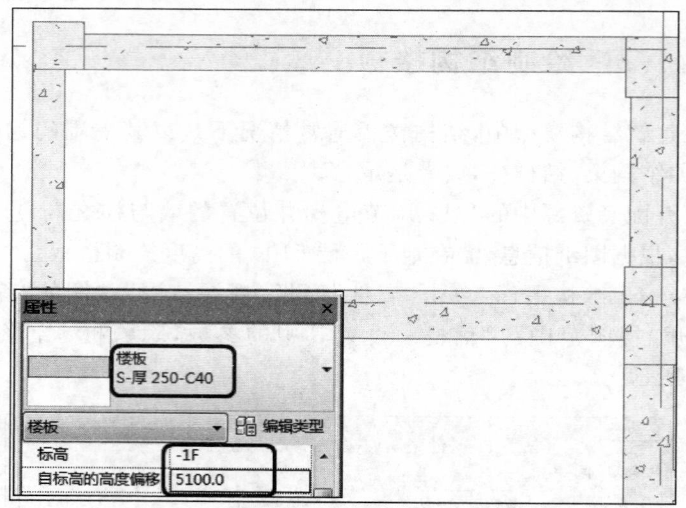

图 8-7 选择楼板类型

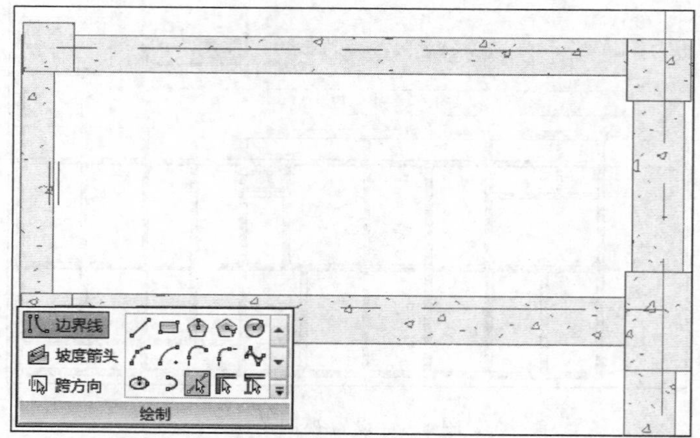

图 8-8 通过拾取建立楼板边界

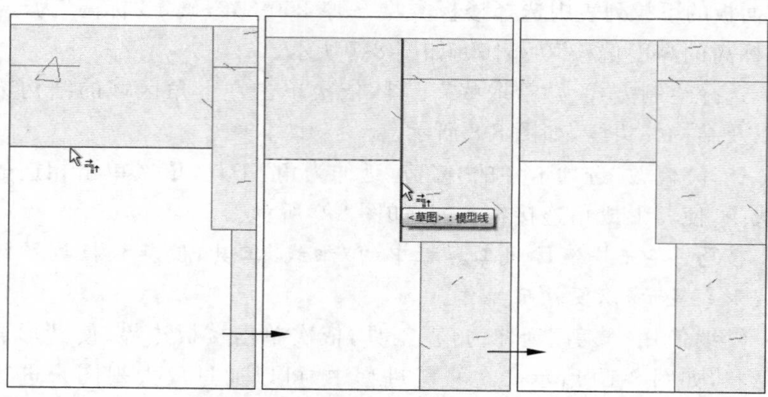

图 8-9 修剪成角

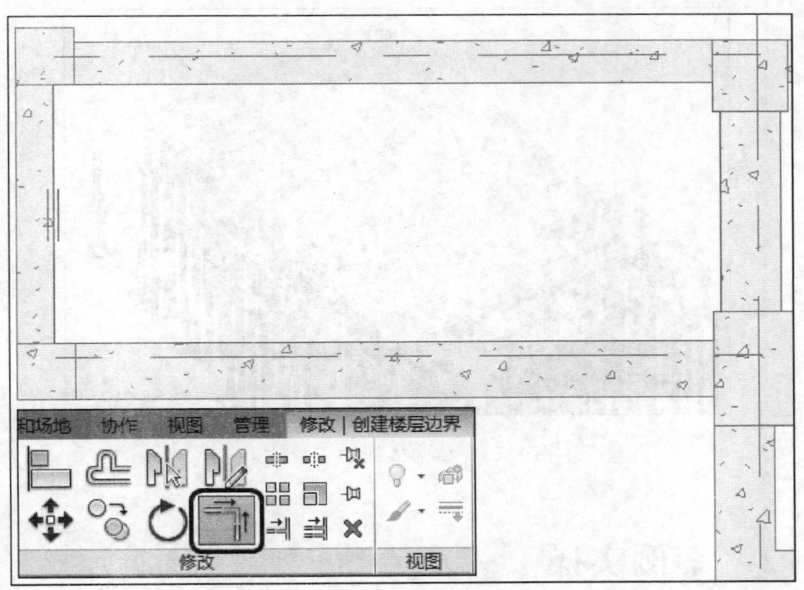

图 8-10　形成封闭形状

按照上述方法，依次绘制其他的楼板边界，注意避开电梯井与管道井区域。完成后单击“修改|创建楼层边界”选项卡中的“完成编辑模式”按钮，完成楼板的绘制，如图 8-11 所示。

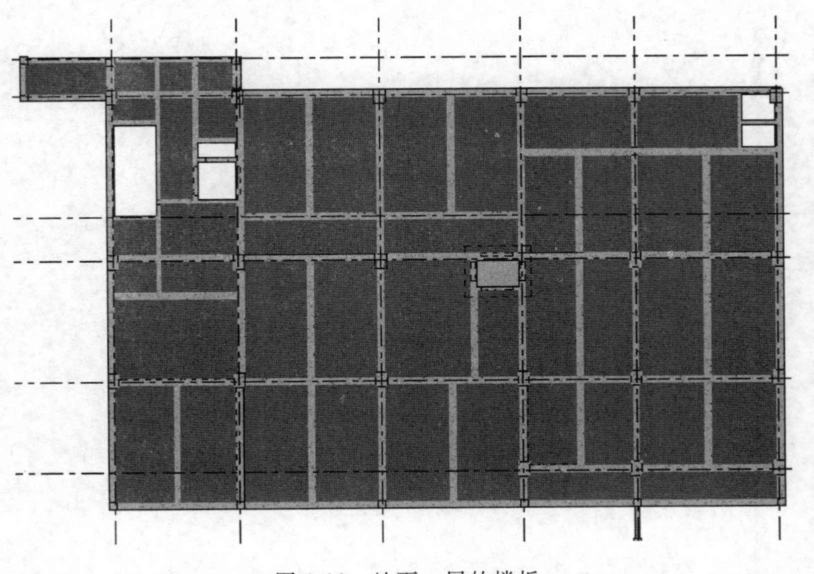

图 8-11　地下一层的楼板

单击快速访问工具栏中的“默认三维视图”按钮，在三维视图中查看结构楼板的立体效果，如图 8-12 所示。

知识扩展：

本章依据《住宅建筑规范》（GB 50368—2005）编写：

7.1　噪声和隔声

7.1.2　楼板的撞击声隔声性能的优劣直接关系到上层居住者的活动对下层居住者的影响程度；撞击声压级越大，对下层居住者的影响就越大。计权标准化撞击声压级 75dB 是一个较低的要求，大致相当于现浇钢筋混凝土楼板的撞击声隔声性能。

为避免上层居住者的活动对下层居住者造成影响，应采取有效的构造措施，降低楼板的计权标准化撞击声压级。例如，在楼板的上表面敷设柔性材料，或采用浮筑楼板等。

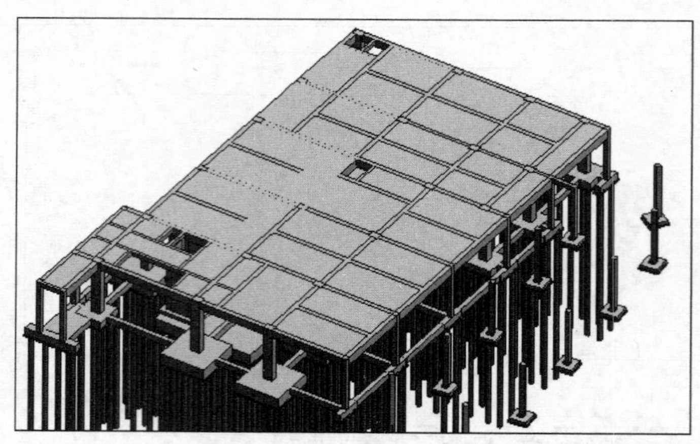

图 8-12 结构楼板的三维效果

8.2 案例实操

二维码链接：

8-1 地下一层-绘制抗水板

二维码链接：

8-2 地下一层-绘制楼板

绘制抗水板见二维码 8-1。

绘制地下一层楼板见二维码 8-2。

第9章

墙

剪力墙又称抗风墙、抗震墙或结构墙。房屋或构筑物中主要承受风荷载或地震引起的水平荷载和竖向荷载(重力)的墙体,防止结构剪切(受剪)破坏。又称抗震墙,一般由钢筋混凝土做成。在建筑结构模型中,需要根据图纸中的信息来建立结构墙。

9.1 结构墙

9.1.1 墙概述

墙根据受力特点可以分为承重墙和剪力墙,前者以承受竖向荷载为主,如砌体墙;后者以承受水平荷载为主。在抗震设防区,水平荷载主要由水平地震作用产生,因此剪力墙有时也称为抗震墙。

而剪力墙按结构材料可以分为钢板剪力墙、钢筋混凝土剪力墙和配筋砌块剪力墙。其中以钢筋混凝土剪力墙最为常用。

剪力墙包括平面剪力墙和筒体剪力墙。平面剪力墙用于钢筋混凝土框架结构、升板结构、无梁楼盖体系中。为增加结构的刚度、强度及抗倒塌能力,在某些部位可现浇或预制装配钢筋混凝土剪力墙。现浇剪力墙与周边梁、柱同时浇筑,整体性好。筒体剪力墙用于高层建筑、高耸结构和悬吊结构中,由电梯间、楼梯间、设备及辅助用房的间隔墙围成,筒壁均为现浇钢筋混凝土墙体,其刚度和强度较平面剪力墙可承受更大的水平荷载。

按照剪力墙上洞口的大小、多少及排列方式,一般可以将剪力墙分为以下几种类型:

(1) 整体墙　没有门窗洞口或只有少量很小的洞口时,可以忽略洞口的存在,这种剪力墙即称为整体剪力墙,简称整体墙。

当门窗洞口的面积之和不超过剪力墙侧面积的15%,且洞口间净距及孔洞至墙边的净距大于洞口长边尺寸时,即为整体墙。

(2) 小开口整体墙　门窗洞口尺寸比整体墙要大一些,此时墙肢

知识扩展:

本章依据《全国民用建筑工程设计技术措施——规划·建筑·景观》编写:

4.1.1　墙体的类型。墙体按其所处部位和性能分为:

1　外墙:包括承重墙、非承重墙(如框架结构填充墙)及幕墙。

2　内墙:包括承重墙、非承重墙(包括固定式和灵活隔断式)。

4.1.2　墙体的常用材料

1　常用于承重墙的材料有:

1) 钢筋混凝土。

2) 蒸压类:主要有蒸压加气混凝土砌块、蒸压灰砂砖、蒸压粉煤灰砖等。

3) 混凝土空心砌块类:主要有普通混凝土小型空心砌块。

4) 多孔砖类:主要有烧结多孔砖(孔洞率应不小于25%)、混凝土多孔砖(孔洞率应不小于30%);烧结多孔砖主要有:粘土、页岩、粉煤灰及煤矸石等品种。

5) 实心砖类:主要有粘土、页岩、粉煤灰及煤矸石等品种。

2　常用于非承重墙的砌块材料有:蒸压加气混凝土砌块(包括砂加气混凝土和粉煤灰加气混凝土)、复合保温砌块、装饰混凝土小型空心砌块、轻集料混凝土小型空心砌块。

中已出现局部弯矩，这种墙称为小开口整体墙。

(3) 连肢墙　剪力墙上开有一列或多列洞口，且洞口尺寸相对较大，此时剪力墙的受力相当于通过洞口之间的连梁连在一起的一系列墙肢，故称连肢墙。

(4) 框支剪力墙　当底层需要大空间时，采用框架结构支撑上部剪力墙，就形成框支剪力墙。在地震区，不容许采用纯粹的框支剪力墙结构。

- 壁式框架　在连肢墙中，如果洞口开的再大一些，使得墙肢刚度较弱、连梁刚度相对较强时，剪力墙的受力特性已接近框架。由于剪力墙的厚度较框架结构梁柱的宽度要小一些，故称壁式框架。
- 开有不规则洞口的剪力墙　剪力墙有时由于建筑使用的要求，需要在剪力墙上开有较大的洞口，而且洞口的排列不规则，即为此种类型。

需要说明的是，上述剪力墙的类型划分不是严格意义上的划分，严格划分剪力墙的类型还需要考虑剪力墙本身的受力特点。

知识扩展：

本章依据《砌体结构设计规范》(GB 50003—2011)编写：

6.3　框架填充墙

6.3.1　框架填充墙墙体除应满足稳定要求外，尚应考虑水平风荷载及地震作用的影响。地震作用可按现行国家标准《建筑抗震设计规范》(GB 50011—2010)中非结构构件的规定计算。

6.3.2　在正常使用和正常维护条件下，填充墙的使用年限宜与主体结构相同，结构的安全等级可按二级考虑。

6.3.3　填充墙的构造设计，应符合下列规定：

1　填充墙宜选用轻质块体材料；

2　填充墙砌筑砂浆的强度等级不宜低于 M5 (Mb5、Ms5)；

3　填充墙墙体墙厚不应小于 90mm；

4　用于填充墙的夹心复合砌块，其两肢块体之间应有拉结。

9.1.2　创建结构墙类型

在×××电业局项目结构模型中，需要建立的结构墙主要集中在地下一层，以及电梯井区域。

打开已经建立的项目样板文件，选择“结构”|“墙：结构”选项，根据图纸信息，打开“属性”面板中默认的墙类型的“类型属性”对话框。单击“复制”按钮，设置“名称”为 S-厚 300-C40-直行墙，如图 9-1 所示。

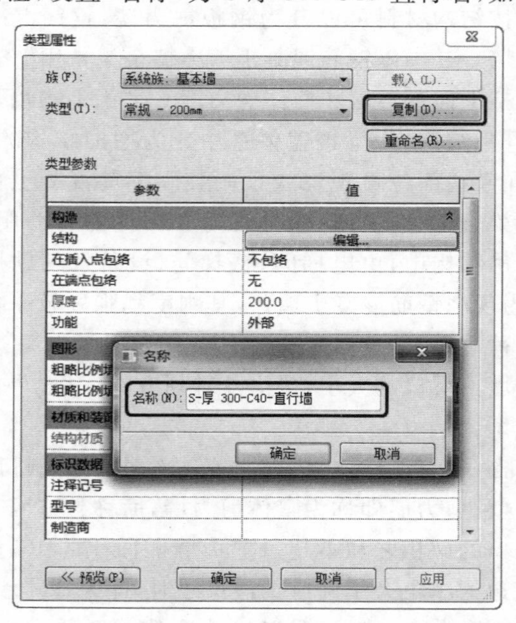

图 9-1　复制墙类型

提示
在进行复制之前，首先要选择参数相近的类型。这样才能尽可能少的修改参数。

单击“结构”右侧的“编辑”按钮，在打开的“编辑部件”对话框中，设置“结构[1]”的“材质”为C40混凝土，“厚度”为300，如图9-2所示。

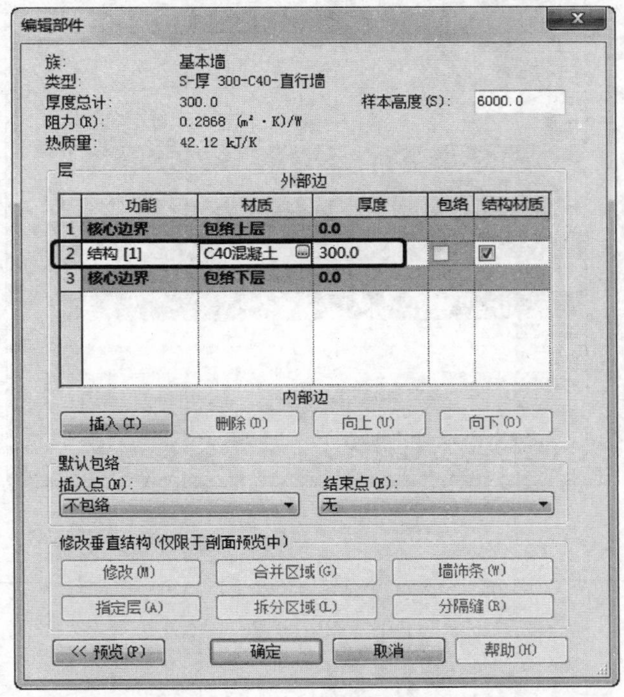

图9-2 设置墙参数

单击“确定”按钮，查看“类型属性”对话框中的参数发生变化，如图9-3所示。

再次单击“确定”按钮，完成该墙类型的建立。按照上述方法，建立模型中其他墙的类型。

9.1.3 绘制结构墙

打开配套资源中的“009-2放置L形柱.rvt”文件，由于电梯井区域的墙信息是在地下一层柱图纸中，所以更换为地下一层柱图纸，如图9-4所示。

放大左侧的电梯井区域，选择“结构”|“墙：结构”选项，选择墙类型S-厚200-C40-直行墙，并设置“高度”为1F，“底部偏移”为−1200，如图9-5所示。

知识扩展：

本章依据《民用建筑设计通则》(GB 50352—2005)编写：

6.9.1 墙身材料应因地制宜，采用新型建筑墙体材料。

6.9.2 外墙应根据地区气候和建筑要求，采取保温、隔热和防潮等措施。

6.9.3 墙身防潮应符合下列要求：

1 砌体墙应在室外地面以上，位于室内地面垫层处设置连续的水平防潮层；室内相邻地面有高差时，应在高差处墙身侧面加设防潮层；

2 湿度大的房间的外墙或内墙内侧应设防潮层；

3 室内墙面有防水、防潮、防污、防碰等要求时，应按使用要求设置墙裙。

注：地震区防潮层应满足墙体抗震整体连接的要求。

6.9.4 建筑物外墙突出物，包括窗台、凸窗、阳台、空调机搁板、雨水管、通风管、装饰线等处宜采取防止攀登入室的措施。

6.9.5 外墙应防止变形裂缝，在洞口、窗户等处采取加固措施。

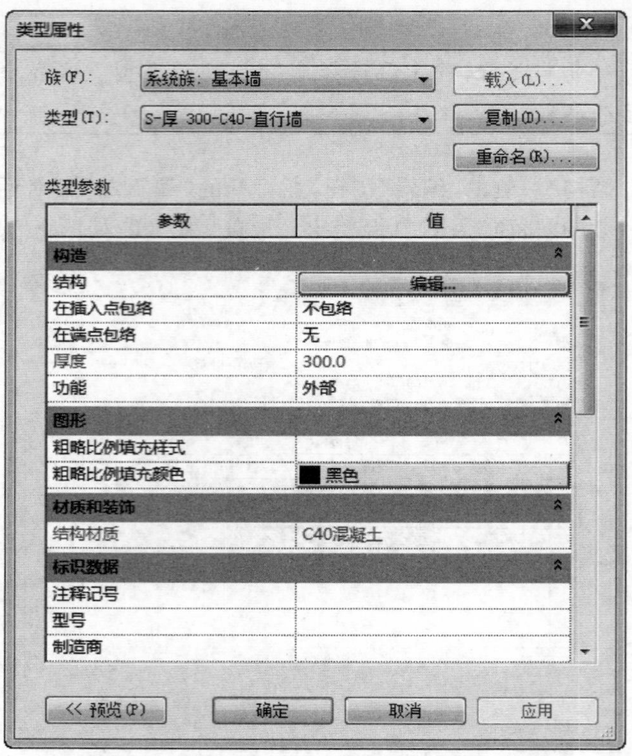

图 9-3　墙类型参数

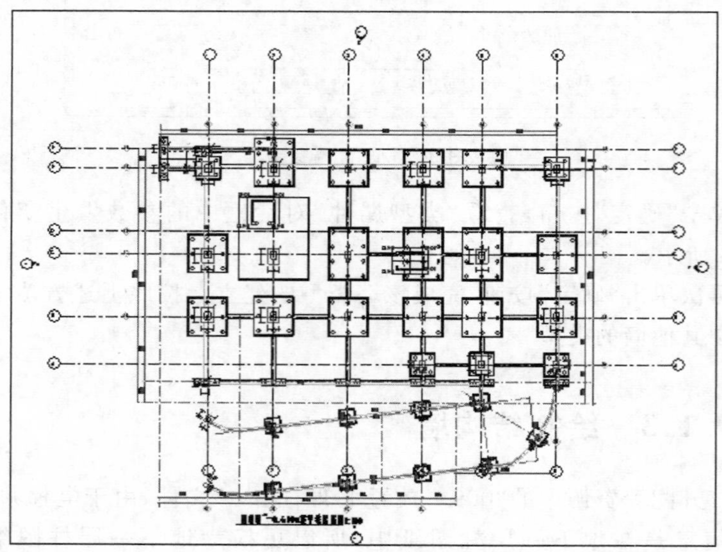

图 9-4　显示地下一层柱图纸

将光标指向电梯井上方的 L 形柱中点位置单击后，单击右侧 L 形柱中点，在两根 L 形柱之间绘制结构墙，如图 9-6 所示。

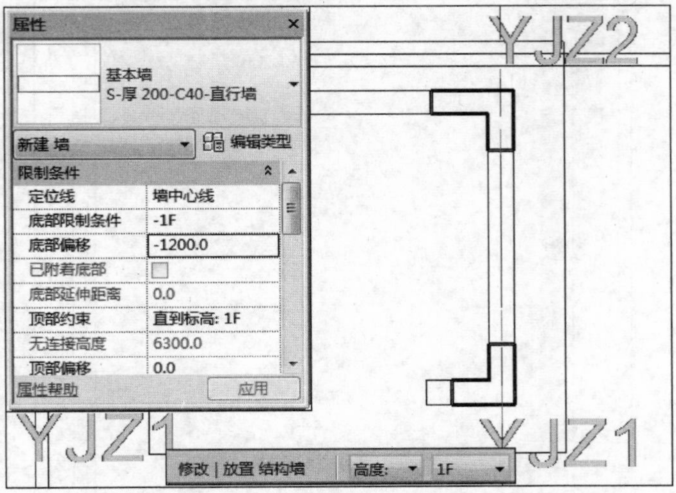

图 9-5　选择结构墙工具

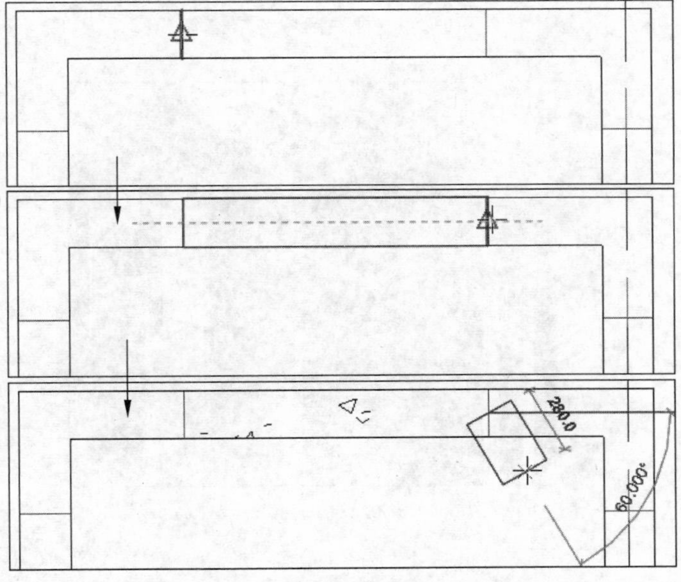

图 9-6　绘制结构墙

提示

当根据图纸选择图元类型，并发现某个类型没有建立时，可以通过复制某个类型建立后，再进行操作。

按一次 Esc 键取消连接状态，按照上述方法，分别在电梯井左右两侧的 L 形柱之间绘制垂直结构墙，如图 9-7 所示。

单击快速访问工具栏中的“默认三维视图”按钮，切换至三维视图，查看电梯井中结构墙的三维效果，如图 9-8 所示。

知识扩展：

本章依据《民用建筑设计通则》(GB 50352—2005)编写：

6.11.1　建筑幕墙技术要求应符合下列规定：

1　幕墙所采用的型材、板材、密封材料、金属附件、零配件等均应符合现行的有关标准的规定；

2　幕墙的物理性能：风压变形、雨水渗漏、空气渗透、保温、隔声、耐撞击、平面内变形、防火、防雷、抗震及光学性能等应符合现行的有关标准的规定。

6.11.2　玻璃幕墙应符合下列规定：

1　玻璃幕墙适用于抗震地区和建筑高度应符合有关规范的要求；

2　玻璃幕墙应采用安全玻璃，并应具有抗撞击的性能；

3　玻璃幕墙分隔应与楼板、梁、内隔墙处连接牢固，并满足防火分隔要求；

4　玻璃窗扇开启面积应按幕墙材料规格和通风口要求确定，并确保安全。

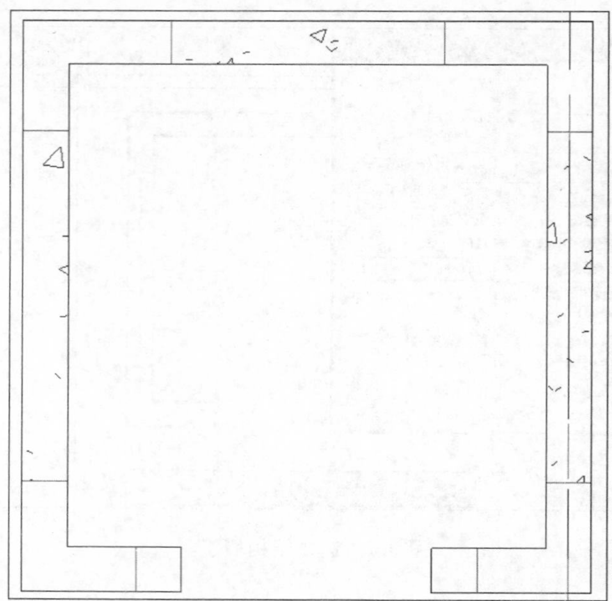

图 9-7　电梯井区域的结构墙

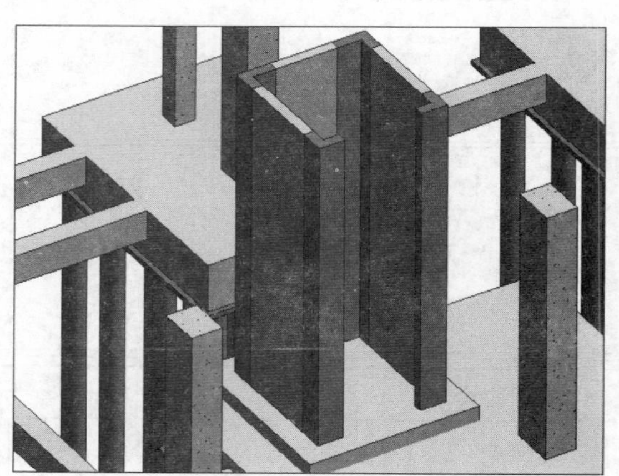

图 9-8　电梯井中结构墙的三维效果

二维码链接：

9-1　地下一层-在电梯井位置绘制墙

二维码链接：

9-2　地下一层-调节电梯井位置的墙与柱之高度

二维码链接：

9-3　地下一层-绘制挡土墙

9.2　案例实操

在电梯井位置绘制墙见二维码 9-1。

调节电梯井位置的墙与柱之高度见二维码 9-2。

绘制挡土墙见二维码 9-3。

第 10 章

楼 梯

建筑空间的竖向组合交通联系，依托于楼梯、电梯、自动扶梯、台阶、坡道以及爬梯等竖向交通设施。而楼梯是建筑设计中一个非常重要的构件，且形式多样造型复杂。

10.1 结构楼梯

10.1.1 楼梯概述

楼梯作为建筑空间竖向联系的主要部件，其位置应明显，起到提示引导人流的作用，并要充分考虑其造型美观、人流通行顺畅、行走舒适、结构坚固、防火安全，同时还应满足施工和经济条件的要求。因此，需要合理地选择楼梯的形式、坡度、材料、构造做法，精心地处理好其细部构造。

1. 楼梯组成

楼梯一般由梯段、平台、栏杆扶手三部分组成，如图 10-1 所示。

(1) 梯段　俗称梯跑，是联系两个标高平台的倾斜构件。通常为板式梯段，也可以由踏步板和梯斜梁组成板式梯段。梯段的踏步数一般不宜超过 18 级，但也不宜少于 3 级，因梯段步数太多使人连续疲劳，步数太少则不易为人察觉。

(2) 楼梯平台　按平台所处位置和标高不同，有中间平台和楼层平台之分。两楼层之间的平台称为中间平台，用来供人们行走时调节体力和改变行进方向。而与楼层地面标高齐平的平台称为楼层平台，除起着与中间平台相同的作用外，还用来分配从楼梯到达各楼层的人流。

(3) 栏杆扶手　是设在梯段及平台边缘的安全保护构件。当梯段宽度不大时，可只在梯段临空设置。当梯段宽度较大时，非临空面也应加设靠墙扶手。当梯段宽度很大时，则需在梯段中间加设中间扶手。

知识扩展：

本章依据《民用建筑设计通则》(GB 50352—2005)编写：

6.7　楼梯

6.7.1　楼梯的数量、位置、宽度和楼梯间形式应满足使用方便和安全疏散的要求。

6.7.2　墙面至扶手中心线或扶手中心线之间的水平距离即楼梯梯段宽度除应符合防火规范的规定外，供日常主要交通用的楼梯的梯段宽度应根据建筑物使用特征，按每股人流为 0.55＋(0～0.15)m 的人流股数确定，并不应少于两股人流。0～0.15m 为人流在行进中人体的摆幅，公共建筑人流众多的场所应取上限值。

6.7.3　梯段改变方向时，扶手转向端处的平台最小宽度不应小于梯段宽度，并不得小于 1.20m，当有搬运大型物件需要时应适量加宽。

6.7.4　每个梯段的踏步不应超过 18 级，亦不应少于 3 级。

6.7.5　楼梯平台上部及下部过道处的净高不应小于 2m，梯段净高不宜小于 2.20m。

注：梯段净高为自踏步前缘(包括最低和最高一级踏步前缘线以外 0.30m 范围内)量至上方突出物下缘间的垂直高度。

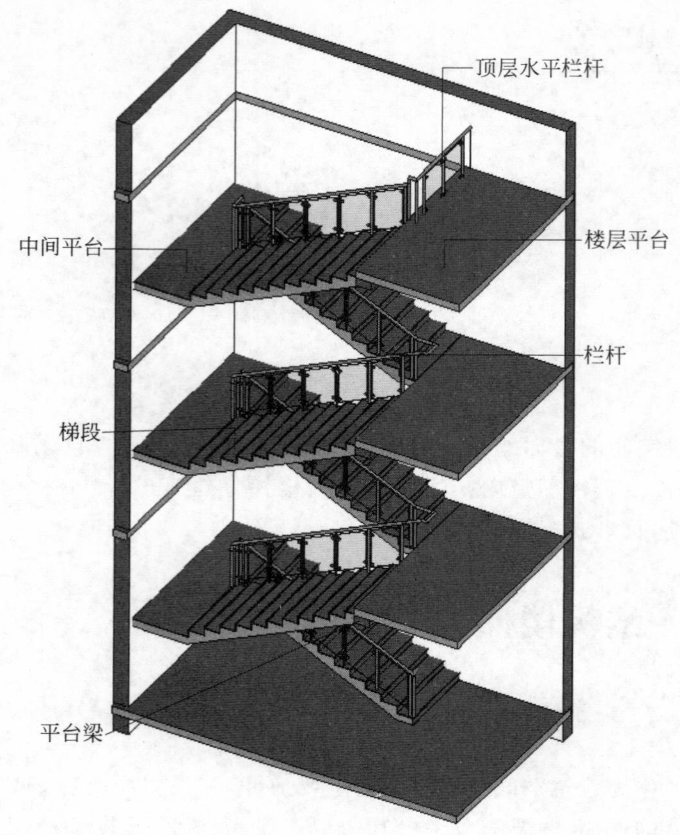

图 10-1　楼梯组成

知识扩展：

本章依据《民用建筑设计通则》(GB 50352—2005)编写：

6.7.6　楼梯应至少于一侧设扶手，梯段净宽达三股人流时应两侧设扶手，达四股人流时宜加设中间扶手。

6.7.7　室内楼梯扶手高度自踏步前缘线量起不宜小于 0.90m。靠楼梯井一侧水平扶手长度超过 0.50m 时，其高度不应小于 1.05m。

6.7.8　踏步应采取防滑措施。

6.7.9　托儿所、幼儿园、中小学及少年儿童专用活动场所的楼梯，梯井净宽大于 0.20m 时，必须采取防止少年儿童攀滑的措施，楼梯栏杆应采取不易攀登的构造，当采用垂直杆件做栏杆时，其杆件净距不应大于 0.11m。

2. 楼梯形式

楼梯形式的选择取决于所处位置、楼梯间的平面形状与大小、楼层高低与层数、人流多少与缓急等因素，设计时需综合权衡这些因素。

(1) 直行单跑楼梯　此种楼梯无中间平台，由于单跑楼段踏步数一般不超过 18 级，故仅用于层高不高的建筑，如图 10-2 所示。

图 10-2　直行单跑楼梯

(2) 直行多跑楼梯　此种楼梯是直行单跑楼梯的延伸，仅增设了中间平台，将单梯段变为多梯段。一般为双跑梯段，适用于层高较大的建筑，如图 10-3 所示。

技巧：直行多跑楼梯给人以直接、顺畅的感觉，导向性强，在公共建筑中常用于人流较多的大厅。但由于其缺乏方位上回转上升的连续性，会增加交通面积并加长人流行走的距离。

图 10-3　直行多跑楼梯

(3) 平行双跑楼梯　此种楼梯由于上完一层楼刚好回到原起步方位，与楼梯上升的空间回转往复性吻合，当上下多层楼面时，比直跑楼梯节约交通面积并缩短人流行走距离，是常用的楼梯形式之一，如图 10-4 所示。

图 10-4　平行双跑楼梯

(4) 平行双分/双合楼梯　此种楼梯形式是在平行双跑楼梯基础上演变产生的。其梯段平行而行走方向相反，且第一跑在中部上行，然后其中间平台处往两边以第一跑的二分之一梯段宽，各上一跑到楼层面。通常在人流多、楼段宽度较大时采用。由于其造型的对称严谨性，常用作办公类建筑的主要楼梯。而平行双合楼梯与平行双分楼梯类似，区别仅在于楼层平台起步第一跑梯段前者在中而后者在两边，如

知识扩展：

本章依据《民用建筑设计通则》(GB 50352—2005)编写：

6.8　电梯、自动扶梯和自动人行道

6.8.1　电梯设置应符合下列规定：

1　电梯不得计作安全出口；

2　以电梯为主要垂直交通的高层公共建筑和 12 层及 12 层以上的高层住宅，每栋楼设置电梯的台数不应少于 2 台；

3　建筑物每个服务区单侧排列的电梯不宜超过 4 台，双侧排列的电梯不宜超过 2×4 台；电梯不应在转角处贴邻布置；

4　电梯候梯厅的深度应符合规定，并不得小于 1.50m；

5　电梯井道和机房不宜与有安静要求的用房贴邻布置，否则应采取隔振、隔声措施；

6　机房应为专用的房间，其围护结构应保温隔热，室内应有良好通风、防尘，宜有自然采光，不得将机房顶板作水箱底板及在机房内直接穿越水管或蒸汽管；

7　消防电梯的布置应符合防火规范的有关规定。

图 10-5 所示。

图 10-5 平行双分/双合楼梯

(5) 折行多跑楼梯 此种楼梯人流导向较自由，折角可变，可为90°，也可大于或小于90°，当折角大于90°时，由于其行进方向性类似直行双跑楼，故常用于导向性强仅上一层楼的影剧院、体育馆等建筑门厅；当折角小于90°时，其行进方向回转延续性有所改观，形成三角形楼梯间，可用于上多层楼的建筑中，如图 10-6 所示。

图 10-6 折行多跑楼梯

注意：折行三跑楼梯中部形成较大梯井。由于有三跑梯段，常用于层高较大的公共建筑中。因楼梯井较大，不安全，供少年儿童使用的建筑不能采用此种楼梯。过去有在楼梯井中加电梯井的作法，但现在已不使用。

(6) 交叉式楼梯 可认为是由两个直行单跑楼梯交叉并列布置而成，通行的人流量较大，且为上下楼层的人流提供了两个方向，对于空间开敞、楼层人流多方向进入有利。但仅适合层高小的建筑，如图 10-7 所示。

(7) 螺旋形楼梯 通常是围绕一根单柱布置，平面呈圆形。其平台和踏步均为扇形平面，踏步内侧宽度很小，并形成较陡的坡度，行走

知识扩展：

本章依据《民用建筑设计通则》(GB 50352—2005)编写：

6.8.2 自动扶梯、自动人行道应符合下列规定：

1 自动扶梯和自动人行道不得计作安全出口；

2 出入口畅通区的宽度不应小于2.50m，畅通区有密集人流穿行时，其宽度应加大；

3 栏板应平整、光滑和无突出物；扶手带顶面距自动扶梯前缘、自动人行道踏板面或胶带面的垂直高度不应小于0.90m；扶手带外边至任何障碍物不应小于0.50m，否则应采取措施防止障碍物引起人员伤害；

4 扶手带中心线与平行墙面或楼板开口边缘间的距离、相邻平行交叉设置时两梯(道)之间扶手带中心线的水平距离不宜小于0.50m，否则应采取措施防止障碍物引起人员伤害；

图 10-7　交叉式楼梯

时不安全，且构造较复杂。这种楼梯不能作为主要人流交通和疏散楼梯，但由于其流线形造型美观，常作为建筑小品布置在庭院或室内，如图 10-8 所示。

提示

为了克服螺旋形楼梯内侧坡度过陡的缺点，在较大型的楼梯中，可将中间的单柱变为群柱或筒体。

图 10-8　螺旋形楼梯

（8）弧形楼梯　该楼梯与螺旋形楼梯的不同之处在于它围绕一较大的轴心空间旋转，未构成水平投影圆，仅为一段弧环，并且曲率半径较大。其扇形踏步的内侧宽度也较大，使坡度不至于过陡。可以用来通行较多的人流。弧形楼梯也是折行楼梯的演变形式，当布置在公共

知识扩展：

本章依据《民用建筑设计通则》（GB 50352—2005）编写：

5　自动扶梯的梯级、自动人行道的踏板或胶带上空，垂直净高不应小于 2.30m；

6　自动扶梯的倾斜角不应超过 30°，当提升高度不超过 6m，额定速度不超过 0.50m/s 时，倾斜角允许增至 35°；倾斜式自动人行道的倾斜角不应超过 12°；

7　自动扶梯和层间相通的自动人行道单向设置时，应就近布置相匹配的楼梯；

8　设置自动扶梯或自动人行道所形成的上下层贯通空间，应符合防火规范所规定的有关防火分区等要求。

建筑的门厅时，具有明显的导向性，造型优美轻盈。但其结构和施工难度较大，通常采用现浇钢筋混凝土结构，如图 10-9 所示。

图 10-9 弧形楼梯

知识扩展：

本章依据《全国民用建筑工程设计技术措施——规划·建筑·景观》编写：

8.2 楼梯、楼梯间设计

8.2.1 楼梯按平面投影形式常见的有直线形、折线形、弧形、螺旋形等。

8.2.2 踏步设计

1 疏散用楼梯或疏散走道上的阶梯，不宜采用螺旋楼梯和扇形踏步；但踏步上下两级所形成的平面角度不大于 10°，且每级离内侧扶手中心 0.25m 处的踏步宽度超过 0.22m 时，可不受此限。

2 楼梯踏步宽度 b 加高度 h，宜为 $b+h=450$mm，$b+2h\geqslant 600$mm。

3 楼梯每一梯段的踏步高度应一致，当同一梯段首末两级踏步的楼面面层厚度不同时，应注意调整结构的级高尺寸，避免出现高低不等；相邻梯段踏步高度、宽度宜一致，且相差不宜大于 3mm。

4 楼梯踏步应采取防滑措施。防滑措施的构造应注意舒适与美观，构造高度可与踏步平齐、凹入或略高（不宜超过 3mm）；老年建筑的疏散楼梯踏步前缘宜设防滑条，并应具有警示标识（可采用和踏面不同颜色的防滑条，宽度不宜大于 10mm）。踏步的起、终端应设局部照明。

3. 楼梯尺度

楼梯尺度包括踏步尺度、梯段尺度、平台宽度、梯井宽度、栏杆扶手尺度以及楼梯净空高度。

（1）踏步尺度

楼梯的坡度在实际应用中均由踏步高宽比决定。踏步的高宽比需根据人流行走的舒适、安全和楼梯间的尺度、面积等因素进行综合权衡。常用的坡度为 1∶2 左右。人流量大，安全要求高的楼梯坡度应该平缓一些，反之则可陡一些，以节约楼梯水平投影面积。楼梯踏步的踏步高和踏步宽一般根据经验数据确定，如表 10-1 所示。

表 10-1 踏步常用尺寸 mm

名称	住宅	幼儿园	学校、办公楼	医院	剧院、会堂
踏步高	150～175	120～150	140～160	120～150	120～150
踏步宽	260～300	260～280	280～340	300～350	300～350

踏步的高度，成人以 150mm 左右较适宜，不应高于 175mm。踏步的宽度（水平投影宽度）以 300mm 左右为宜，不应窄于 260mm。当踏步宽度过宽时，将导致梯段水平投影面积的增加。而踏步宽度过窄时，会使人流行走不安全。为了在踏步宽度一定的情况下增加行走舒适度，常将踏步出挑 20～30mm，使踏步实际宽度大于其水平投影宽度。

（2）梯段尺度

梯段尺度分为梯段宽度和梯段长度。梯段宽度应根据紧急疏散时要求通过的人流股数多少确定。每股人流按 550～600mm 宽度考虑，双人通行时为 1100～1200mm，三人通行时为 1650～1800mm，于此类推。同时，需满足各类建筑设计规范中对梯段宽度的限制要求。

(3) 平台宽度

平台宽度分为中间平台宽度 D1 和楼层平台宽度 D2,对于平行和折行多跑等类型楼梯,其中间平台宽度应不小于梯段宽度,并不得小于1200mm,以保证通行和梯段同股数人流。同时应便于家具搬运,医院建筑还应保证担架在平台处能转向通行,其中间平台宽度应不小于1800mm。对于直行多跑楼梯,其中间平台宽度不宜小于 1200mm。对于楼层平台宽度,则应比中间平台更宽松一些,以利人流分配和停留。

(4) 梯井宽度

所谓梯井,是指梯段之间形成的空档,次空档从顶层到底层贯通。在平行多跑楼梯中,可无梯井,但为了梯段安装和平台转变缓冲,可设梯井。为了安全,其宽度以 60～200 为宜。

(5) 栏杆扶手尺度

梯段栏杆扶手高度指踏步前缘线到扶手顶面的垂直距离。其高度根据人体重心高度和楼梯坡度大小等因素确定。一般不应低于900mm; 靠楼梯井一侧水平扶手超过 500mm 长度时,其扶手高度不应小于 1050mm; 供儿童使用的楼梯应在 500～600mm 高度增设扶手。

(6) 楼梯净空高度

楼梯各部位的净空高度应保证人流通行和家具搬运,一般要求不小于 2000mm,梯段范围内净空高度应大于 2200mm。

知识扩展:

本章依据《全国民用建筑工程设计技术措施——规划·建筑·景观》编写:

8.2.3 梯段设计

1 楼梯梯段净宽是指完成墙面至扶手中心线之间的水平距离或两个扶手中心线之间的水平距离。

2 每一梯段的踏步不应超过 18 级,亦不应少于 3 级。

3 疏散用室外楼梯梯段净宽不应小于 0.90m。

4 楼梯休息平台的最小宽度不应小于梯段净宽度(梯段净宽度是指装修后完成墙面至扶手中心线或扶手至扶手中心线之间的水平距离)。梯段改变方向时,扶手转向端处的休息平台最小宽度不得小于 1.20m; 连续直跑楼梯的休息平台宽度不应小于 1.10m。

10.1.2 添加楼梯

Revit 提供了“楼梯(按草图)”和“楼梯(按构件)”两种专用的创建工具,可以快速创建直跑、U 形楼梯、L 形楼梯和螺旋楼梯等各种常见楼梯,同时还可以通过绘制楼梯踢面线和边界线、设置楼梯主体、踢面、踏板、梯边梁的尺寸和材质等参数的方式来自定义楼梯样式,从而衍生出各种各样的楼梯样式,并满足楼梯施工图的设计要求。

在结构模型中,楼梯的结构包括,楼梯柱、楼梯梁以及楼梯(踢面)。以地下一层下方的楼梯为例,依次建立梯柱、梯梁以及楼梯。

1. 放置梯柱

打开配套资源中的“7.5-绘制七层楼板.rvt”文件,由于项目样板中没有建立楼梯所需的梯柱与梯梁的类型,按照前面章节介绍的方法,根据图纸中的参数信息,依次建立梯柱与梯梁的类型,如图 10-10 所示。

在-1F 结构平面视图中,根据楼梯图纸,在轴网 D 与 1 交点区域建立参照平面,其参数如图 10-11 所示。

二维码链接:

10-1 楼梯-放置梯柱

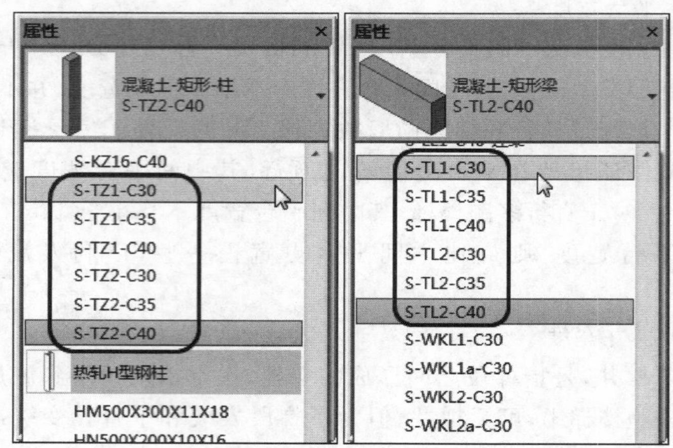

图 10-10 梯柱与梯梁的类型

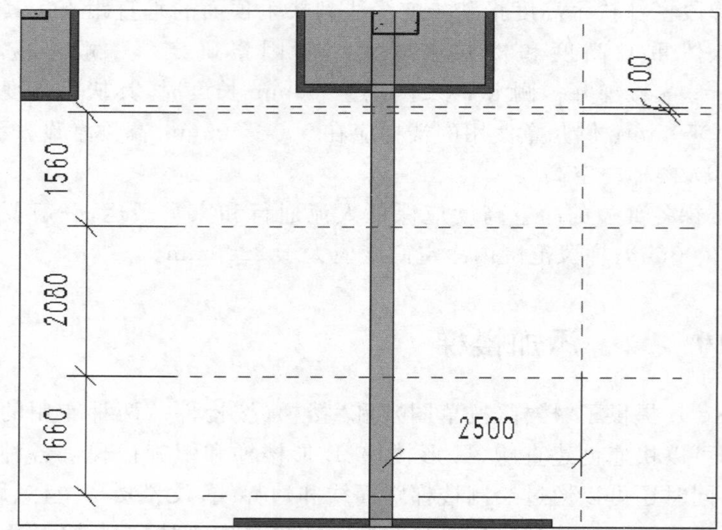

图 10-11 建立参照平面

知识扩展：

本章依据《全国民用建筑工程设计技术措施——规划·建筑·景观》编写：

5 楼梯休息平台上部及下部过道处的净高不应小于2.00m，梯段净高不宜小于2.20m，且包括每个梯段下行最后一级踏步的前缘线0.30m的前方范围。

6 框架结构楼梯间的梯段宽度设计：

1) 框架梁、柱凸出在楼梯间内时，除框架柱在楼梯间四角外，梯段和休息平台的净宽应从凸出部分算起；

2) 框架梁底距休息平台地面高度小于2.00m时，应采取防碰撞的措施。如设置与框架梁内侧面齐平的平台栏杆(板)等，休息平台的净宽从栏杆(板)内侧算起。

显示视图中的结构框架后，选择“结构柱”工具，并确定柱类型为S-TZ1-C40。设置“高度”为1F后，分别在参照平面区域单击放置梯柱，如图10-12所示。

根据梁类型S-L9-C40的高度，设置右侧三个梯柱的“顶部偏移”为－400；根据梁类型S-KL2-C40的高度，设置左侧三个梯柱的“顶部偏移”为－700，如图10-13所示。

根据图纸上的信息，设置顶部两个梯柱的“底部偏移”为1332.5，如图10-14所示。

根据图纸中梯柱的位置信息，配合“对齐”和“移动”工具，将最底部两个梯柱的上侧边界放置在最下方参照平面向上100的位置，如图10-15所示。

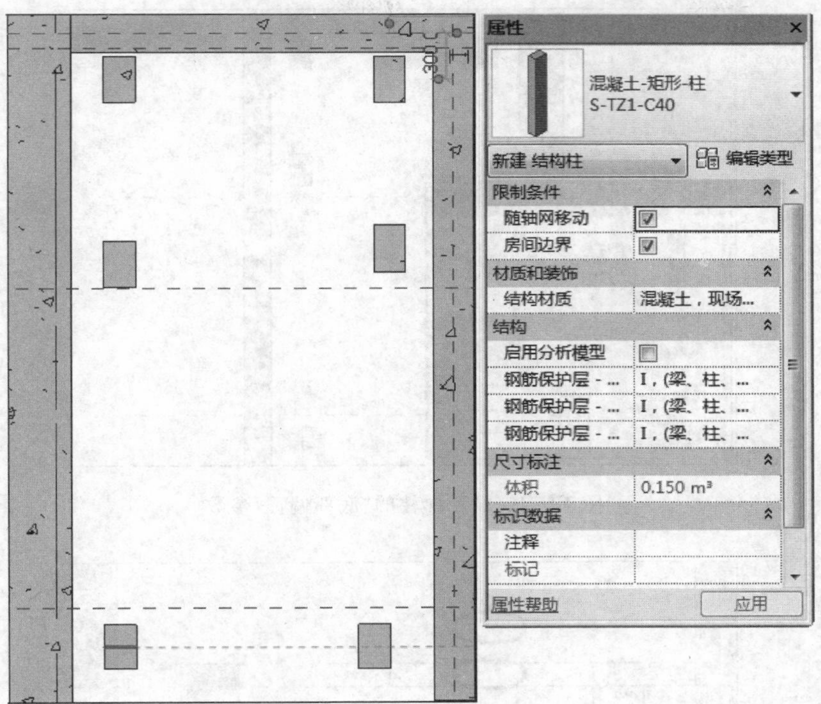

图 10-12 放置梯柱

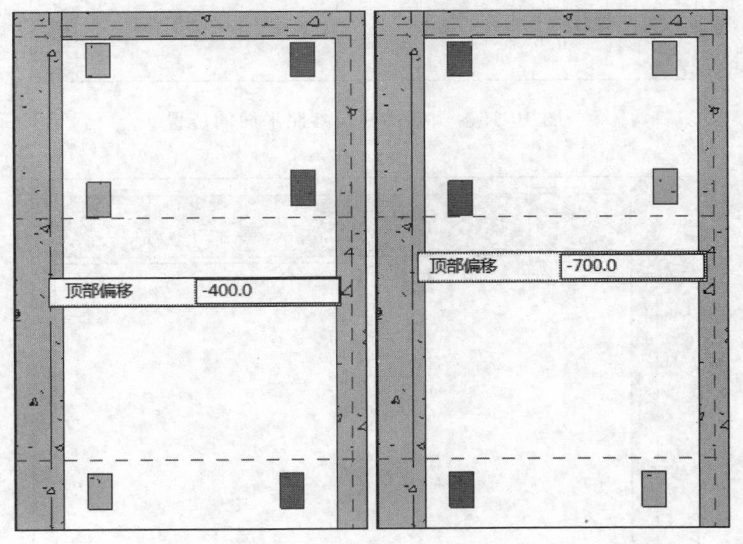

图 10-13 设置梯柱的"顶部偏移"参数

按照上述方法，根据图纸中梯柱的位置信息，调整梯柱与参照平面之间的位置，如图 10-16 所示。

技巧：为了查看参照平面与轴线之间，以及参照平面之间的尺寸，可以使用"注释"|"对齐"工具建立参照平面之间的尺寸标注。

知识扩展：

本章依据《全国民用建筑工程设计技术措施——规划·建筑·景观》编写：

8.2.4 扶手、栏杆（板）的设计

1 楼梯至少于一侧设置扶手。梯段净宽度达三股人流时应两侧设扶手；达四股人流时，宜加设中间扶手。

2 室内楼梯扶手高度：自踏步前缘算起，不宜小于 0.90m；靠梯井一侧水平长度超过 0.50m 时，其高度不应小于 1.05m。

3 室外楼梯临空处应设置防护栏杆，栏杆离楼面 0.10m 高度内不宜留空。临空高度在 24m 以下时，栏杆高度不应低于 1.05m；临空高度在 24m 及 24m 以上时，栏杆高度不应低于 1.10m。疏散用室外楼梯栏杆扶手高度不应小于 1.10m。

注：栏杆高度应从楼地面至栏杆扶手顶面垂直高度计算，如底部有宽度大于或等于 0.22m，且高度低于或等于 0.45m 的可踏部位，应从可踏部位顶面起计算。

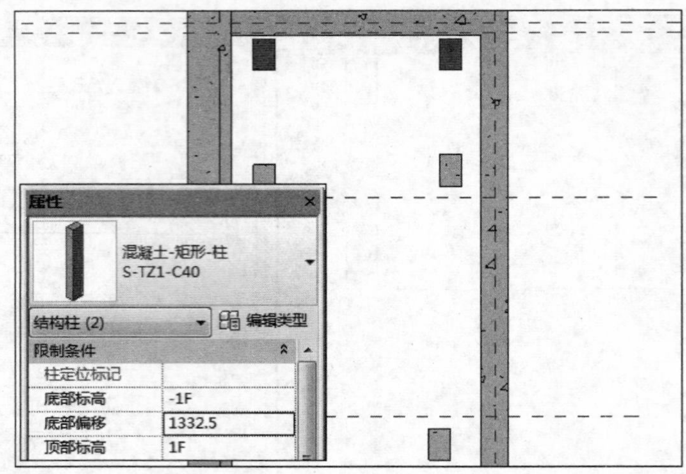

图 10-14　设置梯柱的“底部偏移”参数

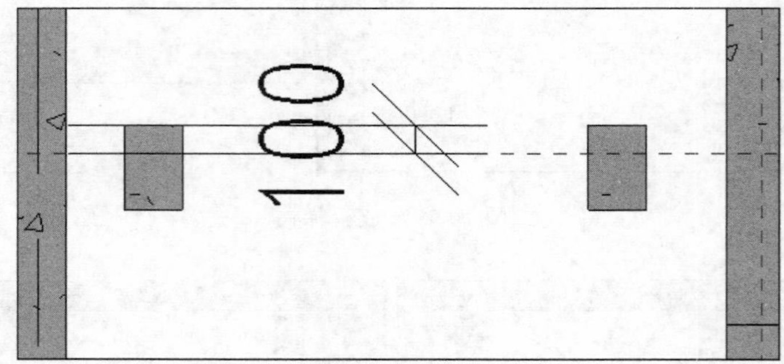

图 10-15　调整梯柱与参照平面的位置

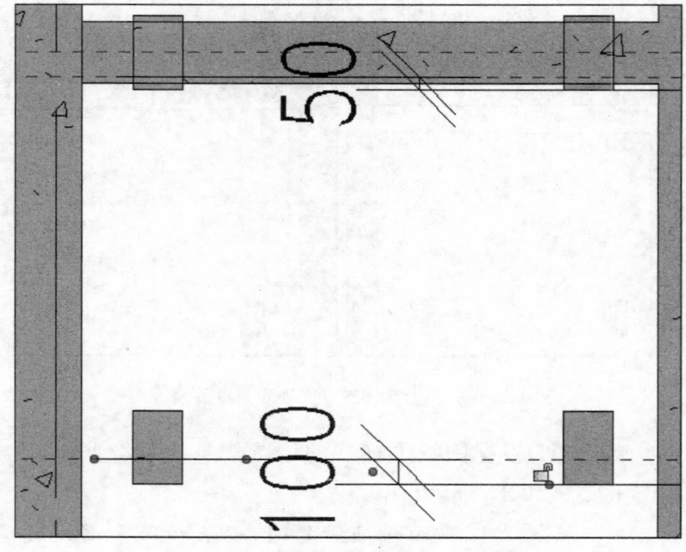

图 10-16　调整梯柱与参照平面的位置

通过 Ctrl 键，同时选中左右的梯柱图元，在“属性”面板中单击“结构材质”右侧的“菜单”按钮。在打开的“材质浏览器”对话框中，选择 C40 混凝土，如图 10-17 所示。

选择“修改”选项卡中的“对齐”工具，将右侧梯柱的中心线对齐垂直参照平面，如图 10-18 所示。

继续使用“对齐”工具，将左侧梯柱的左边界对齐轴网 A 上的结构梁左侧边界，如图 10-19 所示。

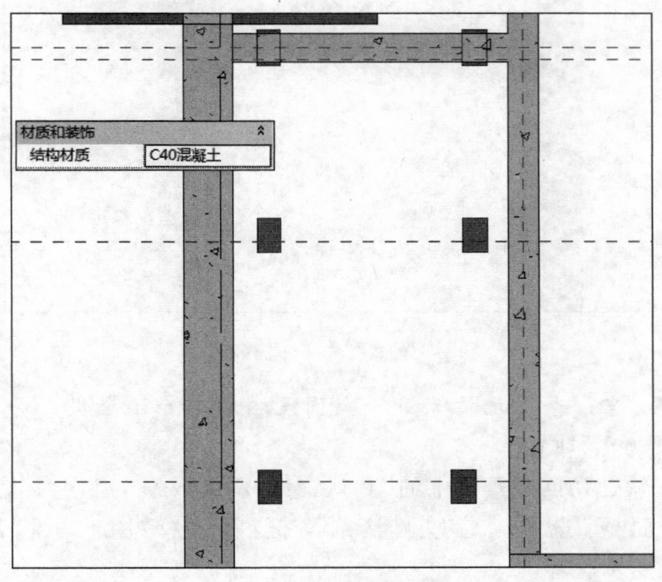

图 10-17　设置梯柱的结构材质

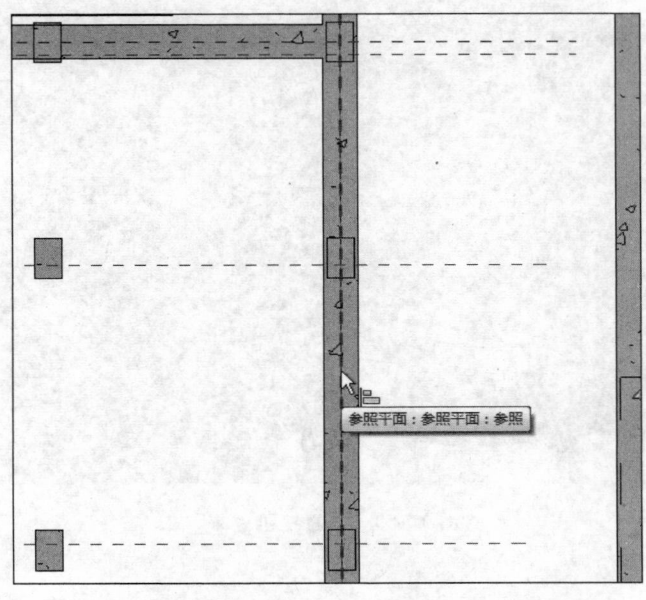

图 10-18　对齐梯柱

知识扩展：

本章依据《全国民用建筑工程设计技术措施——规划·建筑·景观》编写：

4　多层公共建筑室内双跑疏散楼梯两梯段间（梯井）的水平净距（是指装修后完成面）不宜小于 0.15m。住宅梯井净宽大于 0.11m 时，必须采取防止儿童攀滑的措施，楼梯栏杆的垂直杆件间的净空不应大于 0.11m。

注：梯井系指由楼梯梯段和休息平台内侧围成的空间。

5　托儿所、幼儿园、中小学及少年儿童专用活动场所的楼梯，梯井净宽大于 0.20m 时，其扶手必须采取防止攀滑的措施和采用不易登踏的栏杆花饰；当采用垂直杆件做栏杆时，其杆件净距不应大于 0.11m。托幼建筑的楼梯除设成人扶手外，还应另设幼儿扶手，高度不宜大于 0.6m。

6　文化娱乐建筑、商业服务建筑、体育建筑、园林景观建筑等允许少年儿童进入的场所，当采用垂直杆件做栏杆时，其杆件净距不应大于 0.11m。

7　梯井宽度小于 0.20m 时，因在楼梯转弯处两栏板间隙小，难以进行抹灰等施工操作，不宜做高实栏板。

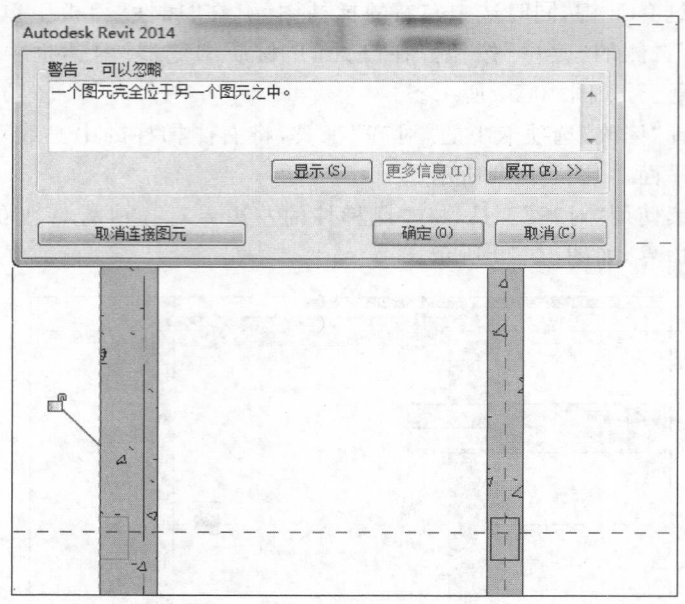

图 10-19　对齐梯柱(2)

注意：当一个图元位于另一个图元内时，Revit 会提示警告对话框，单击“确定”即可。

单击快速访问工具栏中的“默认三维视图”按钮，启用“属性”面板中的“剖面框”选项。通过调整剖面框，查看梯柱的三维效果，如图 10-20 所示。

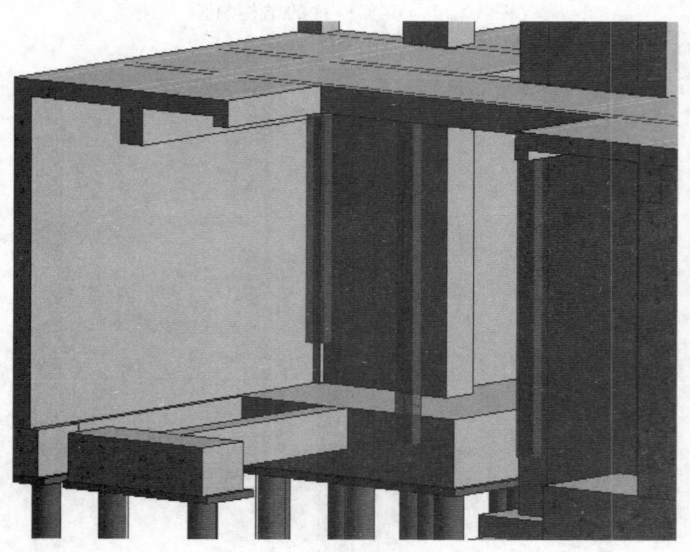

图 10-20　查看三维效果

2. 绘制梯梁

切换至－1F 结构平面，根据图纸中的梯梁信息，使用类型为 S-TL1-C40 的梯梁，设置“Z 轴偏移值”为 270.0。在最下方的水平参照平面绘制水平梯梁，如图 10-21 所示。

单击“属性”面板中“视图范围”右侧的“编辑”按钮，在弹出的“视图范围”对话框中，依次设置参数为 5300、5100、1800、300，隐藏刚刚绘制的梯梁，如图 10-22 所示。

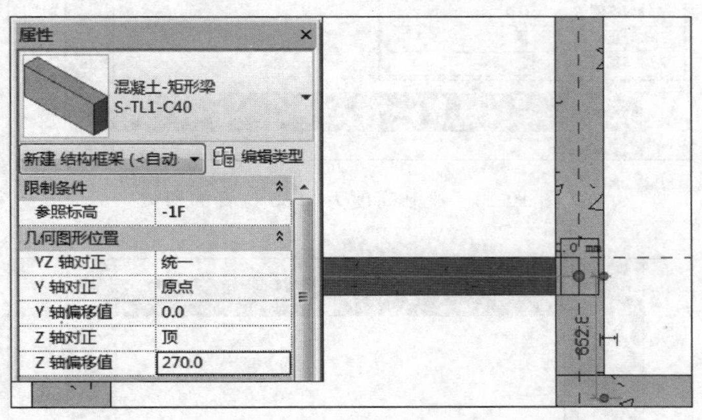

图 10-21　绘制高度为 270 位置的梯梁

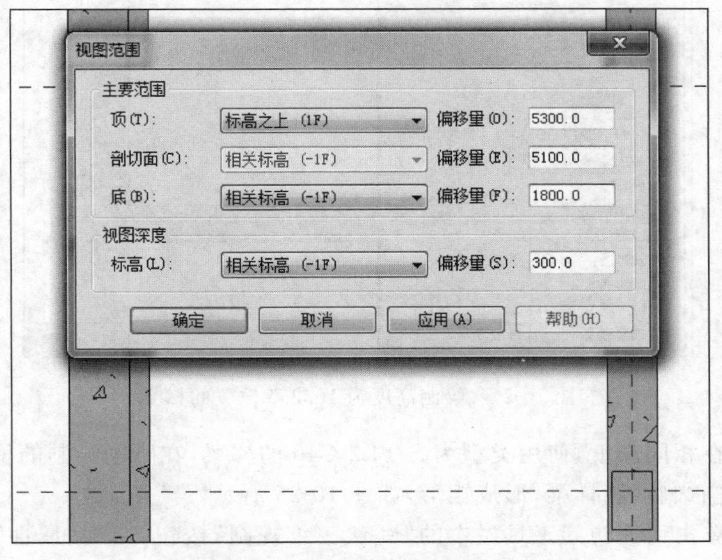

图 10-22　设置“视图范围”参数

继续使用相同类型的梯梁，设置“Z 轴偏移值”为 2995.0，在相同位置绘制水平梯梁，如图 10-23 所示。

再次使用相同类型的梯梁，设置“Z 轴偏移值”为 1632.5，在中间参照平面上方绘制水平梯梁，如图 10-24 所示。

二维码链接：

10-2　楼梯-绘制楼梯梁

知识扩展：

本章依据《全国民用建筑工程设计技术措施——规划·建筑·景观》编写：

8.2.5　楼梯设计时，一般应绘制由下至上不同层高的各层楼梯及楼梯间的平面与剖面图，注明楼梯踏步的宽度、高度和每一梯段踏步数，标注楼层休息平台处的标高，以及绘制扶手、栏杆(板)、踏步饰面等构造详图。

8.2.6　楼梯间窗台高度，当低于 0.80m(住宅低于 0.90m)时，应采取防护措施，且应保证楼梯间的窗扇开启后不减小休息平台的通行宽度或磕碰行人。

8.2.7　通向楼梯间的门应向疏散方向开启，且不应阻挡疏散通道。当楼梯正面门扇开足时，休息平台的净宽宜不小于 0.6m；侧墙开门时，门洞边距踏步边净宽不宜小于 0.4m 或住宅建筑不宜小于一个踏步的宽度，且门扇的开启不应阻挡疏散人流的通行。

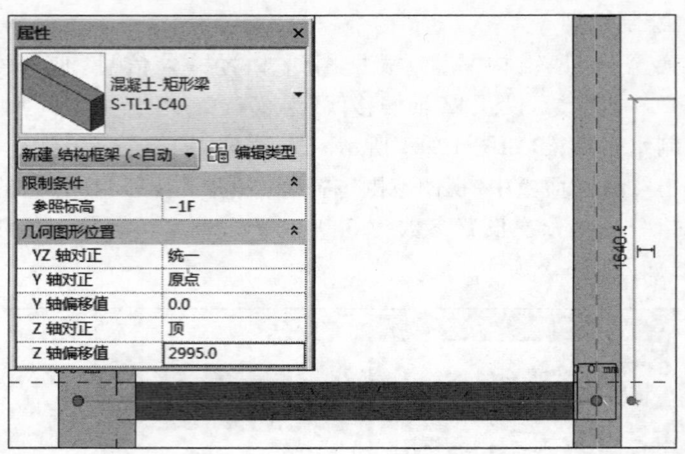

图 10-23　绘制高度为 2995 位置的梯梁

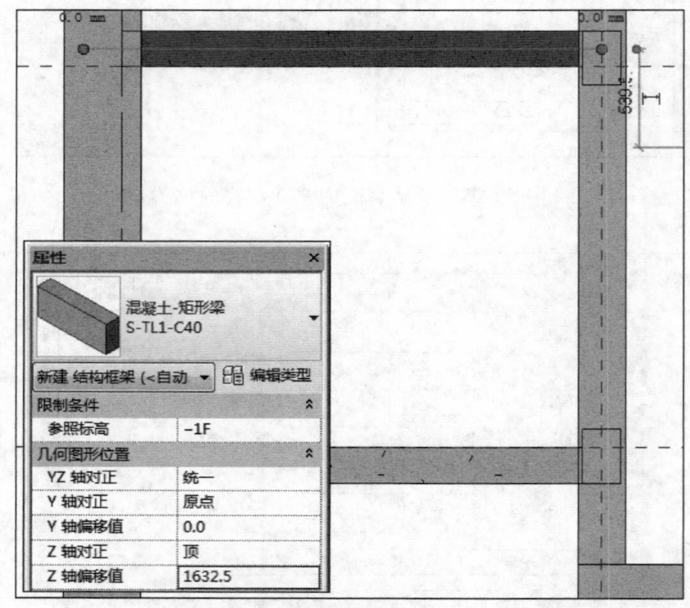

图 10-24　绘制高度为 1632.5 位置的梯梁

知识扩展：

本章依据《全国民用建筑工程设计技术措施——规划·建筑·景观》编写：

8.2.8　供幼儿、老年人、残疾人使用的楼梯及专用服务楼梯应按相关规范设计。

8.2.9　严寒、寒冷地区的不采暖楼梯间应进行节能设计，具体指标见相关建筑节能设计标准的规定。

在相同高度，使用类型为 S-TL2-C40 的梯梁，在刚刚绘制的梯梁上方、左右侧绘制梯梁，形成矩形，如图 10-25 所示。

单击快速访问工具栏中的“默认三维视图”按钮，启用“属性”面板中的“剖面框”选项。通过调整剖面框，查看梯梁的三维效果，如图 10-26 所示。

选中所有梯梁图元，在“属性”面板中单击“结构材质”右侧的“菜单”按钮。在打开的“材质浏览器”对话框中，选择 C40 混凝土，如图 10-27 所示。

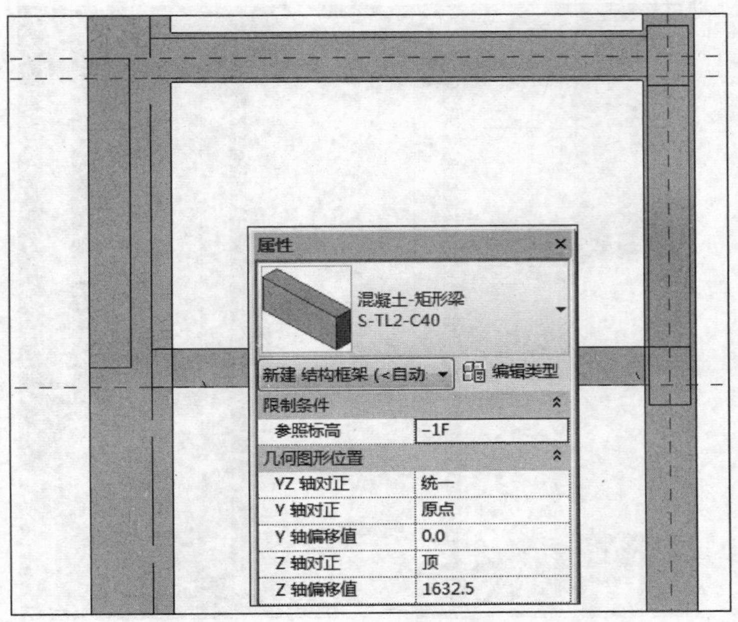

图 10-25 绘制高度为 1632.5 位置的梯梁

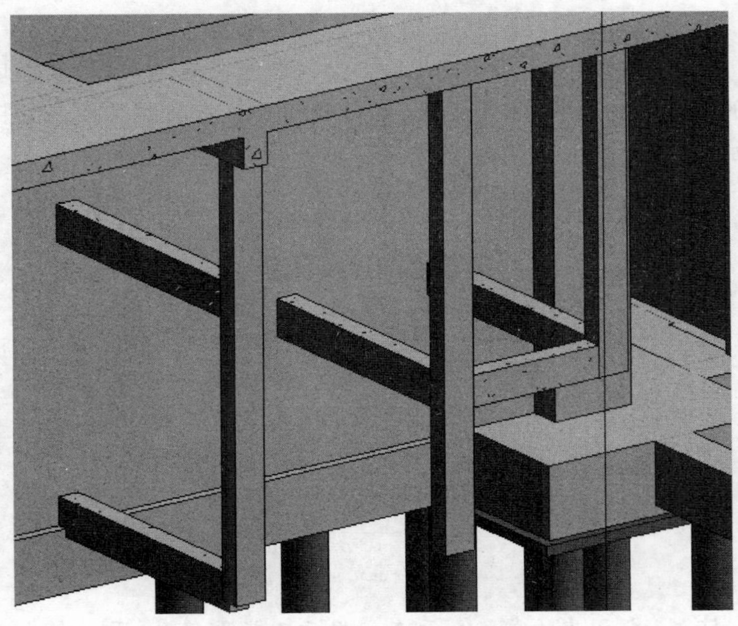

图 10-26 查看梯梁的三维效果

技巧：在操作过程中，当确定某些图元设置完成后，选中这些图元，并单击“修改”选项卡中的“锁定”按钮将其锁定，以防止后期误操作。

知识扩展：

本章依据《全国民用建筑工程设计技术措施——规划·建筑·景观》编写：

8 楼梯、台阶、坡道

8.1 一般规定

8.1.1 楼梯是由连续梯级、休息平台和维护安全的栏杆扶手及相应的支承结构组成的作为楼层之间垂直交通的建筑构件。楼梯间为设置楼梯的专用空间。楼梯的数量、位置、宽度和楼梯间的形式应满足使用方便和安全疏散的要求。

8.1.2 楼梯、楼梯间的常用形式

1 按与建筑的位置关系可分为：室内楼梯、室外楼梯。

室外楼梯是指位于建筑外墙以外的开敞楼梯，常布置在建筑端部或结合连廊、栈桥等布置。符合规定的室外楼梯，可作为疏散楼梯(室外疏散楼梯与封闭楼梯间、防烟楼梯间等同，都作为疏散楼梯)，并可计入疏散总宽度。室外楼梯四周一般不设墙体，顶层宜有雨篷。

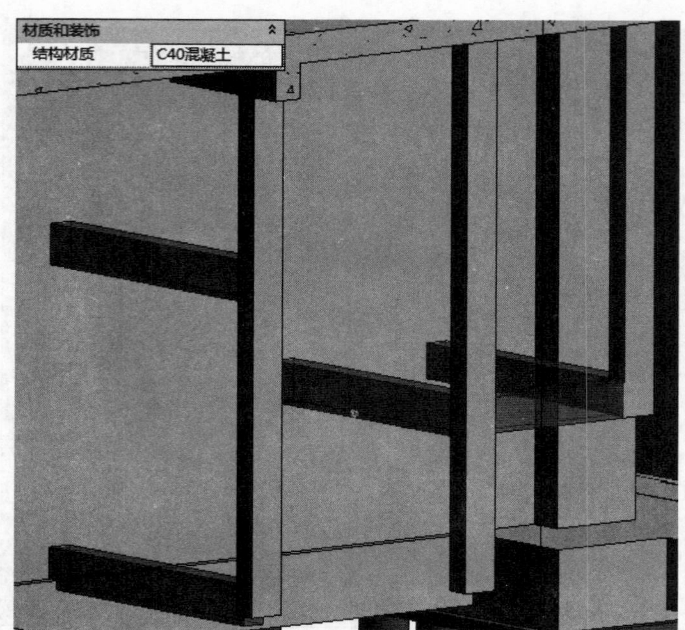

图 10-27 设置梯梁的结构材质

二维码链接：

10-3 楼梯-绘制楼梯

3. 绘制楼梯

在－1F 结构平面视图中，将垂直参照平面删除后，根据楼梯图纸中的信息，在轴网 1 右侧的 2400 位置建立垂直参照平面，如图 10-28 所示。

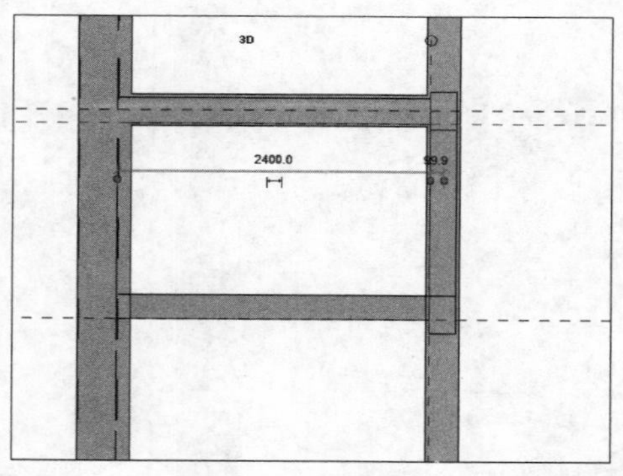

图 10-28 建立垂直参照平面

注意：视图中的参照平面在使用后不能再移动，否则会改变参照建立的图元，所以无用的参照平面需要删除。

在该垂直参照平面左侧的 1175 位置，继续建立垂直参照平面。并且在该参照平面左侧的 150 位置，再次建立参照平面，如图 10-29 所示。

知识扩展：

本章依据《全国民用建筑工程设计技术措施——规划·建筑·景观》编写：

2 按使用功能的不同，常见的有共用楼梯、服务楼梯、住宅套内楼梯、专用疏散楼梯等。

1）专用楼梯是指为某一特定楼层或空间使用的楼梯，有时它只贯穿部分楼层。

2）专用疏散楼梯是指在火灾时才使用的、专门用于人员疏散用的楼梯。当其符合本章 8.2 节“楼梯、楼梯间设计”中的规定，满足疏散要求时，可计入疏散总宽度。

提示

当建立参照平面时，Revit 会自动显示与之相邻图元的距离。当确定精确位置后，单击鼠标即可建立图元。

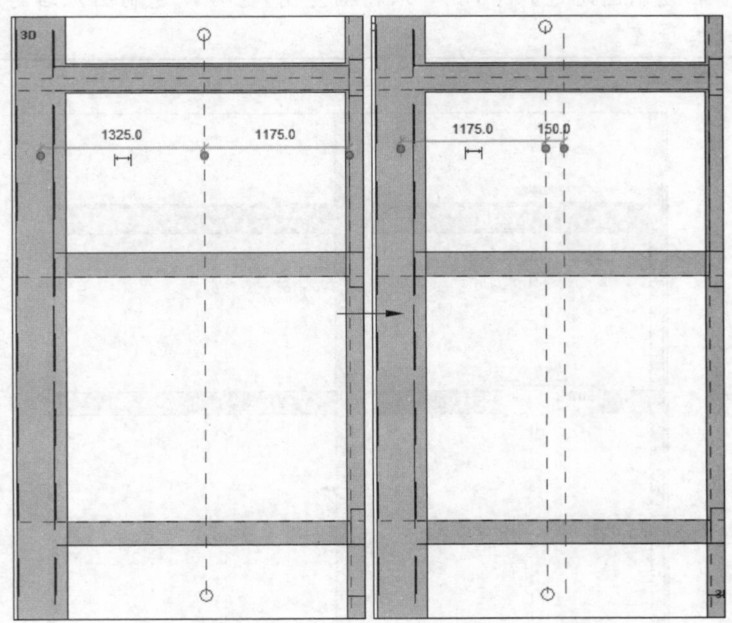

图 10-29 建立垂直参照平面

在最左侧的两条垂直参照平面之间，建立垂直参照平面。选中该参照平面后，为该参照平面以及左右两侧的参照平面建立对齐尺寸标注。单击尺寸标注上方的 EQ 图标，使其位于左右两侧参照平面的中间位置，如图 10-30 所示。

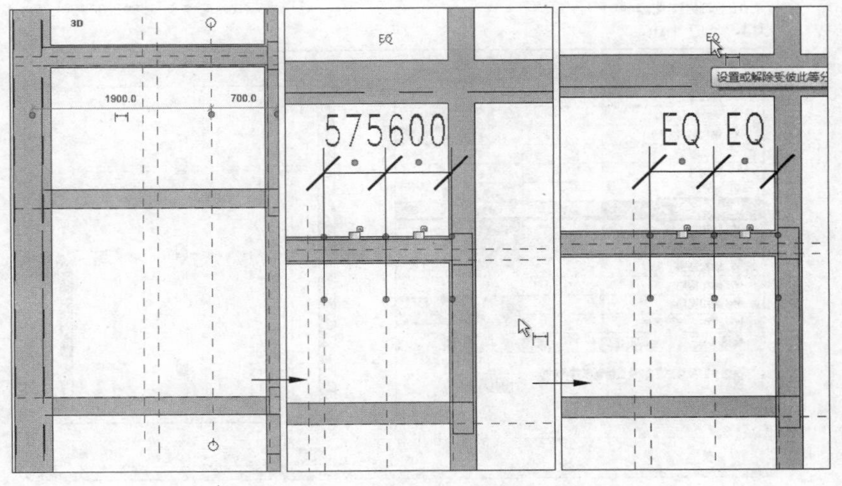

图 10-30 建立并编辑参照平面

知识扩展：

本章依据《全国民用建筑工程设计技术措施——规划·建筑·景观》编写：

3 按楼梯、楼梯间的特点不同，常见的有开敞楼梯、敞开楼梯间、封闭楼梯间、防烟楼梯间等。

1）开敞楼梯是指在建筑内部没有墙体、门窗或其他建筑构配件分隔的楼梯，火灾发生时，它不能阻止烟、火的蔓延，不能保证使用者的安全，只能作为楼层空间的垂直联系。公共建筑内装饰性楼梯和住宅套内楼梯等常以开敞楼梯形式出现。

2）敞开楼梯间是指楼梯四周有一面敞开，其余三面为具有相应燃烧性能和耐火极限的实体墙，火灾发生时，它不能阻止烟、火进入的楼梯间。在符合规定的层数和其他条件下，可以作为垂直疏散通道，并计入疏散总宽度。

删除尺寸标注后，查看中间垂直参照平面与两侧的距离数值。使用“复制”工具，复制最左侧的参照平面至左 587.5 距离，如图 10-31 所示。

提示

在复制图元过程中，既可以精确复制，也可以复制图元后再精确移动其位置。

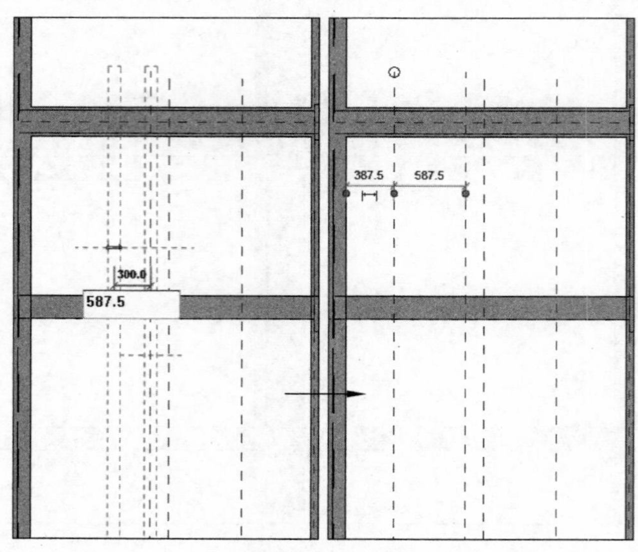

图 10-31　复制参照平面

在“可见性/图形替换”对话框中，禁用“结构框架”选项，隐藏视图中的结构框架，如图 10-32 所示。

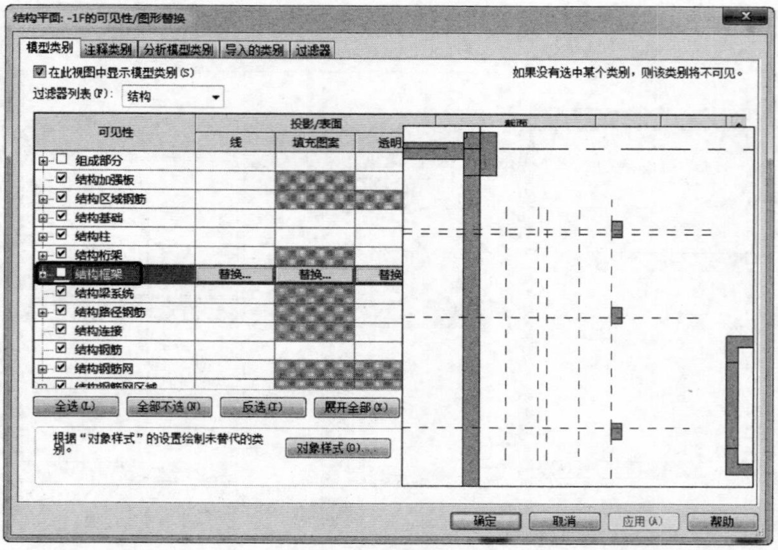

图 10-32　隐藏结构框架

知识扩展：

本章依据《全国民用建筑工程设计技术措施——规划·建筑·景观》编写：

3）封闭楼梯间是指楼梯四周用具有相应燃烧性能和耐火极限的建筑构配件分隔，火灾发生时，能防止烟、火进入，能保证人员安全疏散的楼梯间。通往封闭楼梯间的门为双向弹簧门或乙级防火门。

4）防烟楼梯间是指在楼梯间入口处设有防烟前室或设有开敞式的阳台、凹廊等，能保证人员安全疏散，且通向前室和楼梯间的门均为乙级防火门的楼梯间。

技巧：通过“可见性/图形替换”对话框中的类型启用与禁用，来实现项目中某个类型的显示与隐藏。

设置“视图范围”参数值为 5300、2600、1800、200 后，选择“建筑”|“楼梯”|“楼梯(按草图)”选项，打开类型“整体浇筑楼梯”的“类型属性”对话框，如图 10-33 所示。

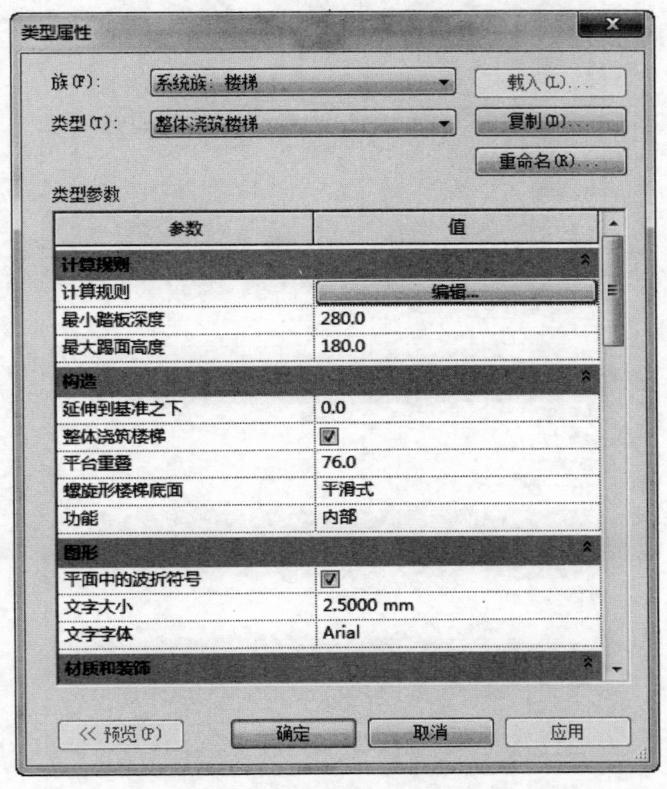

图 10-33　楼梯“类型属性”对话框

单击“复制”按钮，复制该类型为 LT1-C40，并且设置楼梯类型中的属性参数如图 10-34 所示。

注意：楼梯类型的属性参数设置并不是任意设置的，而是通过相关图纸中的楼梯参数来确定的。

单击“确定”按钮后，在“属性”面板中设置楼梯类型的实例参数，参数设置如图 10-35 所示。

将光标指向右侧中间垂直参照平面与最下方水平参照平面交点处，单击后垂直向上移动，在第一个交点位置单击建立一侧楼梯。将光标水平向左移动，在参照平面的交点位置单击后，垂直向下移动，在下方的参照平面交点位置单击，完成楼梯的绘制，如图 10-36 所示。

知识扩展：

本章依据《全国民用建筑工程设计技术措施——规划·建筑·景观》编写：

8.1.3　供日常主要交通用的楼梯的梯段宽度应根据建筑物的使用特征，按每股人流为 0.55m＋(0～0.15)m 的人流股数确定，并应不少于两股人流。

注：(0～0.15)m 为人流在行进中人体的摆幅，公共建筑人流众多的场所应取上限值。

8.1.4　楼梯、台阶、坡道应有适宜坡度，以保证通行安全、舒适。常用楼梯坡度宜为 30°左右，室内楼梯的适宜坡度为 23°～38°，台阶的适宜坡度 10°～23°，10°以下的坡度适用于坡道。

8.1.5　楼梯间一般不宜占用好朝向，不宜采用围绕电梯布置的方式。建筑物内当设有两个及两个以上楼梯时，应按交通流量大小和疏散便利的需要，合理布置楼梯位置。建筑的主楼梯宜设在主入口空间的明显位置。

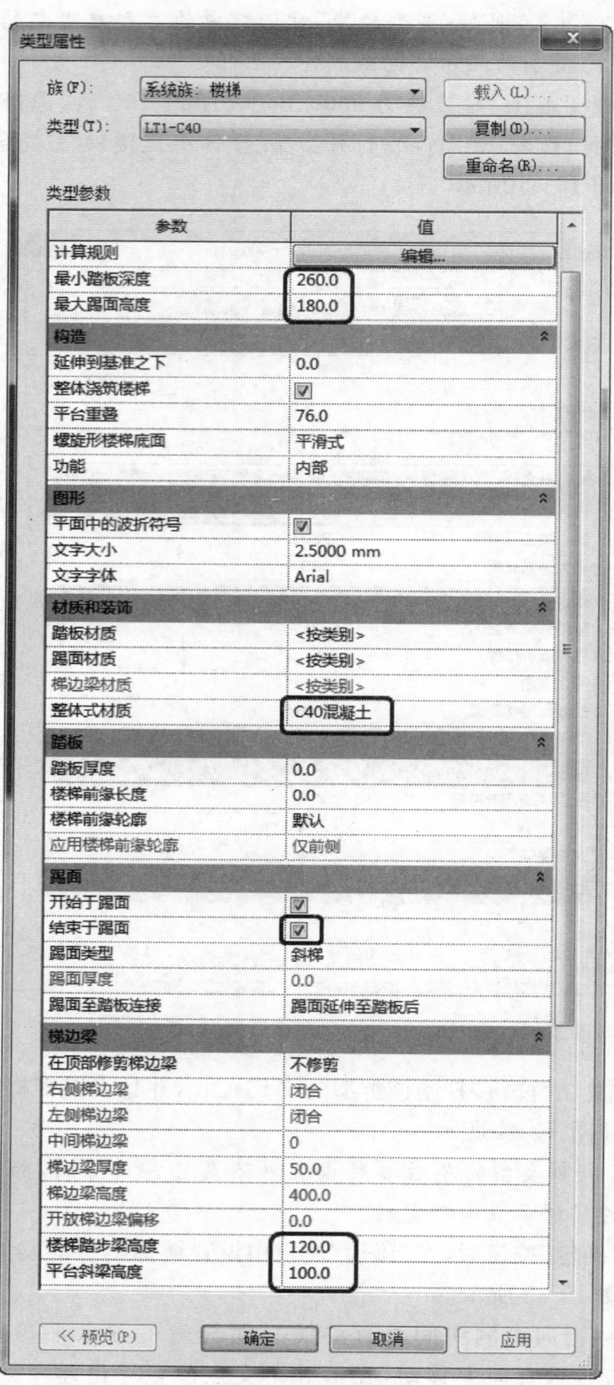

图 10-34 设置类型属性

技巧：当精确建立参照平面后，即可按照楼梯的向上方向依次单击建立楼梯草图。

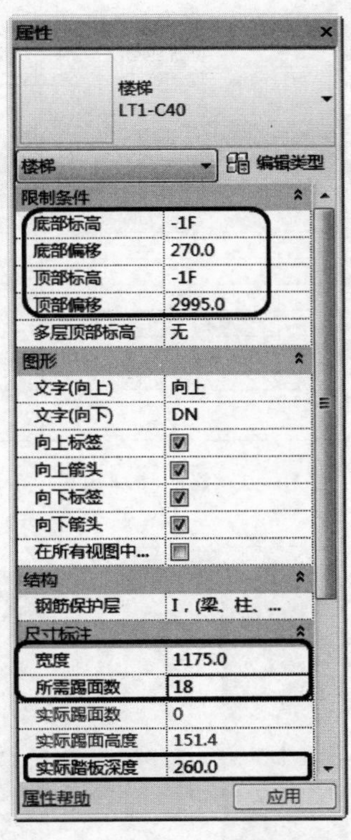

图 10-35　设置实例参数

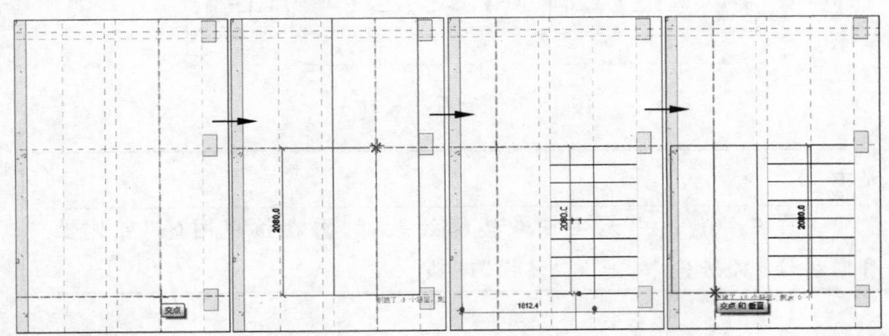

图 10-36　绘制楼梯草图

选择“修改”选项卡中的“对齐”工具，将楼梯的上边界对齐至上方的参照平面，将楼梯的左侧边界对齐至基本墙右侧边界。通过“修剪/延伸多个图元”工具，将楼梯左侧的踢面线对齐至基本墙右侧边界，如图 10-37 所示。单击“完成编辑模式”按钮，完成楼梯的绘制。

配合 Ctrl 键，同时选中楼梯内外两侧的栏杆扶手，按 Delete 键删除，如图 10-38 所示。

单击快速访问工具栏中的“默认三维视图”按钮，查看楼梯的三维效果，如图 10-39 所示。

知识扩展：

本章依据《建筑设计防火规范》(GB 50016—2014)编写：

2.1　术语

2.1.14　安全出口

safety exit

供人员安全疏散用的楼梯间和室外楼梯的出入口或直通室内外安全区域的出口。

2.1.15　封闭楼梯间

enclosed staircase

在楼梯间入口处设置门，以防止火灾的烟和热气进入的楼梯间。

2.1.16　防烟楼梯间

smoke-proof staircase

在楼梯间入口处设置防烟的前室、开敞式阳台或凹廊(统称前室)等设施，且通向前室和楼梯间的门均为防火门，以防止火灾的烟和热气进入的楼梯间。

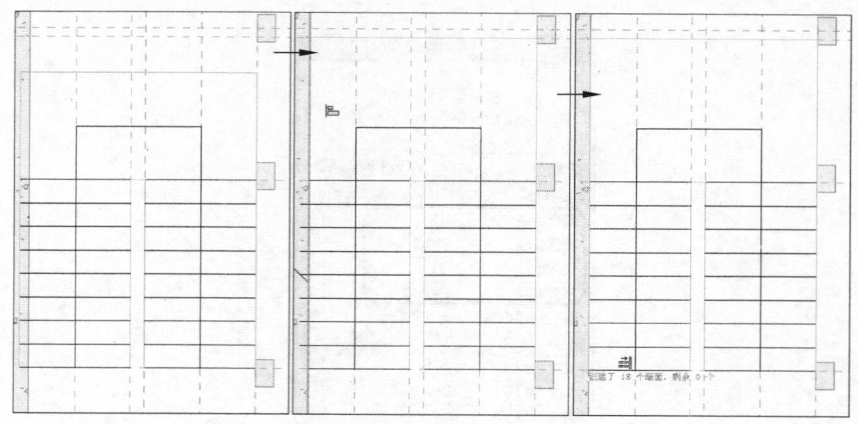

图 10-37　修改楼梯边界

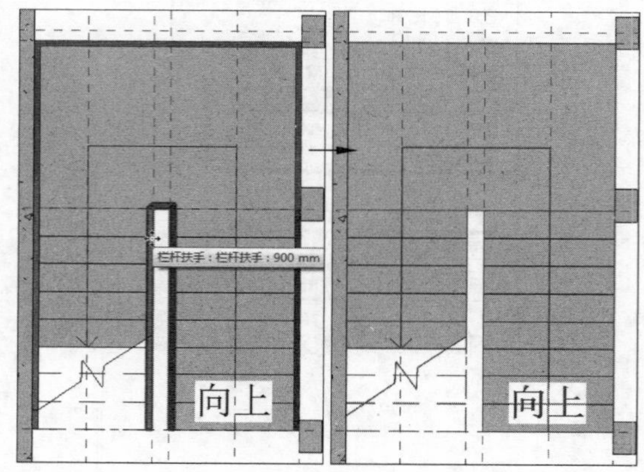

图 10-38　删除栏杆扶手

提示

当在三维视图中无法查看楼梯效果时，需在该视图的“可见性/图形替换”对话框中，启用“楼梯”选项。

图 10-39　楼梯的三维效果

知识扩展：

本章依据《建筑抗震设计规范》(GB 50011—2010)编写：

6.1　一般规定

6.1.15　楼梯间应符合下列要求：

1　宜采用现浇钢筋混凝土楼梯。

2　对于框架结构，楼梯间的布置不应导致结构平面特别不规则；楼梯构件与主体结构整浇时，应计入楼梯构件对地震作用及其效应的影响，应进行楼梯构件的抗震承载力验算；宜采取构造措施，减少楼梯构件对主体结构刚度的影响。

3　楼梯间两侧填充墙与柱之间应加强拉结。

切换至－1F 结构平面，并显示该视图中的结构框架图元。选择“结构”|“楼板”|“楼板：结构”选项，复制类型 S-厚 100-C40 为 S-厚 270-C40，并设置其参数，如图 10-40 所示。

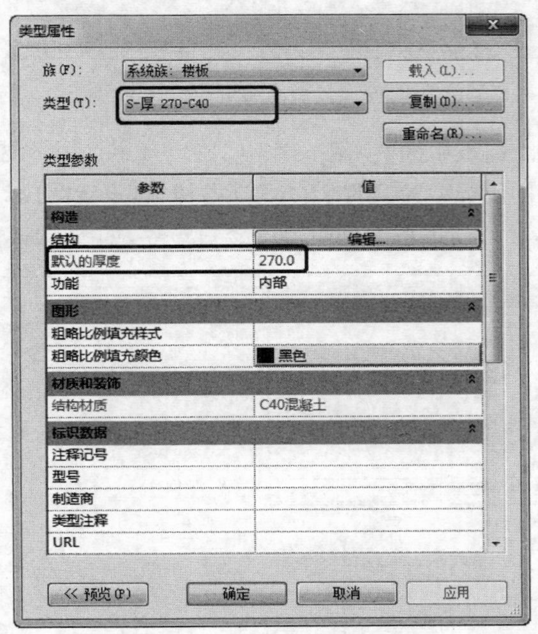

图 10-40　新建楼板类型

在“属性”面板中，设置“自标高的高度偏移”为 270.0，通过绘制矩形方式，绘制楼板边界，如图 10-41 所示。

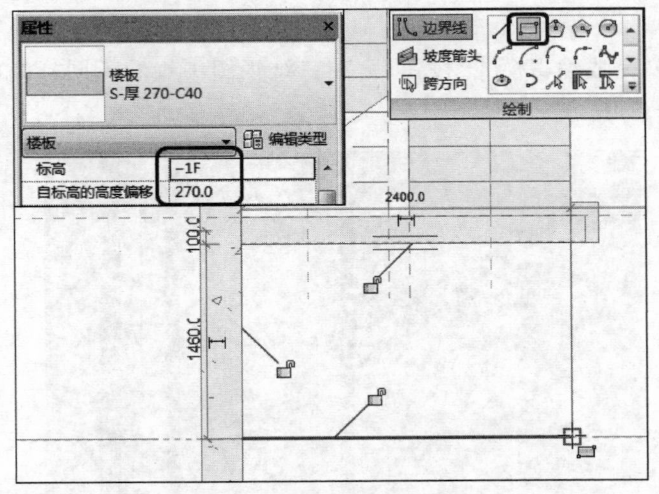

图 10-41　绘制楼板边界

单击“完成编辑模式”按钮，完成楼板的绘制。楼板内的“跨方向符号”标志，在这里无实质应用，可以删除，如图 10-42 所示。

知识扩展：

本章依据《建筑抗震设计规范》(GB 50011—2010)编写：

7.3　多层砖砌体房屋抗震构造措施

7.3.8　楼梯间尚应符合下列要求：

1　顶层楼梯间墙体应沿墙高每隔 500mm 设 2Φ6 通长钢筋和 Φ4 分布短钢筋平面内点焊组成的拉结网片或 Φ4 点焊网片；7～9 度时其他各层楼梯间墙体应在休息平台或楼层半高处设置 60mm 厚、纵向钢筋不应少于 2Φ10 的钢筋混凝土带或配筋砖带，配筋砖带不少于 3 皮，每皮的配筋不少于 2Φ6，砂浆强度等级不应低于 M7.5 且不低于同层墙体的砂浆强度等级。

2　楼梯间及门厅内墙阳角处的大梁支承长度不应小于 500mm，并应与圈梁连接。

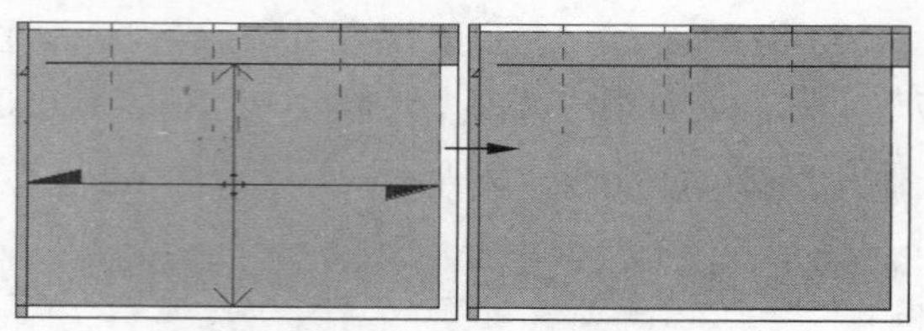

图 10-42　删除跨方向符号

设置“属性”面板中的“视图范围”为 5300、4000、3000、2900，隐藏绘制好的楼板。使用类型为 S-厚 100-C40 的楼板，设置“自标高的高度偏移”为 2995.0，在相同区域绘制矩形的楼板边界，如图 10-43 所示。

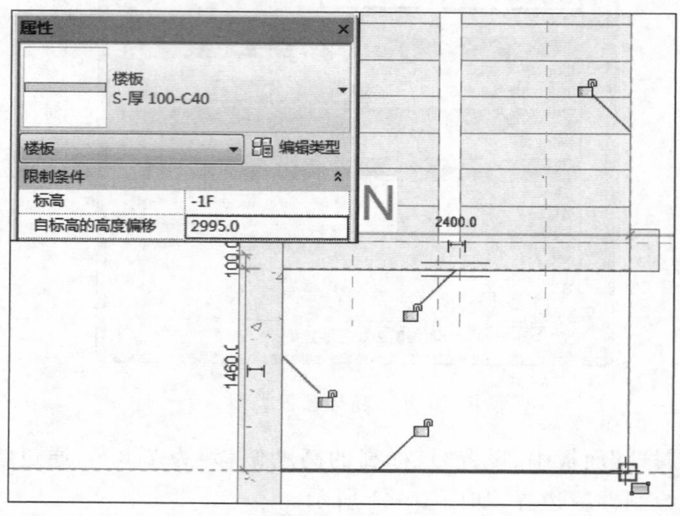

图 10-43　绘制楼板

知识扩展：

本章依据《建筑抗震设计规范》(GB 50011—2010)编写：

3. 装配式楼梯段应与平台板的梁可靠连接，8、9 度时不应采用装配式楼梯段；不应采用墙中悬挑式踏步或踏步竖肋插入墙体的楼梯，不应采用无筋砖砌栏板。

4. 突出屋顶的楼、电梯间，构造柱应伸到顶部，并与顶部圈梁连接，所有墙体应沿墙高每隔 500mm 设 2Φ6 通长钢筋和 Φ4 分布短筋平面内点焊组成的拉结网片或 Φ4 点焊网片。

单击“完成编辑模式”按钮后，在三维视图中查看不同标高的楼板三维效果，如图 10-44 所示。

图 10-44　楼板三维效果

至此，一节完整的楼梯结构建立完成。按照此方法，向上继续绘制楼梯结构。在操作过程中，注意根据图纸中的信息进行建立。

提示
在建模过程中，可以根据操作习惯来决定楼梯结构的建立顺序。在建立过程中，注意图纸的参数信息。

二维码链接：

10-4　楼梯-复制三层楼梯

10.2　案例实操

绘制楼梯见二维码 10-4。

第 11 章

坡 道

坡道是连接高差地面或者楼面的斜向交通通道,以及门口的垂直交通和属相疏散措施。其适用范围包括装卸桥用于居家门槛、酒店走廊、会展中心、商场超市、小区门口、老人院、医院、车站、飞机场等公共场合。

11.1 坡道结构

11.1.1 坡道概述

知识扩展:

本章依据《全国民用建筑工程设计技术措施——规划·建筑·景观》编写:

8.4 台阶、坡道

8.4.1 台阶设计应符合下列要求:

1. 公共建筑室内外台阶踏步宽度不宜小于0.30m,踏步高度不宜大于0.15m,并不宜小于0.10m,踏步应防滑。室内台阶踏步数不应少于2级,当高差不足2级时,应按坡道设置。室外台阶步宽不宜小于0.35m。

2. 人流密集场所的台阶高差超过0.70m,当侧面临空时,应有防护设施(如设置花台、挡土墙和栏杆等措施)。

连接有高差的地面或楼面的斜向交通道,中国古称墁道,古代城墙上的马道和殿宇台基前的礓礤等都属于坡道。常见的坡道有两类:一类为连接有高差的地面而设的,如出入口处为通过车辆常结合台阶而设的坡道,或在有限时间里要求通过大量人流的建筑,如火车站、体育馆、影剧院的疏散道等;另一类为连接两个楼层而设的行车坡道,常用在医院、残疾人机构、幼儿园、多层汽车库和仓库等场所。此外,室外公共活动场所也有结合台阶设置坡道,以利于残疾人轮椅和婴儿车通过。

坡道的坡度同使用要求以及面层作法、材料选用等因素有关。行人通过的坡道,坡度宜小于1∶8;面层光滑的坡道,坡度宜小于或等于1∶10;粗糙材料和作有防滑条的坡道的坡度可以稍陡,但不得大于1∶6;斜面作成锯齿状坡道(称礓礤)的坡度一般不宜大于1∶4。

坡道面层多采用混凝土、天然石料等抗冻性好、耐磨损的材料,低标准的或临时性的坡道则用普通粘土砖。实地铺筑坡道的方法和混凝土地面相同;架空式坡道作法和楼层作法类同。为了防滑,混凝土坡道上的水泥砂浆面层可划分成格条纹以增加摩擦力,也可采用水泥金刚砂防滑条或作成礓礤;花岗石坡道可将表面作粗糙处理;砖砌坡道可将砖立砌或砌成类似礓礤的表面。

11.1.2 添加坡道

在 Revit 中,坡道的创建方法与楼梯相似。可以定义直梯段、L 形梯段、U形坡道和螺旋坡道，还可以通过修改草图来更改坡道的外边界。

1. 通过"坡道"工具绘制坡道

在 Revit 中，通常使用"坡道"工具来建立坡道。为了使坡道效果更加实用，这里首先绘制了一个高度为1000的楼板，如图11-1所示。

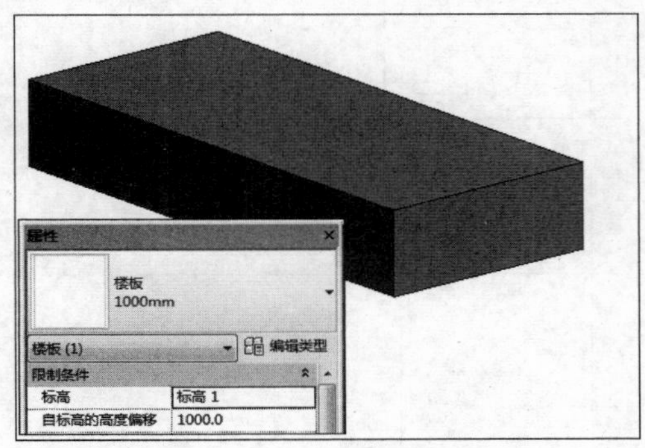

图 11-1 绘制楼板

在标高1结构平面中，使用"参照平面"工具，在楼板左侧为建立坡道的参照平面，其尺寸如图11-2所示。

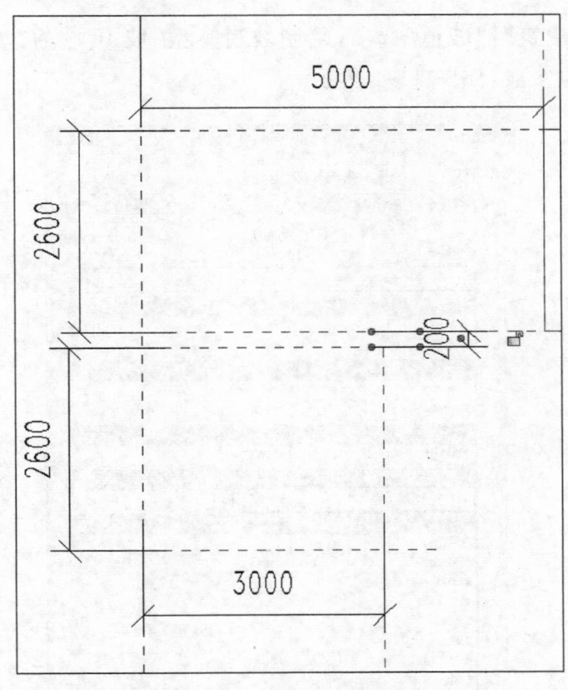

图 11-2 建立参照平面

提示

根据已经建立的楼板宽度，通过参照平面建立坡道的宽度与长度。注意坡道之间的间隙。

知识扩展：

本章依据《全国民用建筑工程设计技术措施——规划·建筑·景观》编写：8.4.2 坡道设计应符合下列要求：

1 室内坡道坡度不宜大于1:8，室外坡道坡度不宜大于1:10。

2 室内坡道水平投影长度超过15m时，应设休息平台，平台宽度应根据使用功能或设备尺寸所需缓冲空间而定。

3 供轮椅使用的坡道不应大于1:12，困难地段不应大于1:8。

4 供自行车推行使用的坡道，宜辅以供人行走的踏步。供人行走的踏步数应不超过18级，每段坡长不宜超过6.8m，踏步段的宽度单向不宜小于0.50m，双向不宜小于1.00m；供自行车推行坡道宽度由设计确定，坡度不宜超过1:4，坡道宽度不宜小于0.40m（推一辆自行车的宽度）。

继续使用“参照平面”工具，分别在距离 2600 区域内建立水平参照平面，并进行平分，如图 11-3 所示。

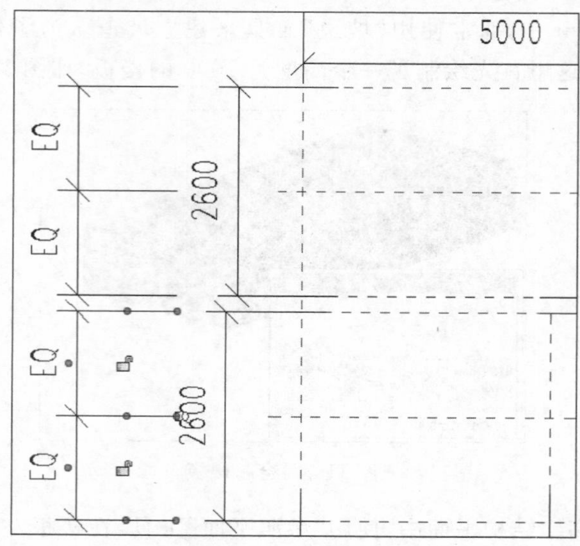

图 11-3 建立中间参照平面

选择“建筑”|“坡道”选项，复制坡道类型“坡道 1”为“坡道 2”，并设置类型中的参数，如图 11-4 所示。

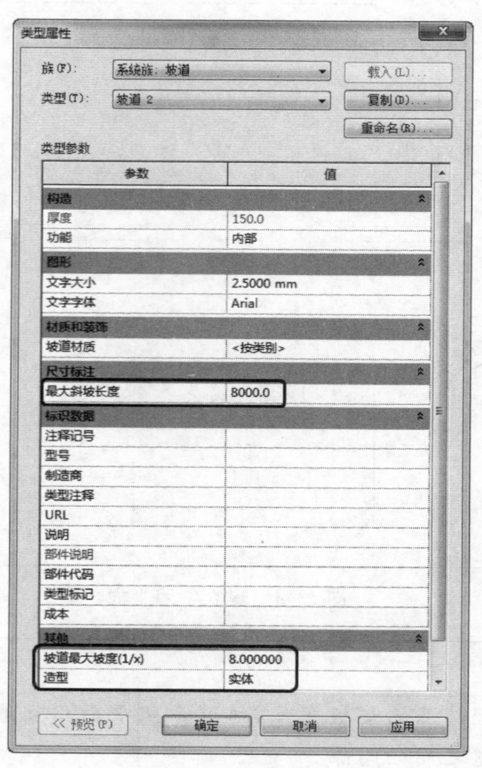

图 11-4 建立坡道类型

知识扩展：

本章依据《全国民用建筑工程设计技术措施——规划·建筑·景观》编写：

5 供机动车行驶的坡道应符合《汽车库建筑设计规范》(JGJ 100—2015)的规定。与之相关的国标图集有：05J927—1《汽车库(坡道式)建筑构造》、08J927—2《机械式汽车库建筑构造》。

6 坡道应采取防滑措施。

8.4.4 建筑物地下坡道或台阶的起始端部应有挡水坡和截水沟，防止室外地面水流入；进入建筑物内地下坡道的底端部应设坡道宽度相等的通长的排水箅子，以排除可能进入的雨水。

在“属性”面板中，设置“限制条件”中的选项外，还需要设置在“宽度”为2600.0。将光标指向下方中间参照平面与右侧垂直参照平面的交点，如图11-6所示。

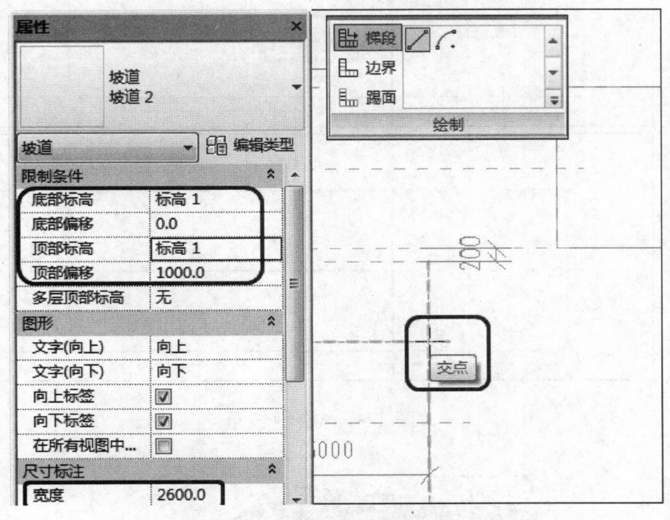

图11-5 设置坡道实例属性

单击该交点后向左移动，单击左侧垂直参照平面与中间参照平面的交点，建立第一节坡道，如图11-6所示。

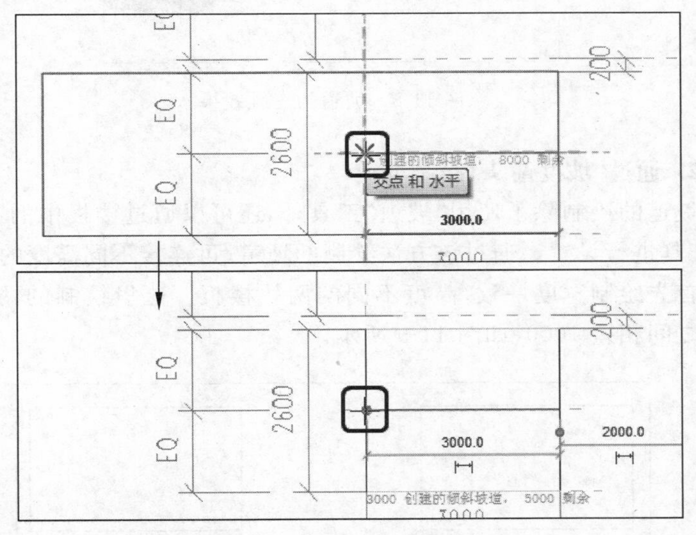

图11-6 绘制坡道

垂直向上移动光标，依次在上方中间参照平面与两侧的垂直参照平面交点位置单击，建立第二节坡道，如图11-7所示。

单击“完成编辑模式”按钮，完成坡道的绘制。单击快速访问工具栏中的“默认三维视图”按钮，查看坡道的三维效果，如图11-8所示。

知识扩展：

本章依据《民用建筑设计通则》(GB 50352—2005)编写：

6.6 台阶、坡道和栏杆

6.6.1 台阶设置应符合下列规定：

1 公共建筑室内外台阶踏步宽度不宜小于0.30m，踏步高度不宜大于0.15m，并不宜小于0.10m，踏步应防滑。室内台阶踏步数不应少于2级，当高差不足2级时，应按坡道设置；

2 人流密集的场所台阶高度超过0.70m并侧面临空时，应有防护设施。

6.6.2 坡道设置应符合下列规定：

1 室内坡道坡度不宜大于1：8，室外坡道坡度不宜大于1：10；

2 室内坡道水平投影长度超过15m时，宜设休息平台，平台宽度应根据使用功能或设备尺寸所需缓冲空间而定；

3 供轮椅使用的坡道不应大于1：12，困难地段不应大于1：8；

4 自行车推行坡道每段坡长不宜超过6m，坡度不宜大于1：5；

5 机动车行坡道应符合国家现行标准《汽车库建筑设计规范》(JGJ 100—2015)的规定；

6 坡道应采取防滑措施。

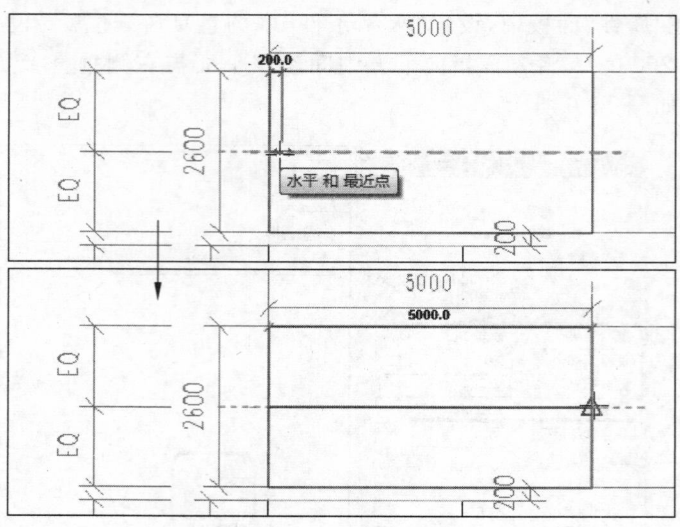

图 11-7 绘制坡道

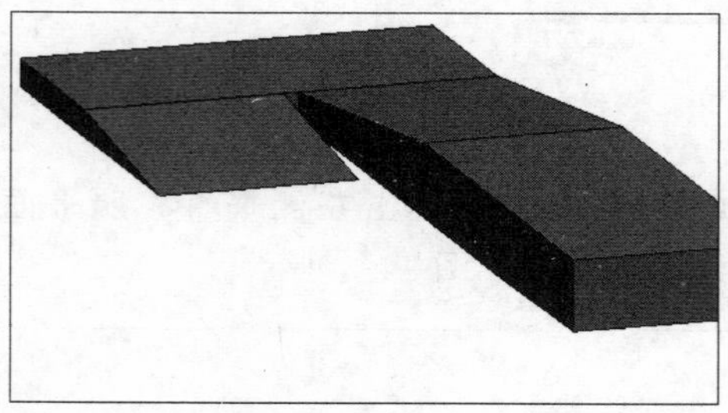

图 11-8 坡道的三维效果

知识扩展：

本章依据《机械工业厂房建筑设计规范》(GB 50681—2011)编写：

6.3.1 室外台阶的踏步高度宜为 150mm，宽度宜为 350mm，高宽比不宜大于 1∶2.5。台阶平台应低于室内地面标高 20mm，并应做不小于 1%坡向室外的坡度。室内台阶的踏步高度不宜大于 150mm，宽度不宜小于 300mm；当踏步数不足二级时，宜按坡道设置。

6.3.2 室外坡道宽度应大于门洞 500～1000mm，坡度不宜大于 10%。当坡度大于 8%时，坡道应设防滑设施；室内坡道坡度不宜大于 12%，坡道宜设防滑设施。

2. 通过"坡度箭头"绘制坡道

坡道的绘制除了使用"坡道"工具外，还可以通过楼板中的"坡度箭头"工具进行设置。通过该方法绘制的坡道，可连接不同高度的楼板。

首先绘制宽度一致，高度不同的两块楼板。这里绘制的两块楼板高度之间相差 1000，如图 11-9 所示。

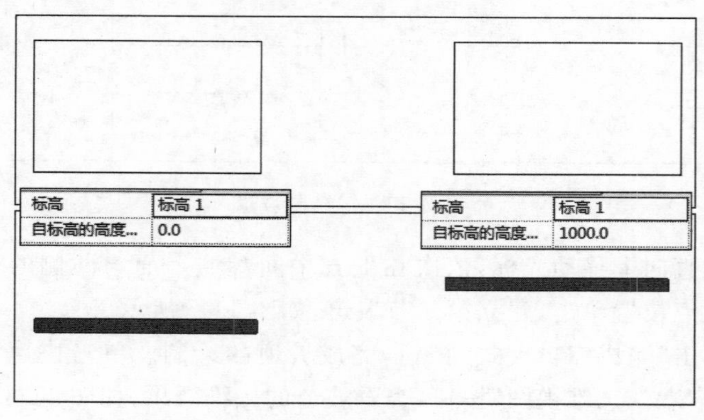

图 11-9 绘制高度不同的楼板

选择“结构”|“楼板”|“楼板：结构”选项，使用相同的楼板类型，在两块楼板之间绘制新楼板，如图 11-10 所示。

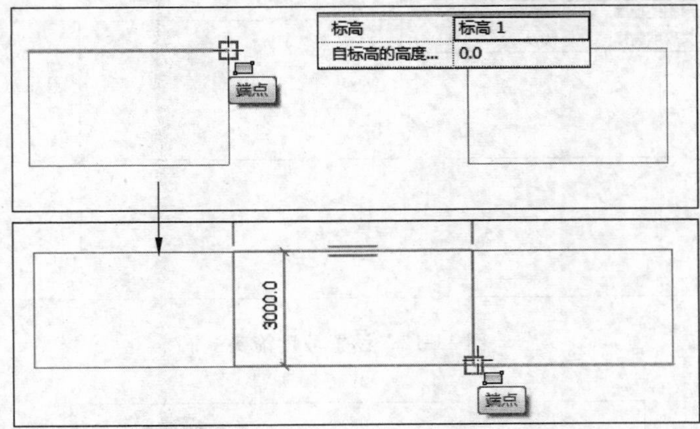

图 11-10　绘制新楼板

在“修改|创楼层边界”选项卡中，单击“坡度箭头”按钮，将光标指向楼板右侧边界中点并单击后，在其左侧边界中点单击，建立坡度箭头，如图 11-11 所示。

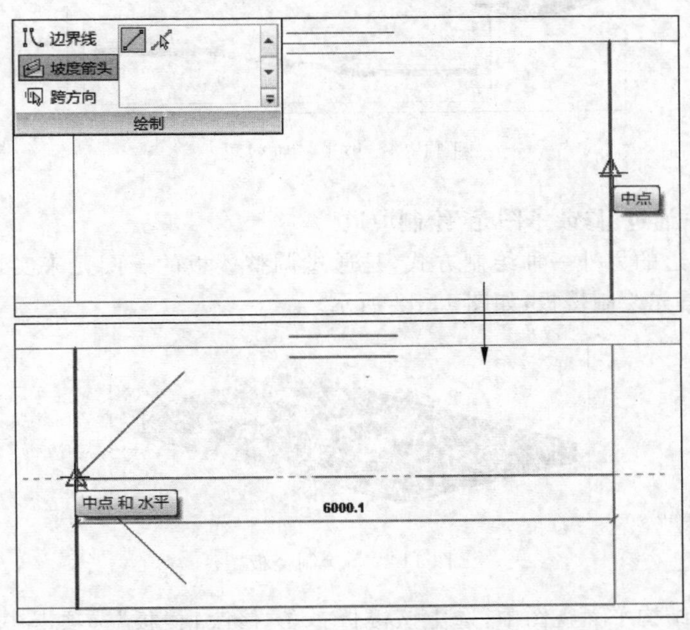

图 11-11　建立坡度箭头

在坡度箭头选中的状态下，在“属性”面板中，设置“尾高度偏移”为 1000.0，设置坡道的坡度，如图 11-12 所示。

单击“完成编辑模式”按钮后，在快速访问工具栏中单击“默认三维视图”按钮，在三维视图中，查看坡道的三维效果，如图 11-13 所示。

二维码链接：

11-1　坡道-绘制坡道梁

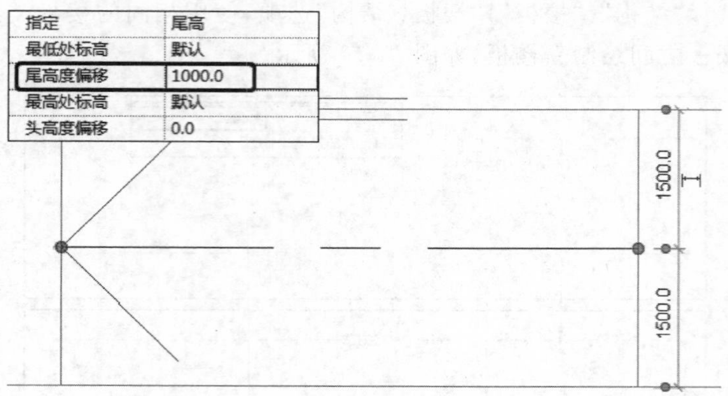

图 11-12 设置坡度箭头

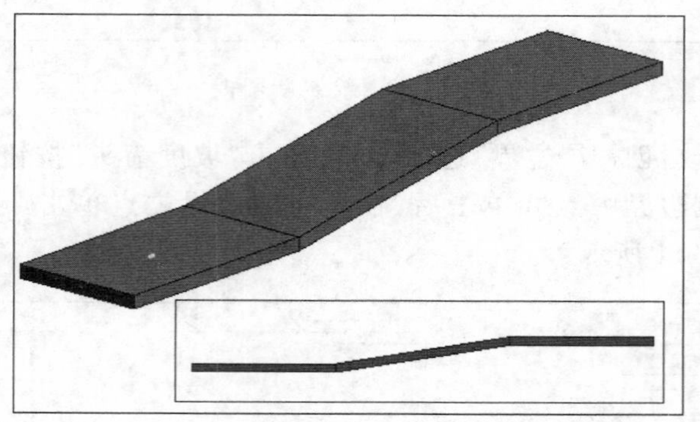

图 11-13 坡道三维效果

二维码链接：

11-2 坡道-绘制挡土墙

3. 通过"修改子图元"绘制坡道

坡道的另外一种绘制方式，是通过调整楼板的子图元来实现。方法是，首先绘制楼板，如图 11-14 所示。

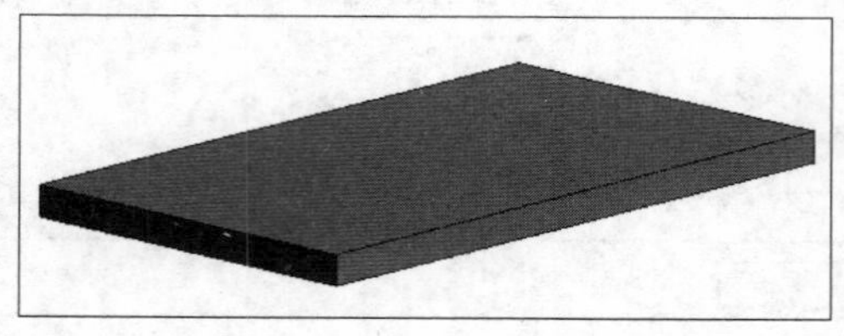

图 11-14 绘制楼板

二维码链接：

11-3 坡道-放置条形基础

在结构平面视图中，选中该楼板。在"修改|楼板"选项卡中，单击"修改子图元"按钮，如图 11-15 所示。

当进入修改子图元状态后，单击"形状编辑"面板中的"添加点"按钮，依次在楼板上边界单击，添加两个点，如图 11-16 所示。

单击两个点之间的边缘线将其选中，单击高程数值 0，设置为 500。按 Enter 键完成修改，如图 11-17 所示。

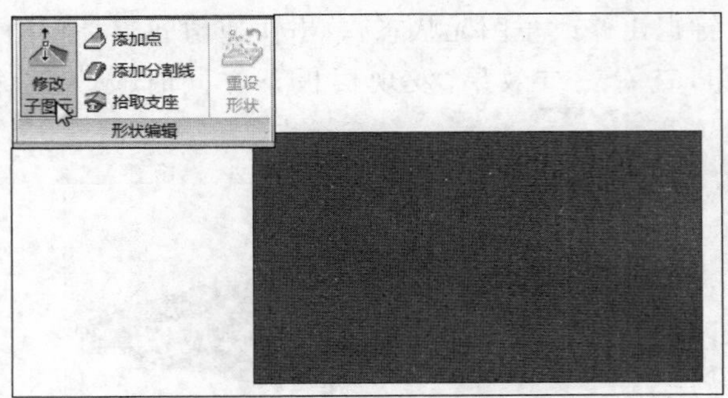

图 11-15 修改子图元

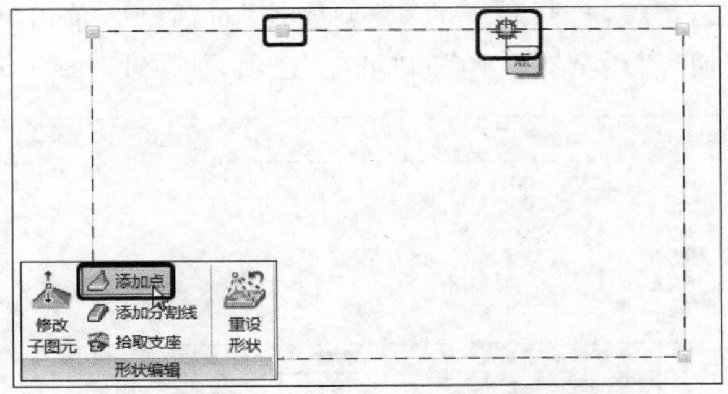

图 11-16 添加点

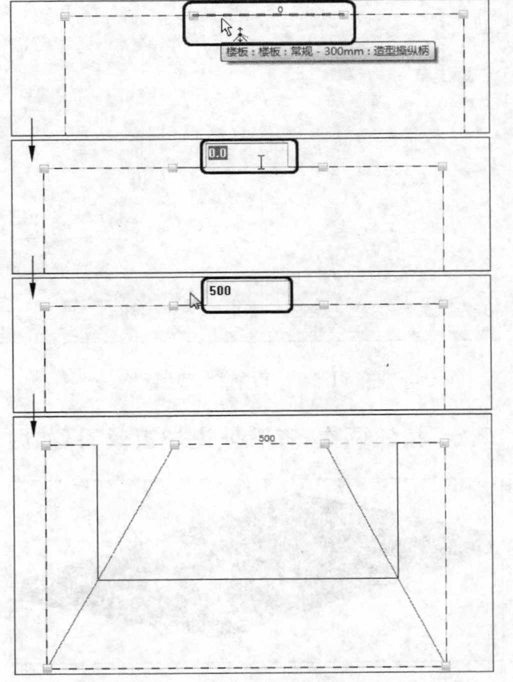

图 11-17 调整边缘高程点

二维码链接：

11-4 坡道-绘制坡道

按 Esc 键退出修改子图元状态，单击快速访问工具栏中的“默认三维视图”按钮，查看三维效果，发现楼板下方同时被改变，如图 11-18 所示。

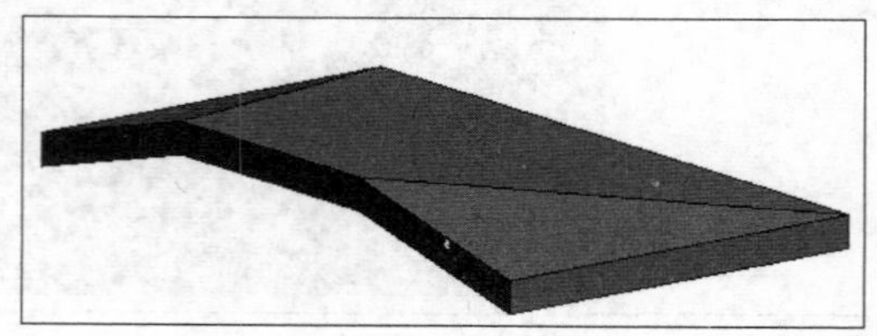

图 11-18　坡道三维效果

选中坡道楼板，打开对应的“类型属性”对话框。单击“结构”右侧的“编辑”按钮，启用“结构[1]”的“可变”选项，如图 11-19 所示。

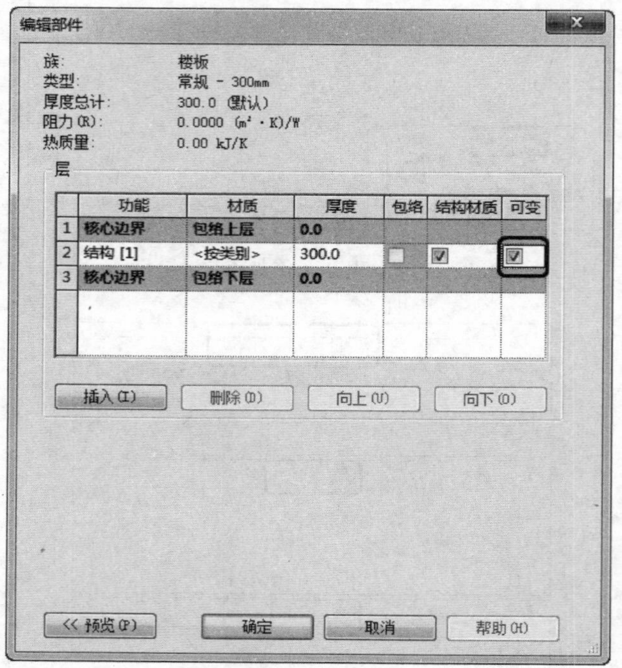

图 11-19　设置类型属性

连续单击“确定”按钮两次，查看坡道楼板效果，如图 11-20 所示。

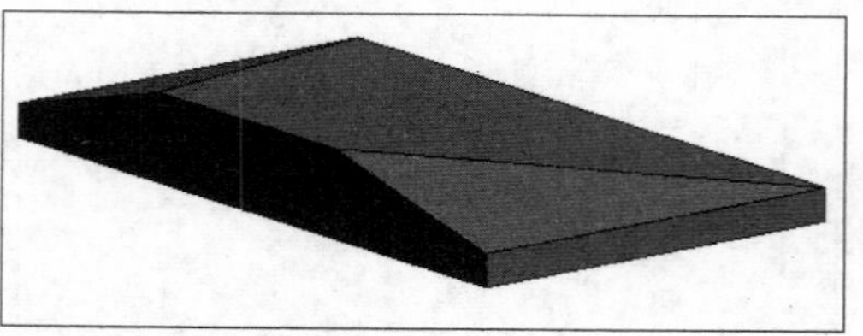

图 11-20　查看坡道楼板效果

知识扩展：

本章依据《住宅建筑规范》(GB 50368—2005)编写：

4.3.3　无障碍通路应贯通，并应符合下列规定：

1　坡道的坡度应符合表 4.3.3 的规定。

表 4.3.3　坡道的坡度

高度/m	坡度
1.50	≤1∶20
1.00	≤1∶16
0.75	≤1∶12

2　人行道在交叉路口、街道路口、广场入口处应设缘石坡道，其坡面应平整，且不应光滑。坡度应小于1∶20，坡宽应大于 1.2m。

3　通行轮椅车的坡道宽度不应小于 1.5m。

选中该坡道楼板，再次单击“修改子图元”按钮，单击楼板上边缘线后，单击并向下拖动该边缘线，使其与下方边缘线重叠，如图 11-21 所示。

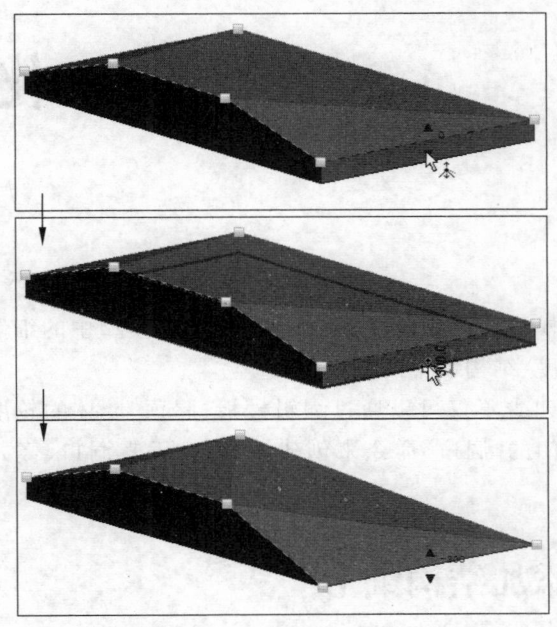

图 11-21 修改边缘线

按照上述方法，修改另外一侧楼板的上边缘线，完成坡道楼板外形的调整，如图 11-22 所示。

图 11-22 坡道楼板效果

二维码链接：

11-5 坡道-绘制顶部楼板

11.2 案例实操

绘制坡道见二维码 11-5。

第 12 章

结构优化

当结构模型接近完成后，还需要注意结构模型中的细节部分，比如结构柱的高度、结构墙中的洞口、雨篷等。

洞口的建立不仅可以通过编辑楼板、屋顶、墙体的轮廓来实现，还能够通过专门的“洞口”命令来创建面洞口、垂直洞口、竖井洞口、老虎窗洞口等。

知识扩展：

本章依据《民用建筑设计术语标准》(GB/T 50504—2009)编写：

2.6　建筑部件与构件

2.6.16　阳台

balcony；veranda

附设于建筑物外墙设有栏杆或栏板，可供人活动的室外空间。

2.6.17　雨篷

canopy

建筑出入口上方为遮挡雨水而设的部件。

2.6.18　门

door

位于建筑物内外或内部两个空间的出入口处可启闭的建筑部件，用以联系或分隔建筑空间。

2.6.19　窗

window

为采光、通风、日照、观景等用途而设置的建筑部件，通常设于建筑物墙体上。

2.6.20　窗

skylight

设在建筑物屋顶的窗。

12.1　添加结构细节

12.1.1　添加雨篷

在本课程中，结构模型中的雨篷，是通过结构梁与楼板相结合建立完成的。根据图纸中的信息，打开配套资源中的“Y.2-添加结构梁.rvt”文件，删除 1F 结构平面视图中的参照平面后，设置“视图范围”参数，隐藏一层中的结构梁与楼板图元，如图 12-1 所示。

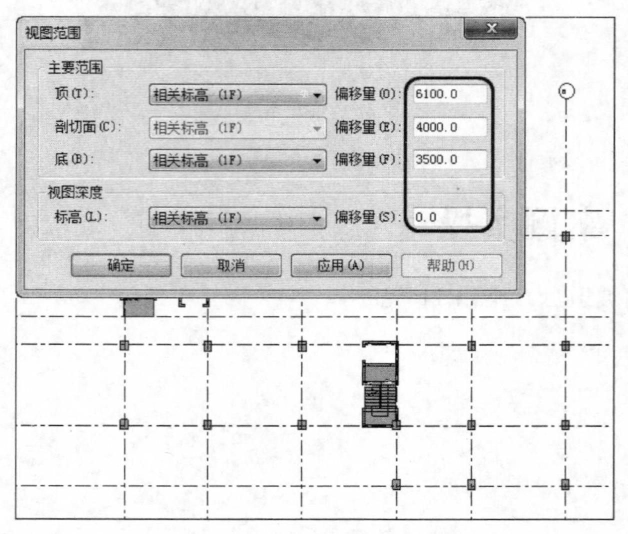

图 12-1　设置视图范围

复制梁类型 S-L21-C40 为 S-L22-C40，并更改参数为 250×500。在“属性”面板中，设置“Z 轴偏移量”为 3820.0，如图 12-2 所示。

提示

由于项目中的结构类型众多，在建立项目样板文件时难免会有遗漏。所以在建立模型时，“属性”面板中没有的结构类型，可以通过复制现有类型后更改参数得到。

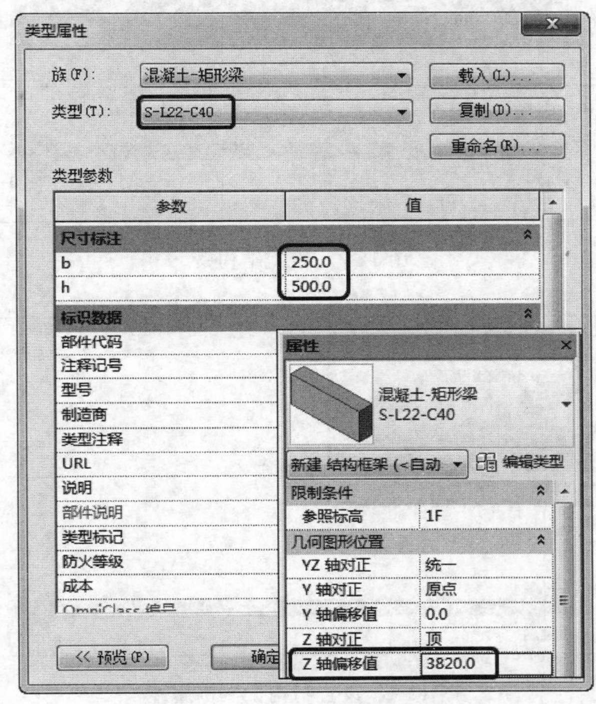

图 12-2 新建并设置梁类型

在轴线 2 与轴线 3 之间绘制水平结构梁，并配合“对齐”工具，使结构梁下边缘与轴线 E 对齐。使用“移动”工具，垂直向下移动 100，如图 12-3 所示。

选中该结构梁，在“属性”面板中，设置“结构材质”为 C40 混凝土。单击“锁定”按钮，将该结构梁进行锁定，如图 12-4 所示。

根据图纸信息，以轴网 3 与轴网 E 的交点为起点，分别在其上方 1500 位置建立水平参照平面，在其左侧 3900 位置建立垂直参照平面，如图 12-5 所示。

复制楼板类型为 S-厚 120-C30 为 S-厚 120-C40，并更改“结构材质”为 C40 混凝土，如图 12-6 所示。

在“属性”面板中，设置“自标高的高度偏移”为 3440.0，使用“矩形”工具，在参照平面内部绘制楼板边界，如图 12-7 所示。

知识扩展：

本章依据《民用建筑设计通则》(GB 50352—2005)编写：

4.2 建筑突出物

4.2.2 经当地城市规划行政主管部门批准，允许突出道路红线的建筑突出物应符合下列规定：

1 在有人行道的路面上空：

1) 2.50m 以上允许突出建筑构件：凸窗、窗扇、窗罩、空调机位，突出的深度不应大于 0.50m；

2) 2.50m 以上允许突出活动遮阳，突出宽度不应大于人行道宽度减 1m，并不应大于 3m；

3) 3m 以上允许突出雨篷、挑檐，突出的深度不应大于 2m；

4) 5m 以上允许突出雨篷、挑檐，突出的深度不宜大于 3m。

2 在无人行道的路面上空：4m 以上允许突出建筑构件：窗罩，空调机位，突出深度不应大于 0.50m。

3 建筑突出物与建筑本身应有牢固的结合。

4 建筑物和建筑突出物均不得向道路上空直接排泄雨水、空调冷凝水及从其他设施排出的废水。

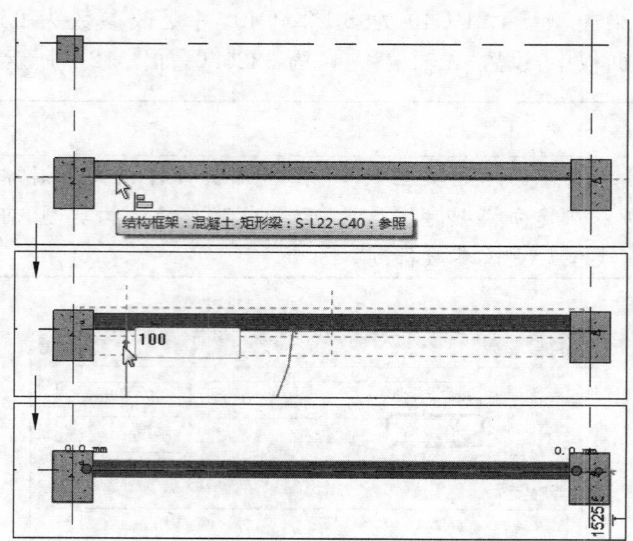

图 12-3 绘制结构梁

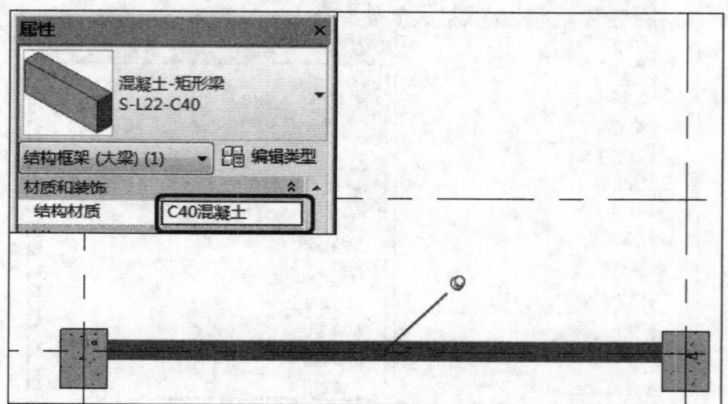

图 12-4 设置结构梁实例属性

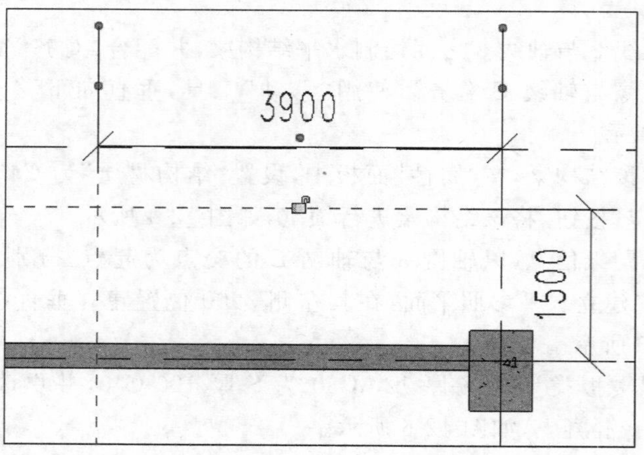

图 12-5 建立参照平面

知识扩展：

本章依据《全国民用建筑工程设计技术措施——规划·建筑·景观》编写：

2.4 建筑面积计算

1 建筑物内的室内楼梯间、电梯井、观光电梯井、提物井、管道井、通风排气竖井、垃圾道、附墙烟囱应按建筑物的自然层计算。

2 雨篷结构的外边线至外墙结构外边线的宽度超过2.10m者，应按雨篷结构板的水平投影面积的1/2计算(有柱雨篷和无柱雨篷均按此规定计算)。

3 有永久性顶盖的室外楼梯，应按建筑物自然层的水平投影面积的1/2计算(室外楼梯，最上层楼梯无永久性顶盖，或不能完全遮盖楼梯的雨篷，上层楼梯不计算面积，上层楼梯可视为下层楼梯的永久性顶盖，下层楼梯应计算面积)。

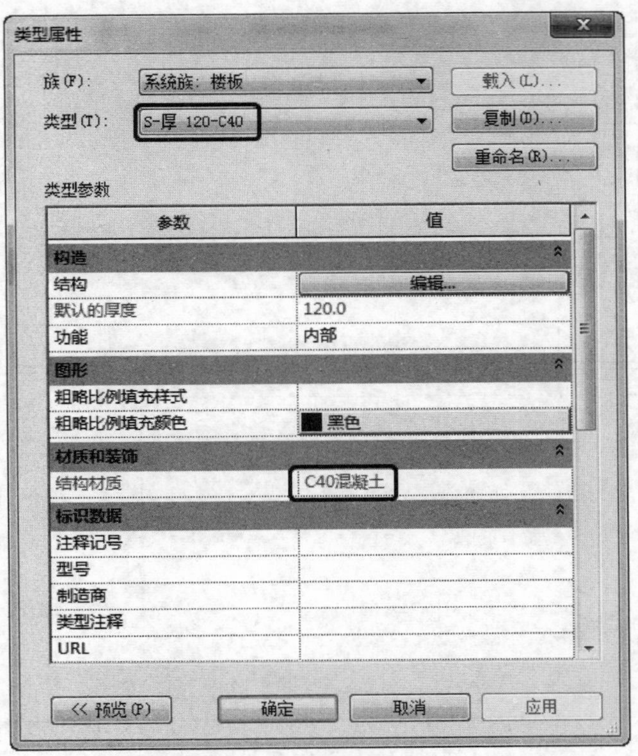

图 12-6　建立楼板类型

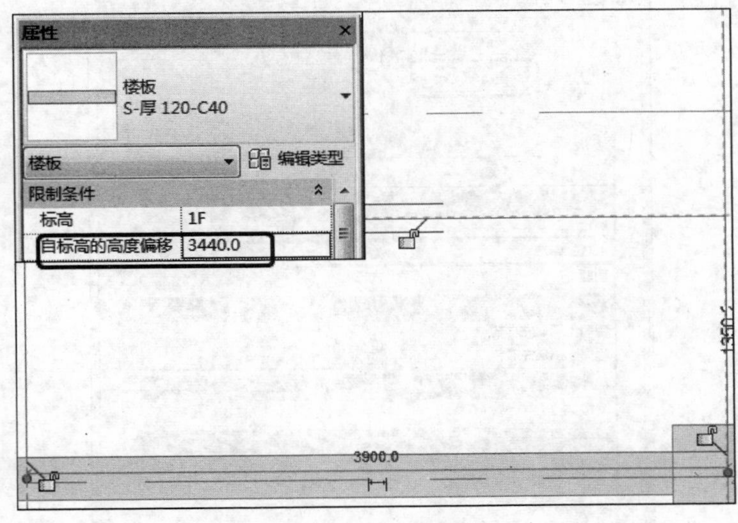

图 12-7　绘制楼板边界

通过拾取方式，建立结构柱边界后，使用“修剪|延伸为角”工具，使其与矩形边界形成封闭形状，如图 12-8 所示。

完成该楼板绘制后，复制楼板类型 S-厚 120-C40 为 S-厚 180-C40，并更改其厚度为 180，如图 12-9 所示。

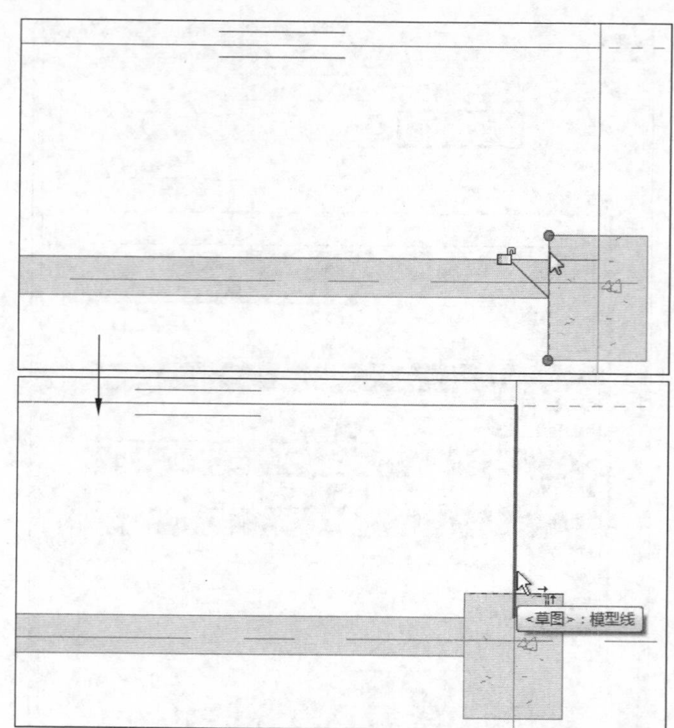

图 12-8　修改楼板边界形状

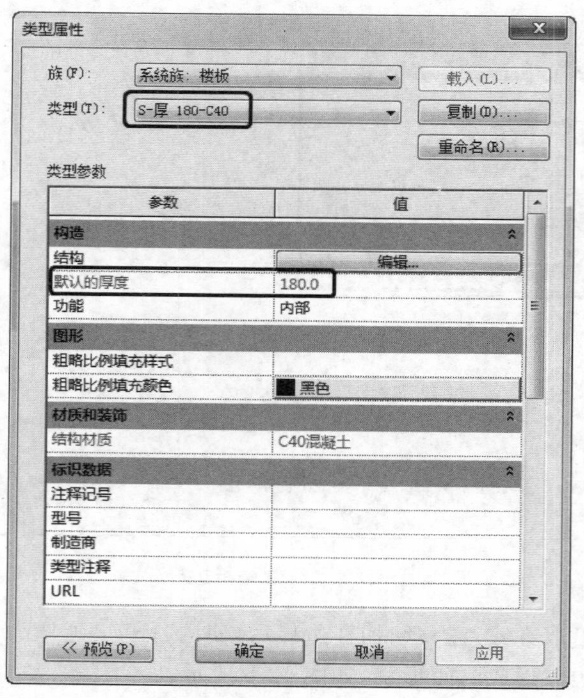

图 12-9　建立楼板类型

知识扩展：

本章依据《全国民用建筑工程设计技术措施——规划·建筑·景观》编写：

4　下列项目不应计算面积：

1）建筑物通道（骑楼、过街楼的底层）。

2）建筑物内的设备管道夹层。

3）建筑物内分隔的单层房间，舞台及后台悬挂幕布、布景的天桥、挑台等。

4）屋顶水箱、花架、凉棚、露台、露天游泳池。

5）建筑物内的操作平台、上料平台、安装箱和罐体的平台。

6）勒脚、附墙柱、垛、台阶、墙面抹灰、装饰面、镶贴块料面层、装饰性幕墙、空调机室外机搁板（箱）、飘窗、构件、配件、宽度在2.10m及以内的雨篷以及与建筑物内不相连通的装饰性阳台、挑廊。

7）无永久性顶盖的架空走廊、室外楼梯和用于检修、消防等的室外钢楼梯、爬梯。

8）自动扶梯、自动人行道（属于设备不计算建筑面积）。

9）独立烟囱、烟道、地沟、油（水）罐、气柜、水塔、贮油（水）池、贮仓、栈桥、地下人防通道、地铁隧道。

提示

在复制楼板类型时，注意选择相同结构材质的类型进行复制，从而减少参数的更改。

使用“矩形”工具在原区域绘制楼板边界后，选择“偏移”工具，并设置“偏移”为 80.0。分别单击楼板边界的左右以及上侧边缘线，得到偏移后的线框，如图 12-10 所示。

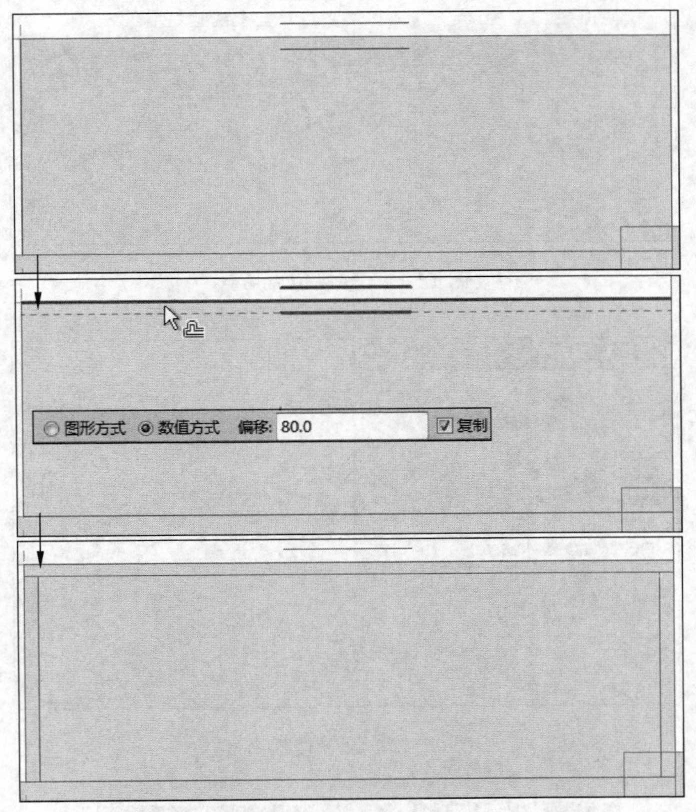

图 12-10　绘制楼板边界并进行偏移复制

再次通过拾取方式建立结构柱上侧边缘线后，使用“修剪|延伸为角”工具，使偏移后的线框与原矩形线框形成封闭形状，如图 12-11 所示。

在“属性”面板中，设置“自标高的高度偏移”为 3620.0，如图 12-12 所示。单击“完成编辑模式”按钮，完成雨篷的绘制。

单击快速访问工具栏中的“默认三维视图”按钮，并放大一层区域，查看雨篷的三维效果，如图 12-13 所示。

最后选中雨篷图元，进行锁定。按照相同方法，以轴线 E 为边界，在轴线 5 与轴线 6 之间绘制雨篷。

知识扩展：

本章依据《全国民用建筑工程设计技术措施——规划·建筑·景观》编写：

7.3　屋面排水

7.3.13　大面积雨篷应采用有组织排水，小面积雨篷可采用泄水管排水，泄水管伸出雨篷边应不小于 50mm，每个雨篷的泄水管应不少于 2 个。当防水层为卷材时，泄水管应采用喇叭口与卷材搭接。

7.3.14　屋面反梁需要过水时，宜设过水洞，而不宜采用预埋管，以利排水。过水洞高度不应小于 150mm，宽度不应小于 250mm。当采用预埋管时，宜适当加大管径至 150mm。过水洞（管）应标注洞（管）底标高，以保证与屋面排水坡度相吻合，从而确保排水通畅。

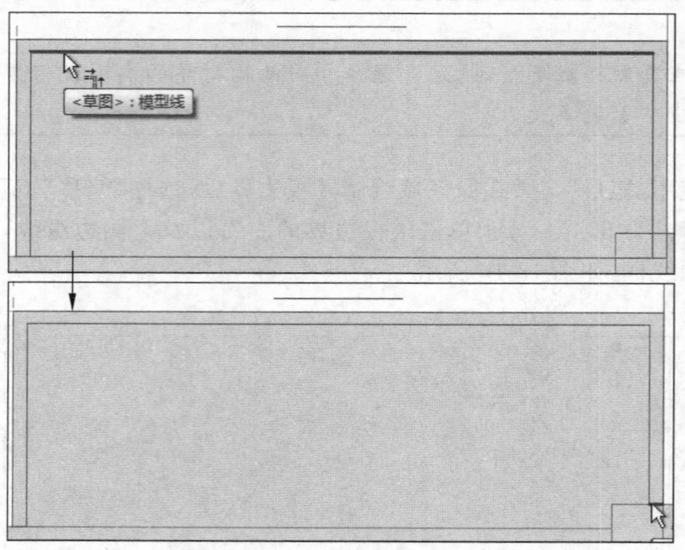

图 12-11 修改边界形状

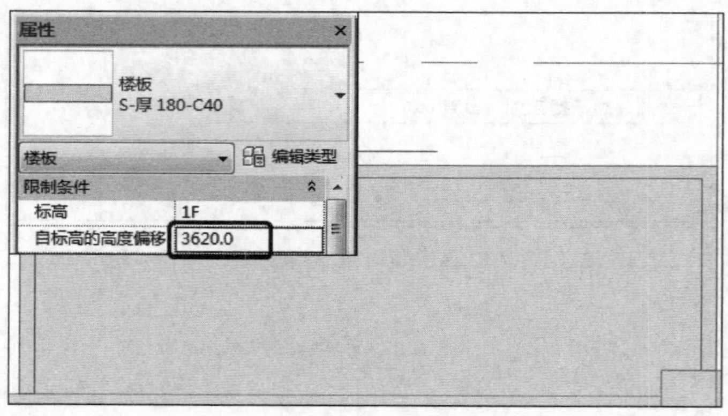

图 12-12 设置楼板高度

图 12-13 雨篷的三维效果

知识扩展：

本章依据《全国民用建筑工程设计技术措施——规划·建筑·景观》编写：

11.1 阳台

11.1.2 阳台栏杆(板)构造必须坚固、安全。高层建筑宜采用实心栏板。栏杆(板)上加设花池时，必须解决花池泄水问题。有可能放置花盆处必须采取防坠落措施。

11.1.3 开敞阳台顶层和上下层错位的阳台宜设置雨篷等挡雨设施。各套住宅之间毗连的阳台应设置具有一定强度的实心隔板。

11.1.4 开敞阳台及其雨篷应采用有组织排水，雨篷应做防水。开敞阳台地面宜设支管接入排水立管，立管不宜断开，且不宜穿越各层阳台楼板。低层阳台可采用泄水管排水，伸出阳台不小于0.05m。

12.1.2 创建洞口

在 Revit 中，洞口工具包括“按面”洞口工具、“竖井”洞口工具、“墙”洞口工具、“垂直”洞口工具以及“老虎窗”洞口工具。不同的洞口工具，其创建方法不同，得到的效果也不尽相同。

1. 面洞口

使用“按面”洞口工具可以垂直于楼板、天花板、屋顶、梁、柱子、支架等构件的斜面、水平面或垂直面剪切洞口下面以坡屋顶为例，介绍面洞口的创建方法。

打开配套资源中的“双坡屋顶.rvt”项目文件，切换至默认三维视图中，选择“洞口”面板中的“按面”工具，如图 12-14 所示。

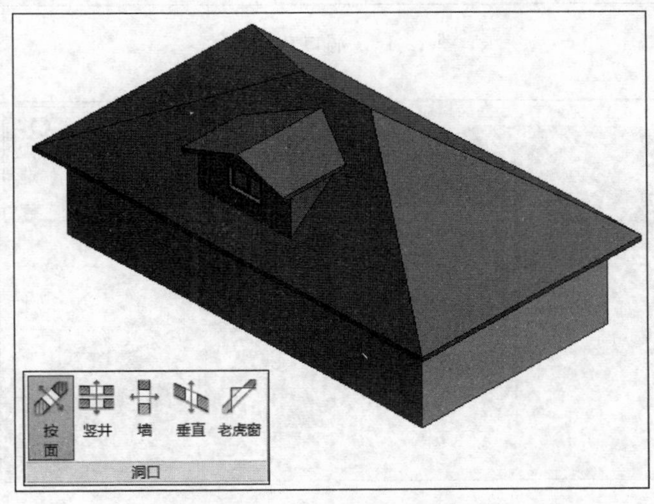

图 12-14 选择“按面”工具

单击绘图区域右侧的“控制盘”图标中某个固定面，并单击要开洞的屋顶边缘单击，切换至“修改|创建开洞边界”上下文选项卡，进入洞口草图模式，如图 12-15 所示。

单击“绘制”面板中的“矩形”按钮▭，在屋顶斜面区域内建立矩形路径。使用临时尺寸标注设置矩形尺寸为 2000mm×1500mm，如图 12-16 所示。

单击“模式”面板中的“完成编辑模式”按钮，完成洞口的绘制。按住 Shift 键同时按住鼠标中键移动光标，查看洞口在屋顶的效果，如图 12-17 所示。

2. 墙洞口

Revit 中的“墙”工具可以在任意直线、弧线常规墙以及幕墙上快速创建洞口，并可以用参数控制其位置与大小。

知识扩展：

本章依据《全国民用建筑工程设计技术措施——规划·建筑·景观》编写：

11.1.5 开敞阳台地面应做防水，防水层应沿外墙翻起高度不小于 0.10m。其地面面层应低于相邻室内地面不小于 0.05m，多雨地区不小于 0.15m。有困难时，可在阳台门下加设门槛。阳台地面应有排水坡度和防水措施，水坡向水落口，坡度宜为 1%。

11.1.6 居住建筑阳台宜设置晾、晒衣物的设施。

11.1.7 严寒、寒冷地区，开敞阳台地面及其底面和顶层阳台雨篷顶面与底面应采取保温措施，并满足当地建筑节能设计标准要求。上述地区封闭阳台的接触室外底面、栏板及顶层阳台的雨篷顶面应采取保温措施，并满足当地建筑节能设计标准要求。

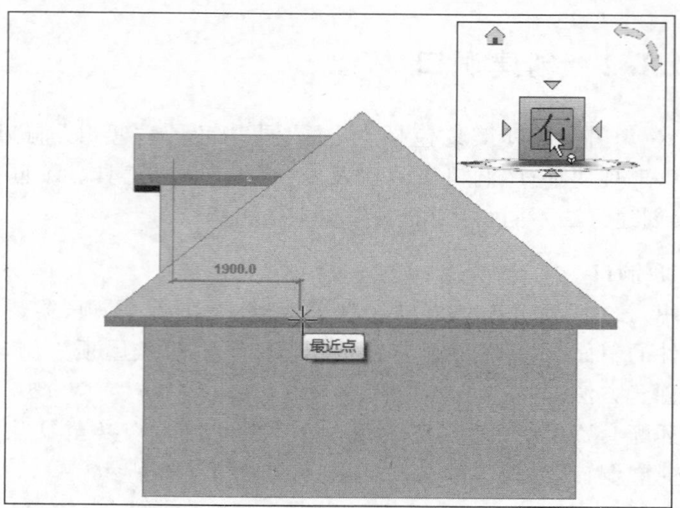

图 12-15 洞口草图模式

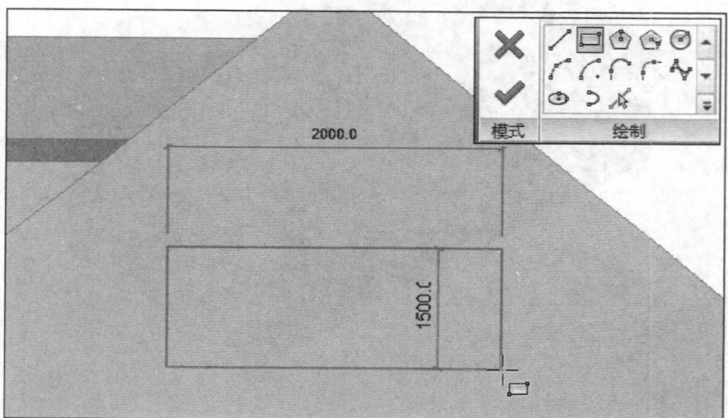

图 12-16 绘制矩形路径

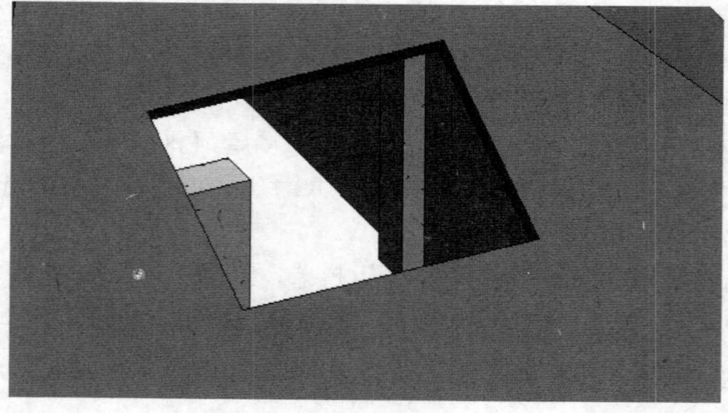

图 12-17 洞口效果

继续在默认三维视图中，通过旋转与缩放显示将要打洞的墙面。选择“洞口”面板中的“墙”工具，将光标移动至墙体并单击，光标会变成“十字＋矩形”形状，如图 12-18 所示。

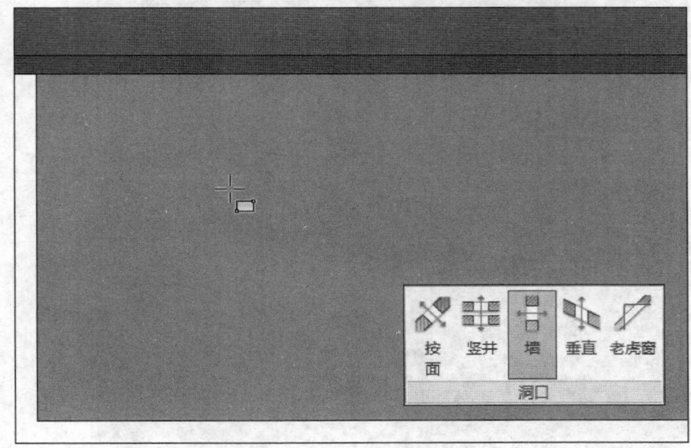

图 12-18 选择“墙”工具

在墙面上单击并拖动光标显示矩形范围，确定范围后单击即可创建矩形洞口，如图 12-19 所示。

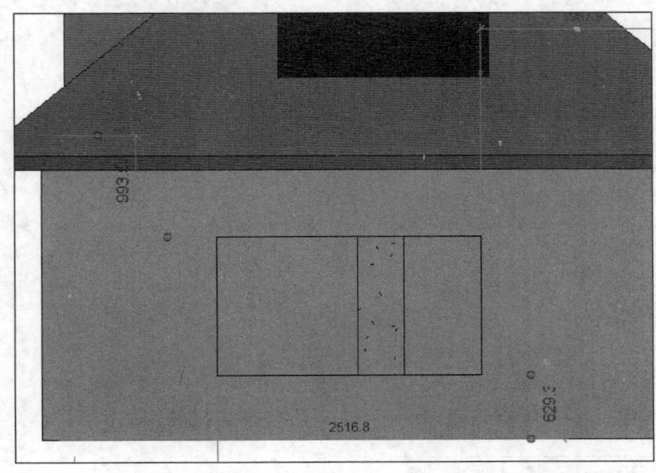

图 12-19 创建墙洞口

退出绘制状态后，选中该洞口即可显示洞口的临时尺寸标注。通过临时尺寸标注修改精确的矩形尺寸以及矩形边界与墙边界的距离。或者通过单击并拖动矩形边界三角图标的方式，粗略改变矩形尺寸，如图 12-20 所示。

3. 垂直洞口

使用“垂直”洞口工具，可以在楼板、天花板、屋顶或屋檐底板上创建垂直于楼层平面的洞口。

知识扩展：

本章依据《工程建设标准强制性条文 房屋建筑部分》编写：

6.1.7 旅客站台雨篷设置应符合下列规定：

1 雨篷各部分构件与轨道的间距应符合现行国家标准《标准轨距铁路建筑限界》(GB 146.2—1983)的有关规定。

2 通行消防车的站台，雨篷悬挂物下缘至站台面的高度不应小于 4m。

3 采用无站台柱雨篷时，铁路正线两侧不得设置雨篷立柱，在两条客车到发线之间的雨篷柱，其柱边最突出部分距线路中心的间距，应符合铁路主管部门的有关规定。

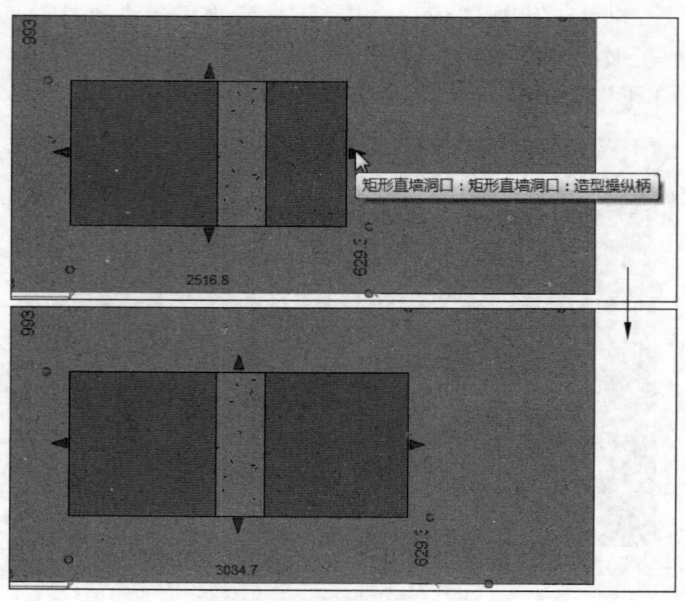

图 12-20　粗略改变矩形尺寸

在 1F 至 5F 结构平面中的相同位置绘制相同的楼板，并切换至 3F 结构平面中。选择“洞口”面板中的“垂直”工具，单击楼板边界进入创建洞口边界状态，选择一种绘制方式。这里选择的“矩形”工具，在楼板区域单击并拖动建立洞口路径，如图 12-21 所示。

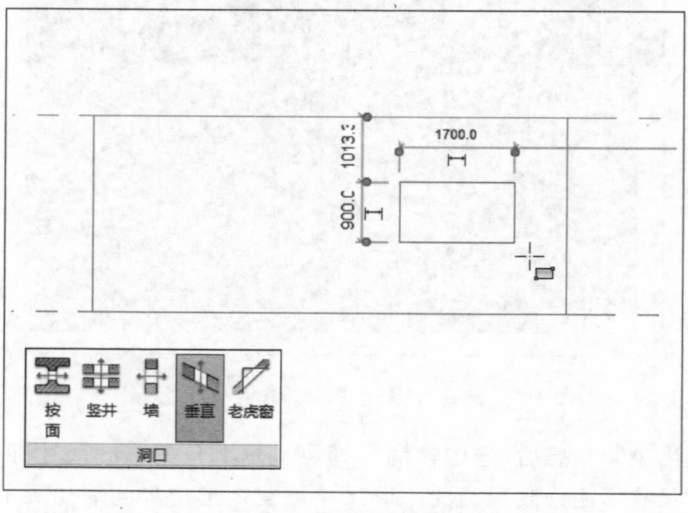

知识扩展：

本章依据《工程建设标准强制性条文　房屋建筑部分》编写：

5.5.1　施工和检修荷载应按下列规定采用：

1　设计屋面板、檩条、钢筋混凝土挑檐、悬挑雨篷和预制小梁时，施工或检修集中荷载标准值不应小于 1.0kN，并应在最不利位置处进行验算；

2　对于轻型构件或较宽的构件，应按实际情况验算，或应加垫板、支撑等临时设施；

3　计算挑檐、悬挑雨篷的承载力时，应沿板宽每隔 1.0m 取一个集中荷载；在验算挑檐、悬挑雨篷的倾覆时，应沿板宽每隔 2.5～3.0m 取一个集中荷载。

图 12-21　绘制垂直洞口路径

单击“模式”面板中的“完成编辑模式”按钮，完成洞口绘制。切换至默认三维视图中，查看洞口效果，如图 12-22 所示。

4. 竖井洞口

使用“垂直”洞口工具一次只能剪切一层楼板、天花板或屋顶创建

图 12-22 垂直洞口效果

一个洞口,而对于楼梯间洞口、电梯井洞口、风道洞口等,在整个建筑高度方向上洞口形状大小完全一样,则可以使用“竖井”洞口工具一次剪切所有楼板、天花板或屋顶创建洞口,提高设计效率。

可在任意一个结构平面中,选中“竖井”工具。在创建竖井洞口草图中,通过矩形工具绘制洞口边界,如图 12-23 所示。

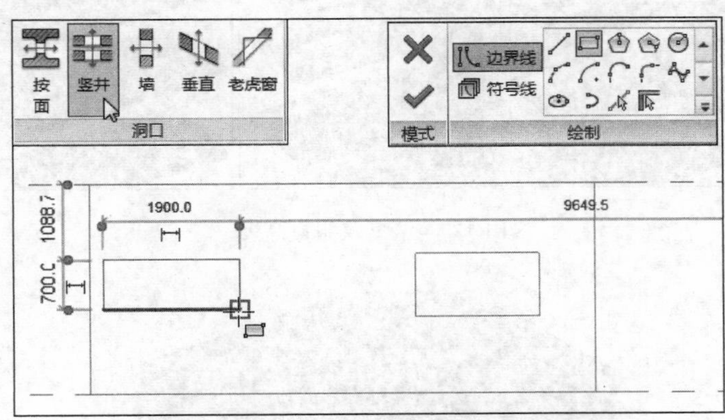

图 12-23 绘制洞口边界

单击“完成编辑模式”按钮,完成洞口边界绘制,单击快速访问工具栏中的“默认三维视图”按钮,查看竖井洞口效果,发现只有三个楼板被开洞,如图 12-24 所示。

单击竖井洞口,显示洞口截面。单击并向上拖动造型操纵柄至最上方楼板,即可使为每个楼板开洞,如图 12-25 所示。

5. 老虎窗洞口

垂直洞口和面洞口是垂直于楼层平面或垂直于面剪切屋顶、楼板、天花板等,而老虎窗洞口则比较特殊,需要同时水平和垂直剪切屋顶。老虎窗洞口只适用于剪切屋顶,如图 12-26 所示,为老虎窗效果。

知识扩展:

本章依据《民用建筑设计术语标准》(GB/T 50504—2009)编写:

2.5 通用空间

2.5.17 楼梯间

staircase

设置楼梯的专用空间。

2.5.18 楼梯井(梯井)

stairwell

由楼梯的梯段和休息平台内侧面围成的空间。

2.5.19 电梯厅(候梯厅)

elevator hall

供人们等候电梯的空间。

2.5.20 电梯井

elevator shaft/core

电梯轿厢运行的井道。

2.5.21 电梯机房

elevator machine room

用以安装电梯曳引机和有关设备的房间。

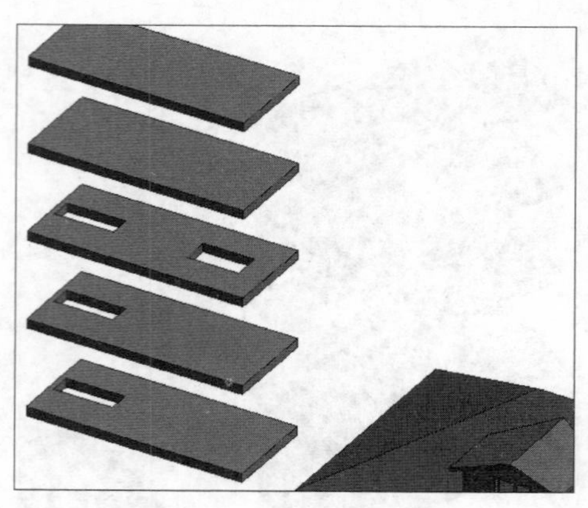

图 12-24　竖井洞口效果

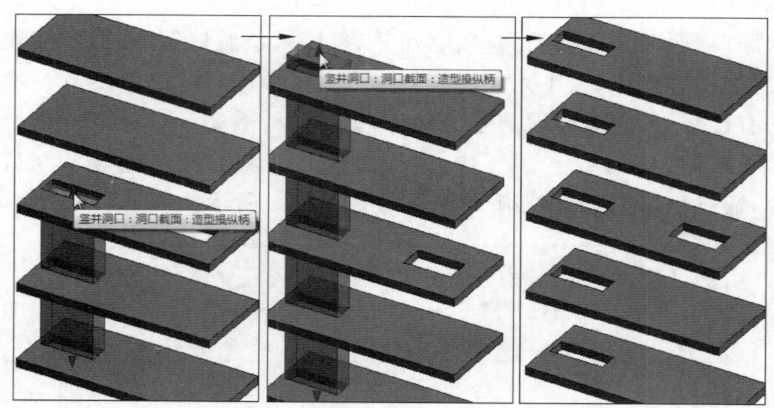

图 12-25　更改洞口高度

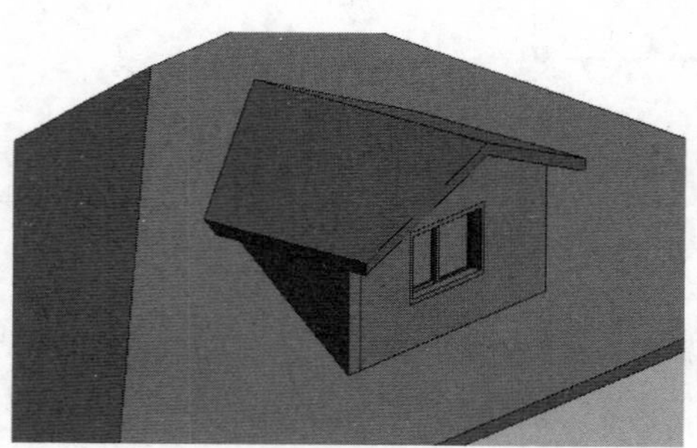

图 12-26　老虎窗

为便于捕捉老虎窗墙边界，建议在平面视图或立面视图中拾取老虎窗洞口边界。同时打开 3F 平面视图和剖面 1 视图，并平铺显示这两个视图，如图 12-27 所示。

在 3F 平面视图中，选择老虎窗小屋顶图元，在控制栏中单击"临时隐藏/隔离"按钮，选择"隐藏图元"选项，将小屋顶临时隐藏，如图 12-28 所示。

知识扩展：

本章依据《民用建筑设计术语标准》(GB/T 50504—2009)编写：

2.5.22　前室

anteroom

房间及楼电梯间前的过渡空间。

2.5.23　中庭

atrium

建筑中贯通多层的室内大厅。

2.5.24　回廊

cloister

围绕中庭或庭院的走廊。

2.5.25　管道井

pipe shaft

建筑物中用于布置竖向设备管线的井道。

2.5.26　标准层

typical floor

平面布置相同的楼层。

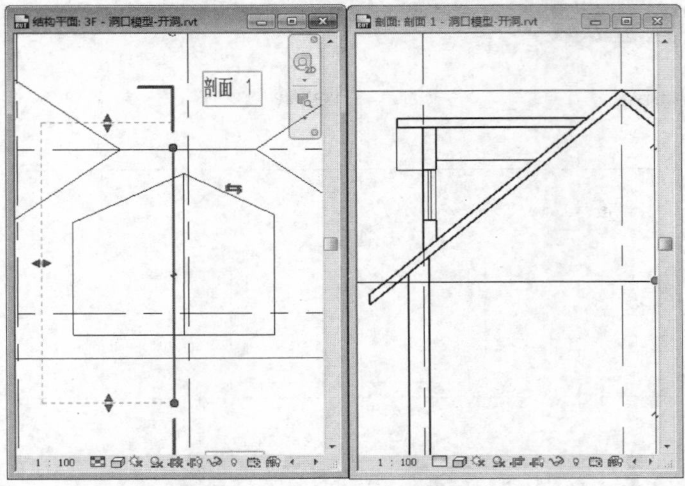

图 12-27 平铺视图

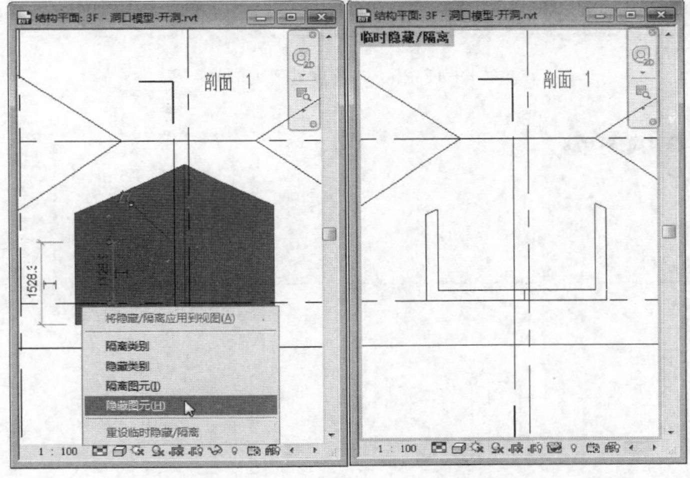

图 12-28 隐藏图元

选择“洞口”面板中的“老虎窗”工具，单击拾取要剪切的大屋顶图元，显示“修改|编辑草图”上下文选项卡，如图 12-29 所示。

选择“拾取”面板中的“拾取屋顶/墙边缘”工具，依次单击老虎窗三面墙的内边线，创建 3 条边界线，如图 12-30 所示。

再次单击控制栏中的“临时隐藏/隔离”图标，选择“重设临时隐藏/隔离”选项，重新显示小屋顶图元。单击拾取小屋顶图元创建边界线，如图 12-31 所示。

提示

在操作过程中，要灵活运用临时隐藏/隔离功能中的子功能，从而能够隐藏或者显示某个图元。

知识扩展：

本章依据《民用建筑设计术语标准》(GB/T 50504—2009)编写：

2.5.27 设备层

mechanical floor

建筑物中专为设置暖通、空调、给水排水和电气等的设备和管道且供人员进入操作的空间层。

2.5.28 架空层

elevated storey

仅有结构支撑而无外围护结构的开敞空间层。

2.5.29 避难层

refuge storey

建筑高度超过 100m 的高层建筑，为消防安全专门设置的供人们疏散避难的楼层。

2.5.30 门斗

air lock

建筑物入口处两道门之间的空间。

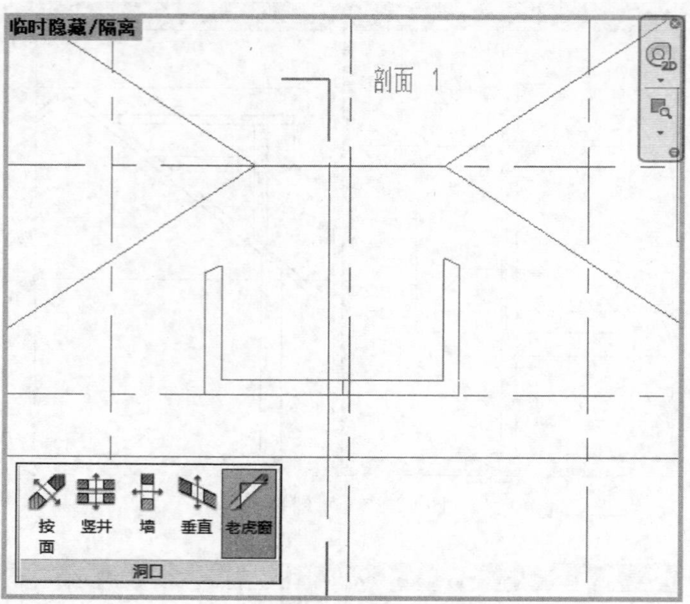

图 12-29 “老虎窗”工具

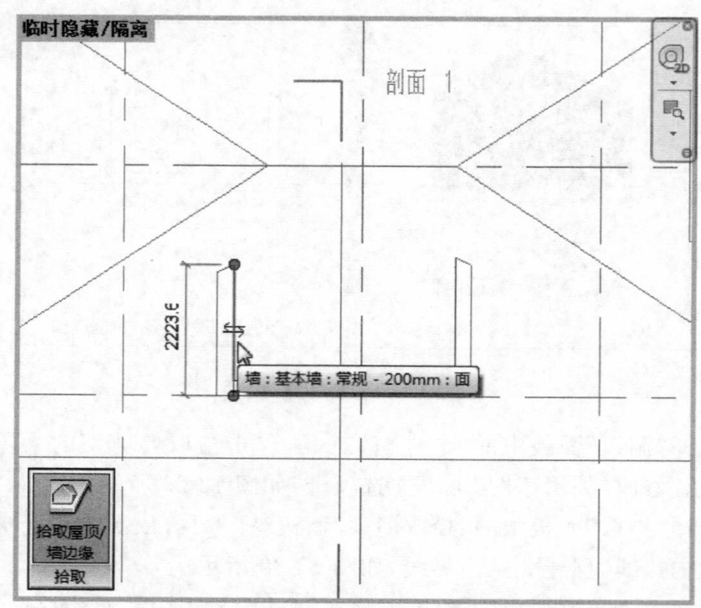

图 12-30 创建边界线

配合“修剪/延伸为角”工具，依次单击边界线，修剪边界为封闭形状，如图 12-32 所示。

单击“模式”面板中的“完成编辑模式”按钮，完成老虎窗洞口创建，在剖面 1 视图中，查看老虎窗洞口在屋顶中同时进行垂直和水平剪切，如图 12-33 所示。

知识扩展：

本章依据《民用建筑设计术语标准》(GB/T 50504—2009)编写：

2.5.31 平台
terrace
高出室外地面，供人们进行室外活动的平整场地，一般设有固定栏杆。

2.5.32 庭院
courtyard
附属于建筑物的室外围合场地，可供人们进行室外活动。

2.5.33 天井
patio
被建筑围合的露天空间，主要用以解决建筑物的采光和通风。

2.5.34 屋顶花园
roof garden
种植花草的上人屋面。

2.5.35 裙房
podium
与高层建筑相连的，建筑高度不超过 24m 的附属建筑。

2.5.36 过街楼
overhead building
跨越道路上空并与两边建筑相连接的建筑物。

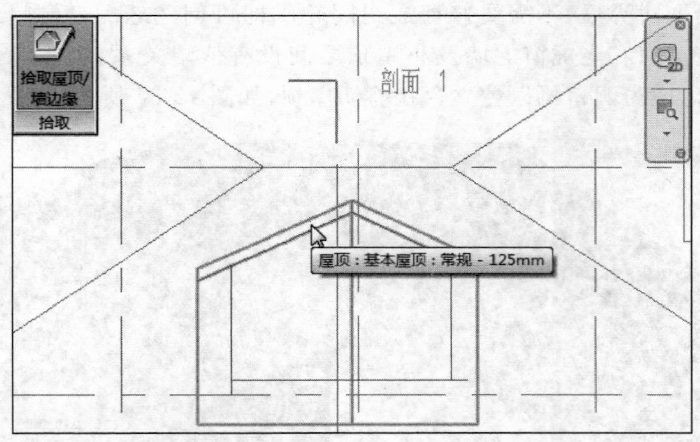

图 12-31 创建小屋顶边界线

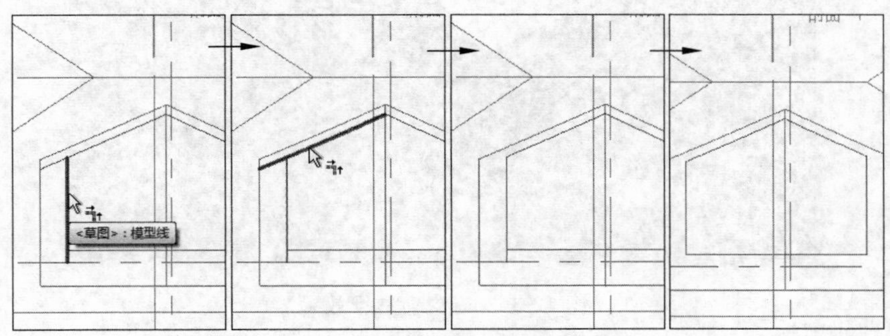

图 12-32 修剪边界线

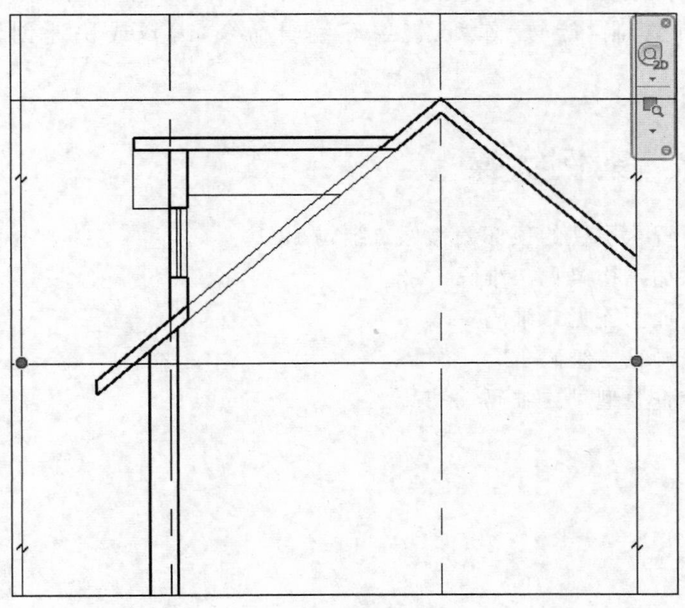

图 12-33 查看老虎窗洞口剖面效果

知识扩展：

本章依据《民用建筑设计术语标准》(GB/T 50504—2009)编写：

2.5.37 骑楼

colonnade

建筑底层沿街面后退且留出公共人行空间的建筑物。

2.5.38 连廊

corridor; covered passage

连接建筑之间的走廊。

2.5.39 地下室

basement

室内地平面低于室外地平面的高度超过室内净高的1/2的房间。

2.5.40 半地下室

semibasement

室内地平面低于室外地平面的高度超过室内净高的1/3，且不超过1/2的房间。

2.5.41 壁橱(柜)

closet

建筑室内与墙壁结合而成的落地贮藏空间。

拾取边界后，不需要修剪成封闭轮廓即可创建老虎窗洞口。完成后的老虎窗和老虎窗的墙及小屋顶之间没有依附关系，删除墙和小屋顶后，老虎窗洞口可以独立存在剪切屋顶，如图 12-34 所示。

图 12-34 老虎窗三维效果

创建完成老虎窗洞口后，还能够重复修改。方法是选择老虎窗洞口，在“修改|屋顶洞口剪切”上下文选项卡中，可以使用“修改”面板中的移动、复制、旋转、阵列、镜像等编辑命令，编辑或快速创建其他洞口。

12.2 案例实操

设置六层柱的顶部偏移见二维码 12-1。

添加结构梁见二维码 12-2。

添加雨篷见二维码 12-3。

开洞见二维码 12-4。

核查模型见二维码 12-5。

二维码链接：

12-1 优化结构-设置六层柱的顶部偏移

二维码链接：

12-2 优化结构-添加结构梁

二维码链接：

12-3 优化结构-添加雨篷

二维码链接：

12-4 优化结构-开洞

二维码链接：

12-5 优化结构-核查模型

第 13 章

布图与出图

当结构模型建立完成后，需建立平面、剖面等视图，以及明细表等设计成果，并将这些成果布置在图纸中，打印展示给各方，同时自动创建图纸清单，保存全套的项目设计资料。

13.1　布图准备

13.1.1　创建明细表

Revit 中的明细表包括多种类型，其中常用的有明细表/数量以及材质提取明细表。使用"明细表/数量"工具除了可以创建构件明细表外，还可以创建"明细表关键字"。所谓明细表关键字是通过新建关键字控制构件图元其他参数值。

打开配套资源中的"Y5-核查模型. rvt"文件，选择"视图"|"明细表"|"明细表/数量"选项，弹出"新建明细表"对话框，在"过滤器列表"中的"结构"选项中选择"类别"列表中的"结构框架"，设置"名称"为"结构梁明细表"，如图 13-1 所示。

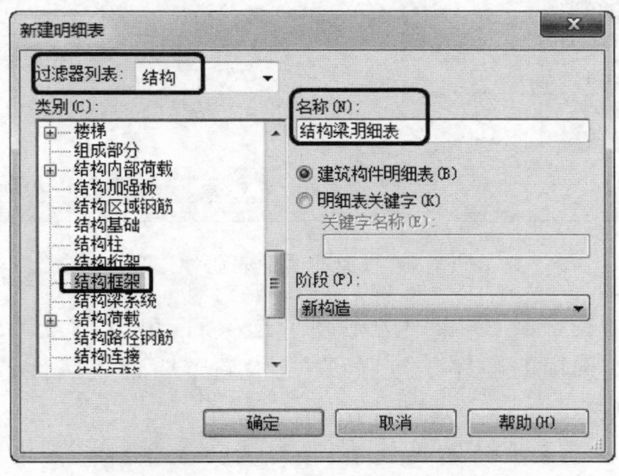

图 13-1　新建明细表

单击“确定”按钮后，打开“明细表属性”对话框。在“可用的字段”列表中的“体积”选项，单击“添加”按钮，即可将该属性选项添加至“明细表字段”列表中，如图 13-2 所示。

按照上述方法，依次将明细表属性选项“Z 轴偏移值”、“参照标高”、“类型”、“结构材质”、“长度”以及“合计”添加至“明细表字段”列表中，如图 13-3 所示。

提示

明细表中的属性选项并不是固定的，在建立明细表过程中，可以根据自身的需要来添加属性选项。

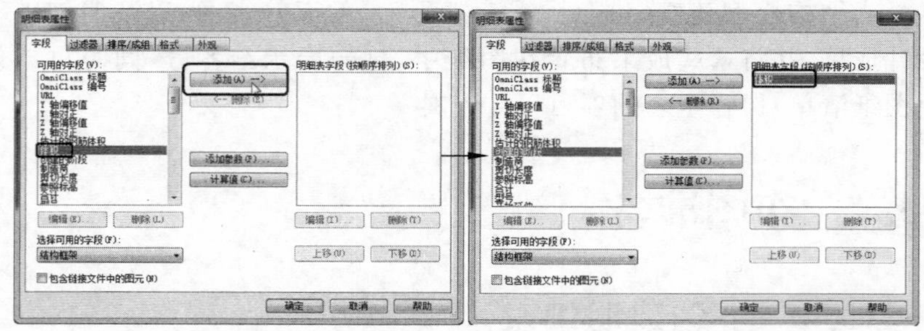

图 13-2　添加明细表属性

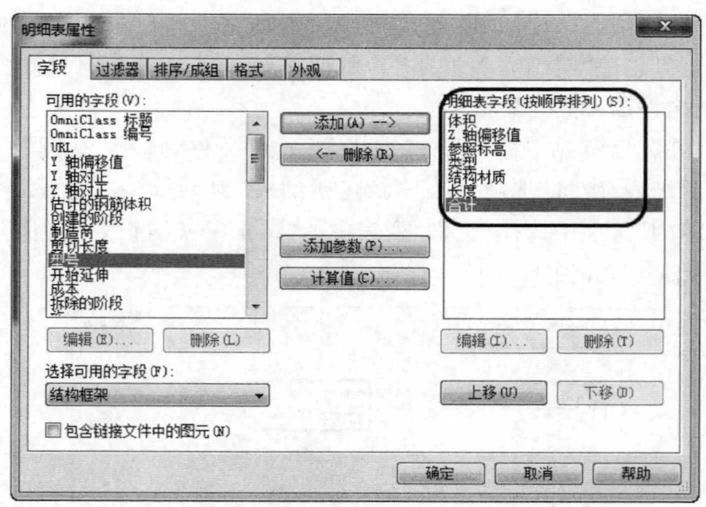

图 13-3　添加的明细表属性选项

在“明细表字段”列表中选中某个选项后，单击“上移”或“下移”按钮，能够改变选项的顺序。按照该方法，调整明细表属性选项的顺序，如图 13-4 所示。

技巧：明细表中的属性选项，按照由上至下排列依次显示。其排列顺序可根据自身需求进行排列。

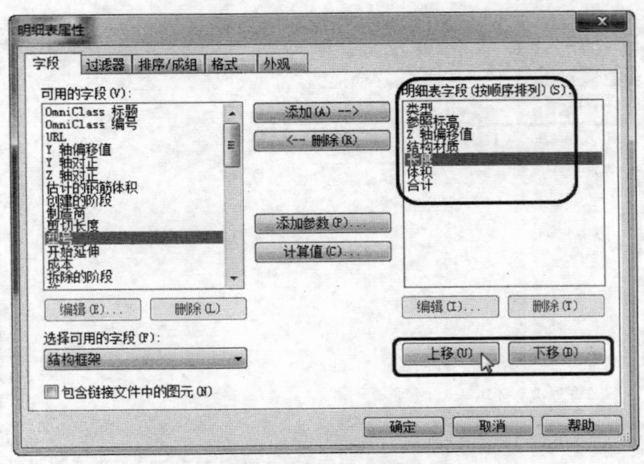

图 13-4 调整属性选项显示顺序

单击“确定”按钮，关闭“明细表属性”对话框，即可完成结构梁明细表的建立，如图 13-5 所示。

明细表: 结构梁明细表 - 明细表.rvt

<结构梁明细表>

A	B	C	D	E	F	G
类型	参照标高	Z 轴偏移值	结构材质	长度	体积	合计
S-CTL8-C40	-1F	0	C40混凝土	3300	0.74 m^3	1
S-CTL8-C40	-1F	0	C40混凝土	3700	0.89 m^3	1
S-CTL2-C40	-1F	0	C40混凝土	3100	0.74 m^3	1
S-CTL2-C40	-1F	0	C40混凝土	3800	0.89 m^3	1
S-CTL2-C40	-1F	0	C40混凝土	4000	0.91 m^3	1
S-CTL2-C40	-1F	0	C40混凝土	3800	0.91 m^3	1
S-CTL2-C40	-1F	0	C40混凝土	2200	0.53 m^3	1
S-CTL2-C40	-1F	0	C40混凝土	4600	1.10 m^3	1
S-CTL4-C40	-1F	0	C40混凝土	580	0.13 m^3	1
S-CTL4-C40	-1F	0	C40混凝土	6100	1.46 m^3	1
S-CTL4-C40	-1F	0	C40混凝土	3240	0.70 m^3	1
S-CTL4-C40	-1F	0	C40混凝土	5000	1.14 m^3	1
S-CTL7-C40	-1F	0	C40混凝土	4000	0.91 m^3	1
S-CTL7-C40	-1F	0	C40混凝土	5700	1.30 m^3	1
S-CTL7-C40	-1F	0	C40混凝土	5700	1.30 m^3	1
S-CTL7-C40	-1F	0	C40混凝土	4900	1.08 m^3	1
S-CTL6-C40	-1F	0	C40混凝土	6400	1.46 m^3	1
S-CTL6-C40	-1F	0	C40混凝土	3200	0.70 m^3	1
S-CTL6-C40	-1F	0	C40混凝土	2100	0.46 m^3	1
S-CTL6-C40	-1F	0	C40混凝土	600	0.11 m^3	1
S-CTL6-C40	-1F	0	C40混凝土	4800	1.08 m^3	1
S-CTL6-C40	-1F	0	C40混凝土	2400	0.50 m^3	1
S-CTL6-C40	-1F	0	C40混凝土	2200	0.43 m^3	1
S-CTL6-C40	-1F	0	C40混凝土	600	0.13 m^3	1
S-CTL3-C40	-1F	0	C40混凝土	4000	0.91 m^3	1
S-CTL3-C40	-1F	0	C40混凝土	5800	1.30 m^3	1
S-CTL5-C40	-1F	0	C40混凝土	5100	1.14 m^3	1
S-CTL5-C40	-1F	0	C40混凝土	2100	0.48 m^3	1
S-CTL5-C40	-1F	0	C40混凝土	4800	1.08 m^3	1

图 13-5 结构梁明细表

在“属性”面板中，单击“排序/成组”选项右侧的“编辑”按钮，在打开的“明细表属性”对话框的“排序/成组”选项卡中，设置“排序方式”为“参照标高”，并启用“页脚”选项，如图 13-6 所示。

提示

在“属性”面板的“其他”选项组中，无论单击任何一个明细表中的选项“编辑”按钮，均能够打开“明细表属性”对话框，设置任何一个选项参数。

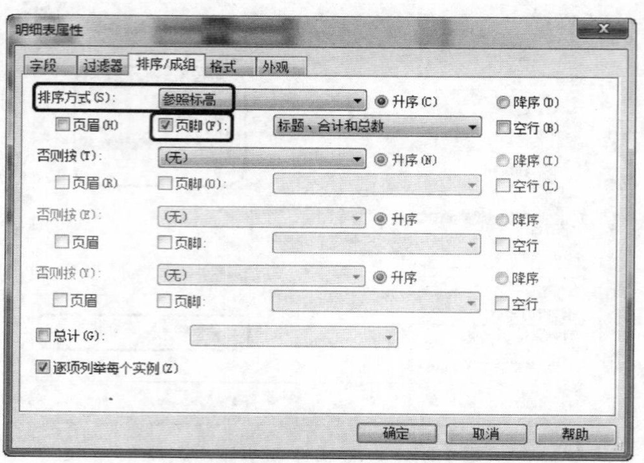

图 13-6　设置排序

单击“确定”按钮，关闭“明细表属性”对话框，发现结构梁明细表中的列表按照标高进行的类型，如图 13-7 所示。

明细表: 结构梁明细表 - 明细表.rvt

S-KL18-C40	-1F	5100	C40混凝土	7800	1.45 m³	1
S-KL17-C40	-1F	5100	C40混凝土	7860	1.45 m³	1
S-KL17-C40	-1F	5100	C40混凝土	6950	1.30 m³	1
S-KL17-C40	-1F	5100	C40混凝土	7768	1.45 m³	1
S-KL14-C40	-1F	5100	C40混凝土	5998	1.17 m³	1
S-KL14-C40	-1F	5100	C40混凝土	3917	0.80 m³	1
S-KL14-C40	-1F	5100	C40混凝土	2041	0.34 m³	1
S-L20a-C40	-1F	5100	C40混凝土	6951	1.10 m³	1
S-KL16-C40	-1F	5100	C40混凝土	6644	1.30 m³	1
S-L21a-C40	-1F	5100	C40混凝土	6950	1.10 m³	1
S-KL15-C40	-1F	5100	C40混凝土	6697	1.09 m³	1
S-KL15-C40	-1F	5100	C40混凝土	6929	1.09 m³	1
S-KL15-C40	-1F	5100	C40混凝土	7474	1.16 m³	1
S-KL-C40	-1F	6100	C40混凝土	3434	0.60 m³	1
S-KL-C40	-1F	6100	C40混凝土	3812	0.70 m³	1
S-KL-C40	-1F	6100	C40混凝土	4582	0.89 m³	1
S-KL-C40	-1F	6100	C40混凝土	2320	0.44 m³	1
-1F: 161						
S-KL1-C40	1F	6100	C40混凝土	1820	0.18 m³	1
S-KL2a-C40	1F	6100	C40混凝土	1460	0.45 m³	1
S-KL2a-C40	1F	6100	C40混凝土	8520	2.72 m³	1
S-KL2a-C40	1F	6100	C40混凝土	5960	1.89 m³	1
S-KL3a-C40	1F	6100	C40混凝土	1620	0.42 m³	1
S-KL3a-C40	1F	6100	C40混凝土	8600	2.38 m³	1
S-KL3a-C40	1F	6100	C40混凝土	6020	1.64 m³	1
S-KL4a-C40	1F	6100	C40混凝土	8500	2.38 m³	1
S-KL4a-C40	1F	6100	C40混凝土	6120	1.64 m³	1
S-KL5a-C40	1F	6100	C40混凝土	15500	3.72 m³	1
S-KL5a-C40	1F	6100	C40混凝土	4400	1.05 m³	1
S-KL6a-C40	1F	6100	C40混凝土	8660	2.38 m³	1
S-KL7a-C40	1F	6100	C40混凝土	8590	2.72 m³	1
S-KL7a-C40	1F	6100	C40混凝土	6100	1.89 m³	1
S-KL7a-C40	1F	6100	C40混凝土	4500	1.38 m³	1

图 13-7　按照参照标高进行排序

按照上述方法，分别建立结构基础明细表、结构板明细表以及结构柱明细表，从而完成结构模型中各种明细表的建立。

13.1.2　添加尺寸标注

尺寸标注是项目中显示距离的视图专有图元，其中包括两种尺寸标注类型：临时尺寸标注和永久性尺寸标注。当放置构件时，Revit 会放置临时尺寸标注，也可以创建永久性尺寸标注来定义特定的距离。

“尺寸标注”工具用于在项目构件或族构件上放置永久性尺寸标注。Revit 提供了对齐标注、线性标注、角度标注、半径标注、弧长标注和直径标注 6 种不同形式的尺寸标注，用于标注不同类型的尺寸线。

打开配套资源中的“Y6-创建明细表.rvt”文件，并切换至 3F 结构平面视图中。删除视图中的参照平面以及剖面图后，在“项目浏览器”面板中右击 3F，选择菜单中的“复制视图”|“带细节复制”选项，如图 13-8 所示。

注意

在不同的结构平面视图中进行操作之前，首先要将参照平面删除。这是因为某些图元是依据参照平面建立，一旦更改参照平面的位置，与之相连的图元就会同时移动。

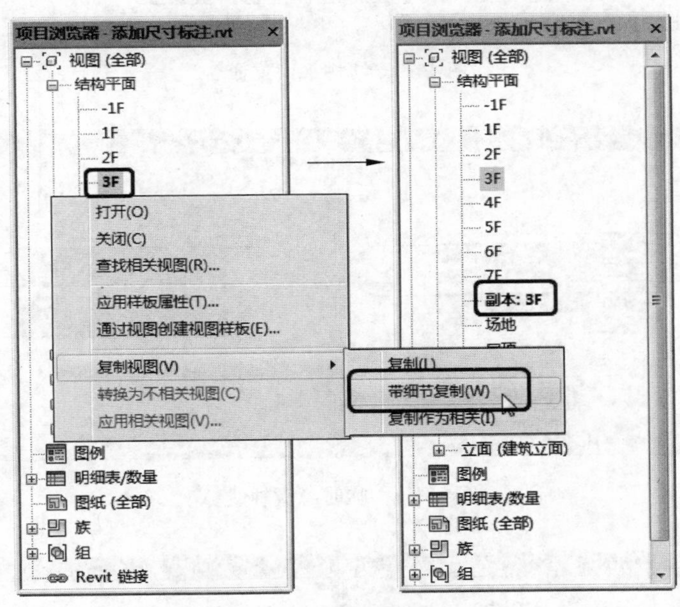

图 13-8 复制平面视图

继续在“项目浏览器”面板中，右击“副本：3F”并选择“重命名”选项。在“重命名视图”对话框中，设置“名称”为“三层结构柱平面图”，如图 13-9 所示。

在三层结构柱平面图中，选中轴线 A 并单击视图控制栏中的“临时隐藏/隔离”按钮，选择“隐藏图元”选项，将轴线 A 临时隐藏，如图 13-10 所示。

继续单击视图控制栏中的“临时隐藏/隔离”按钮，选择“将隐藏/隔离应到视图”选项，将轴线 A 永久隐藏，如图 13-11 所示。

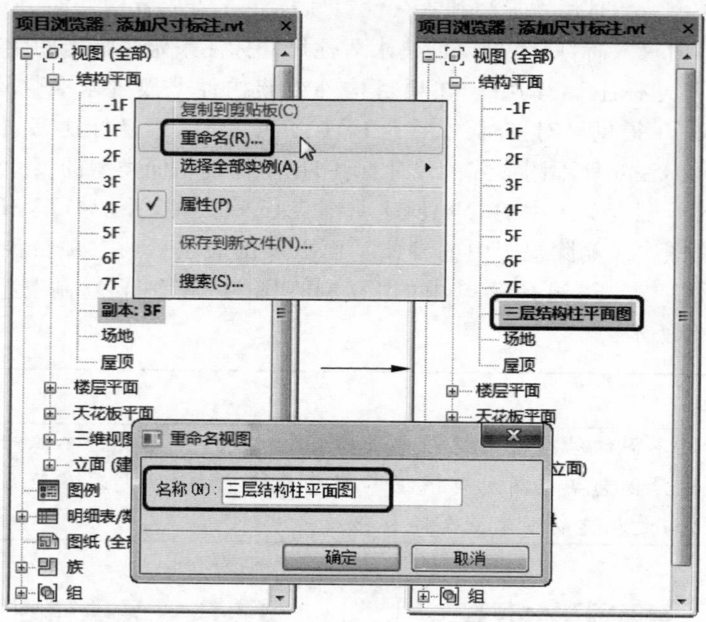

图 13-9 结构平面重命名

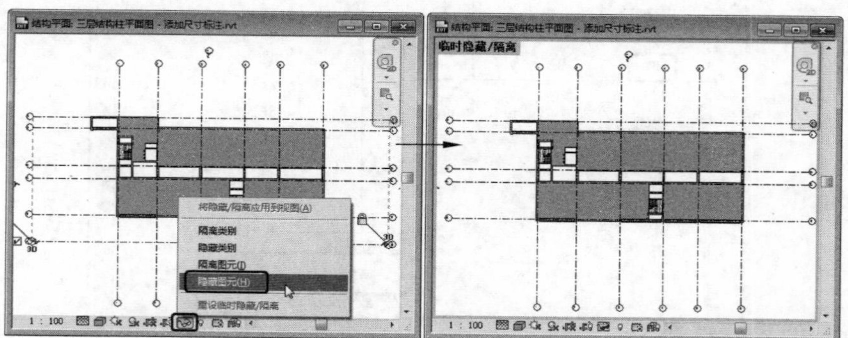

图 13-10 临时隐藏轴线 A

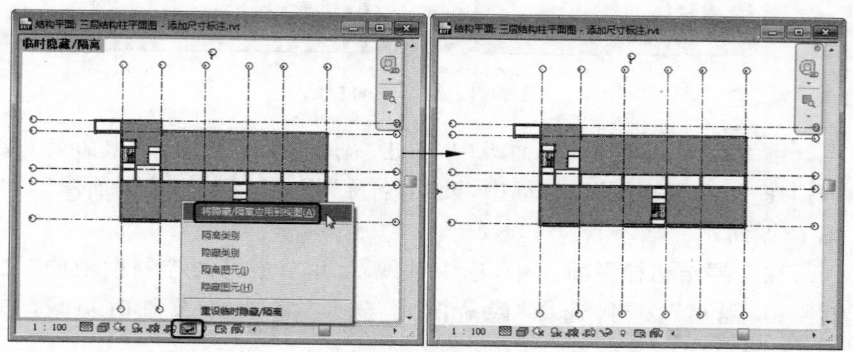

图 13-11 永久隐藏轴线 A

提示

要想显示永久隐藏的图元，可以单击视图控制栏中的“显示隐藏的图元”按钮，在视图中选中隐藏的图元，然后单击“取消隐藏的图元”按钮，即可显示隐藏的图元。

选择“视图”|“可见性/图形”选项，在打开的对话框的“注释类别”选项卡中，禁用“立面”选项，隐藏立面图元，如图 13-12 所示。

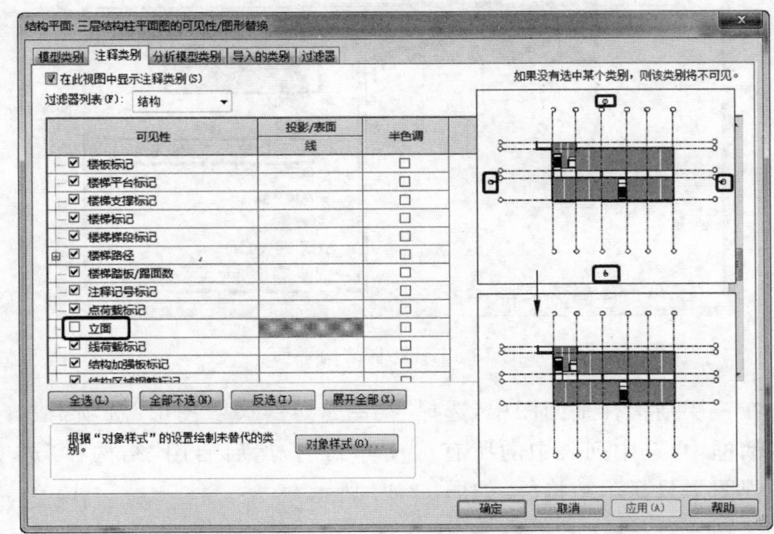

图 13-12　隐藏立面图元

选中轴线 1 后，单击 3D 图标，将其转换为 2D，这样可以在不影响其他结构平面中的轴线情况下，更改该结构平面中的轴线，如图 13-13 所示。按照该方法，依次更改轴线的视图图标。

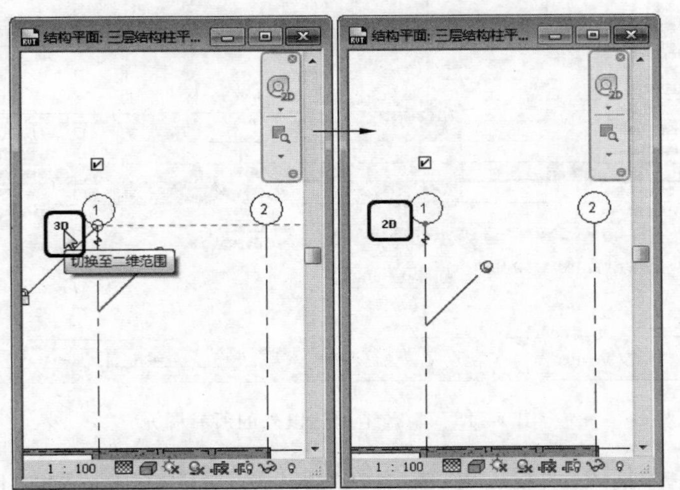

图 13-13　将 3D 轴线转换为 2D 轴线

更改该视图中的轴线显示长度后，分别复制该视图为“三层结构梁平面图”和“标高 12.650m 结构板平面图”，如图 13-14 所示。

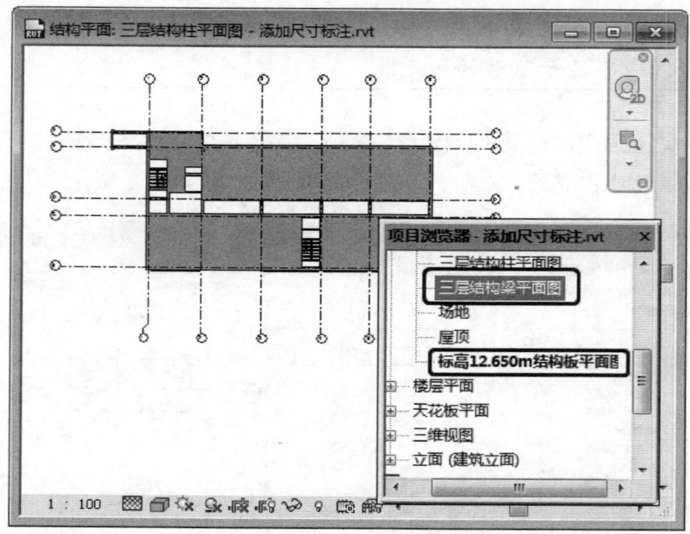

图 13-14　复制结构平面

在三层结构柱平面图中，选择“视图”|“可见性/图形”选项，在打开的对话框中，选中列表中的所有选项并禁用，然后启用“结构柱”选项，在该视图中只显示结构柱，如图 13-15 所示。

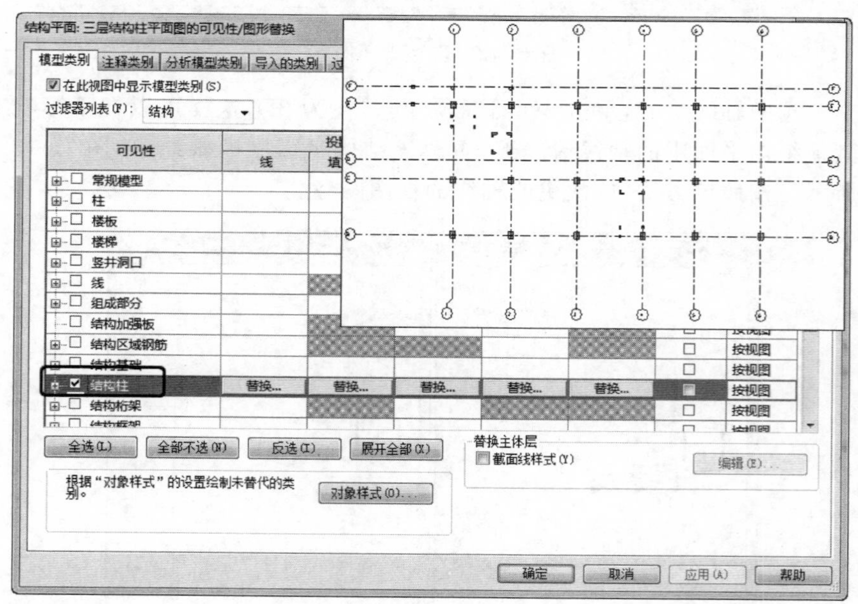

图 13-15　隐藏结构柱以外的所有图元

选择“插入”|“载入族”选项，在“载入族”对话框中，选择“China/注释/标记/结构”中的“标记_结构柱”，如图 13-16 所示。

提示

系统中的结构柱标注族文件不止一个,根据需求选择合适的标注族文件即可。

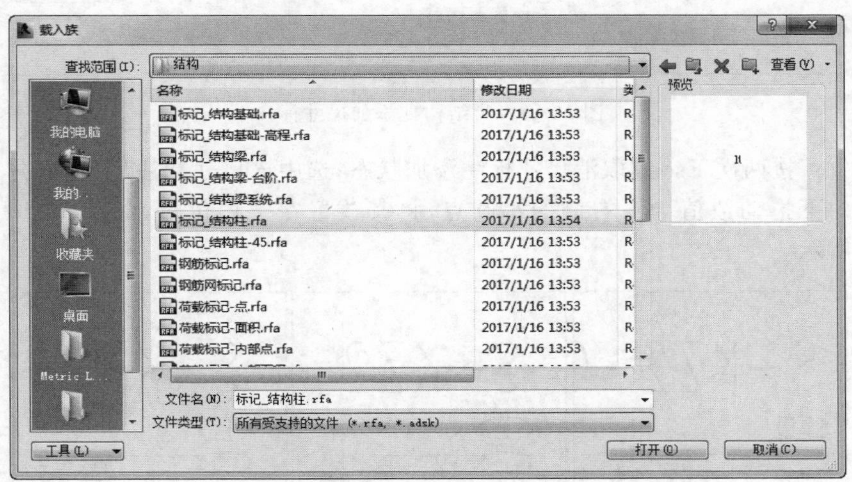

图 13-16　载入族文件

选择"注释"|"全部标记"选项,在打开的"标记所有未标记的对象"对话框中,选择"结构柱标记"为"标记_结构柱",并设置"引线长度"为5mm,为结构柱添加标记,如图 13-17 所示。

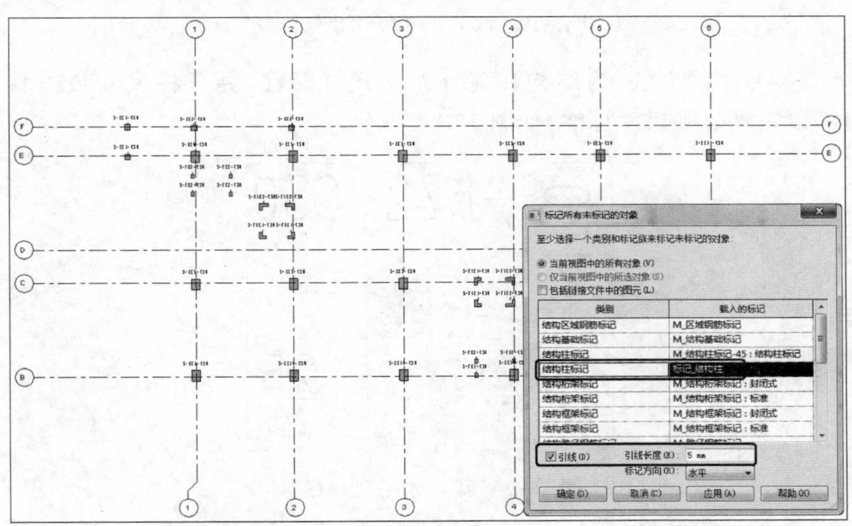

图 13-17　为结构柱添加标记

选择"注释"|"对齐尺寸标注"选项,放大轴线 2 与轴线 F 交叉点区域。依次单击结构柱的上下边缘线以及轴线 F,然后单击空白区,建立该结构柱的尺寸标注,如图 13-18 所示。

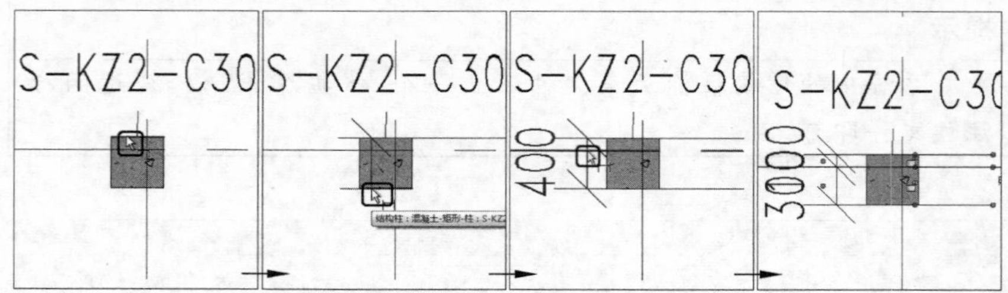

图 13-18　为结构柱添加尺寸标注

按两次 Esc 键取消尺寸标注添加状态，选中该尺寸标注后，单击并向下拖动数值 300 右侧的小圆点，将其放置在空白位置，如图 13-19 所示。

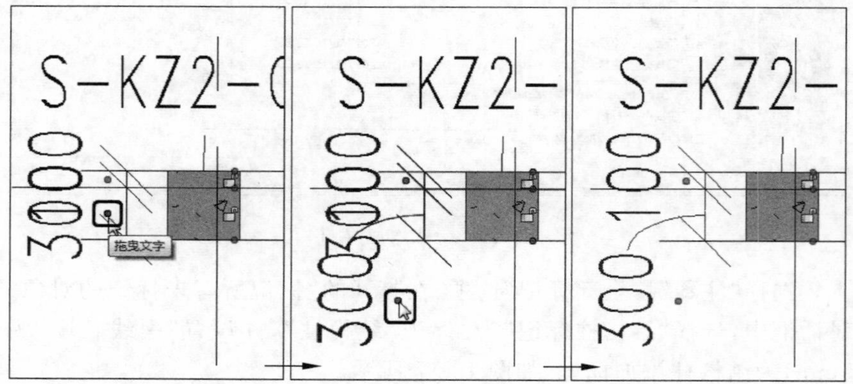

图 13-19　改变尺寸标注数值位置

按照相同方法，为结构柱建立水平尺寸标注，并且将尺寸数值移位，以清晰显示尺寸标注，如图 13-20 所示。

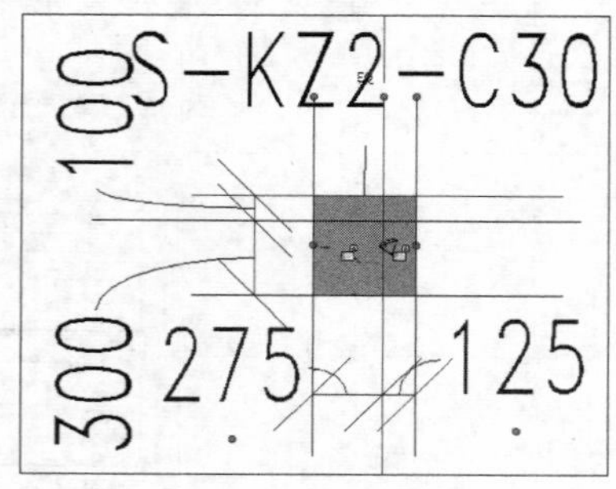

图 13-20　添加水平尺寸标注

按照上述方法，并根据图纸中的结构柱信息，为部分结构柱添加尺寸标注，如图 13-21 所示。

继续使用"对齐尺寸标注"工具，依次单击轴线 1、2、3、4、5、6，建立第一道尺寸标注；单击轴线 1 和 6，建立第二道尺寸标注，如图 13-22 所示。

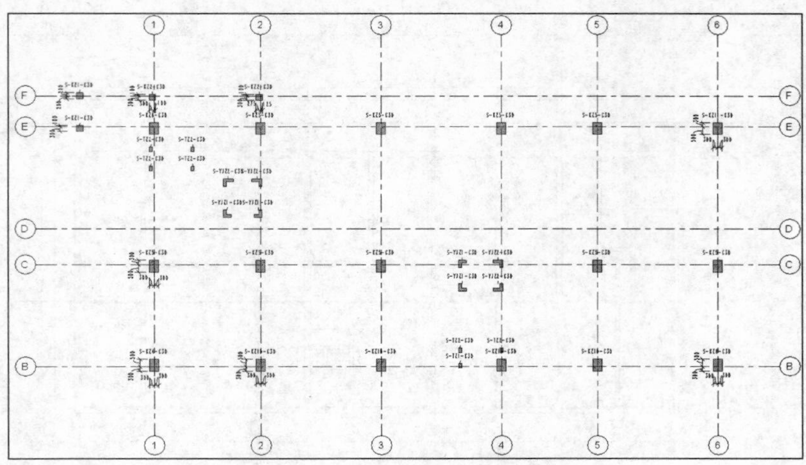

图 13-21 结构柱的尺寸标注

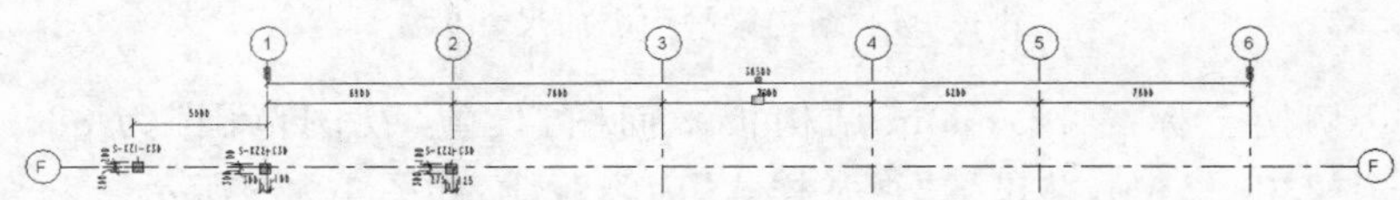

图 13-22 建立第一道与第二道尺寸标注

按照上述方法，依次在视图的左侧、右侧以及下方建立轴线之间的尺寸标注，如图 13-23 所示。

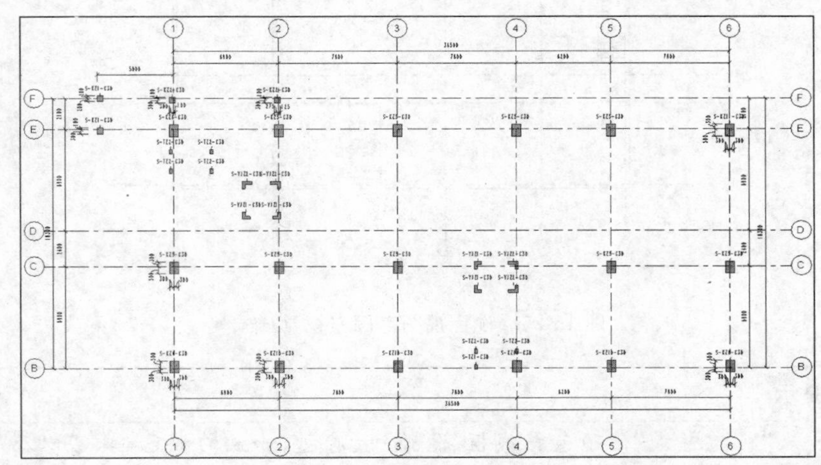

图 13-23 轴线之间的尺寸标注

切换至三层结构梁平面图，按照结构柱的标注添加方式，添加结构梁的标记以及轴线之间的尺寸标注，如图 13-24 所示。

提示

结构梁的标记添加完成后，结构梁上方的标记名称拖至其附近，以方便查看。

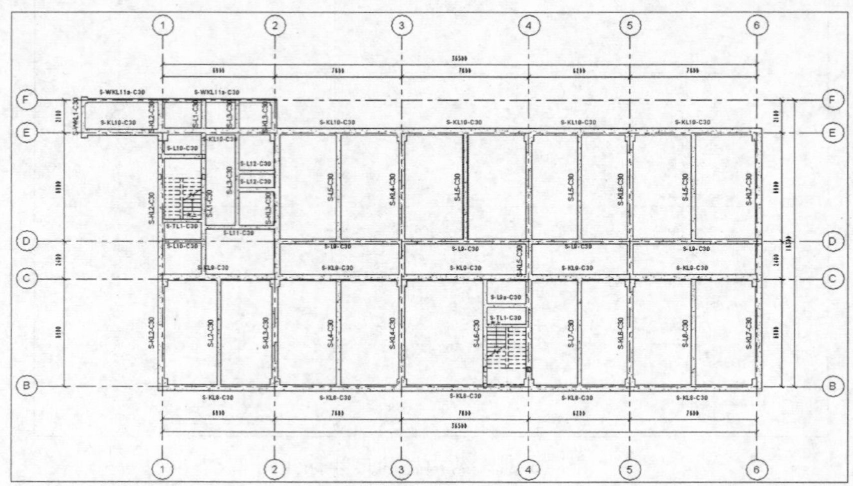

图 13-24 结构梁平面图的尺寸标注

切换至标高 12.650m 结构板平面图，设置“视图范围”为 3800/3550/2300/2300，并设置“视觉样式”为隐藏线，如图 13-25 所示。

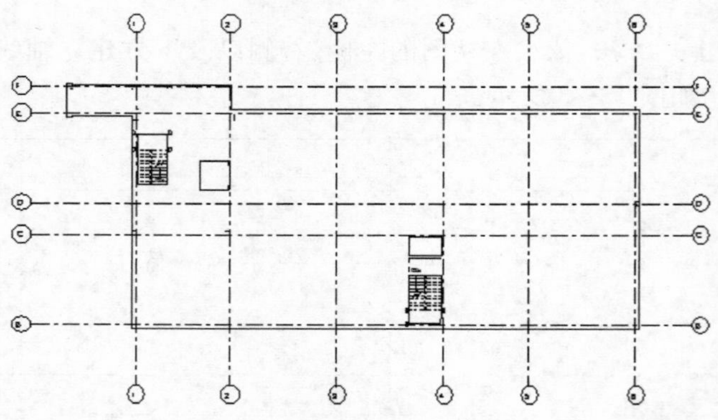

图 13-25 设置视图范围与视觉样式

提示

“视觉样式”选项包括线框、隐藏线、着色、一致的颜色、真实以及光线追踪等样式。

在“可见性/图形替换”对话框中，禁用楼板、楼梯、结构柱以及结构框架以外的所有选项。通过“对齐尺寸标注”工具，为该视图中的轴线添加尺寸标注，如图 13-26 所示。

再次打开“可见性/图形替换”对话框，切换至“过滤器”选项卡。单击“编辑/新建”按钮，在弹出的“过滤器”对话框中，单击“新建”按钮，创建“结构板-100mm”的过滤器，如图 13-27 所示。

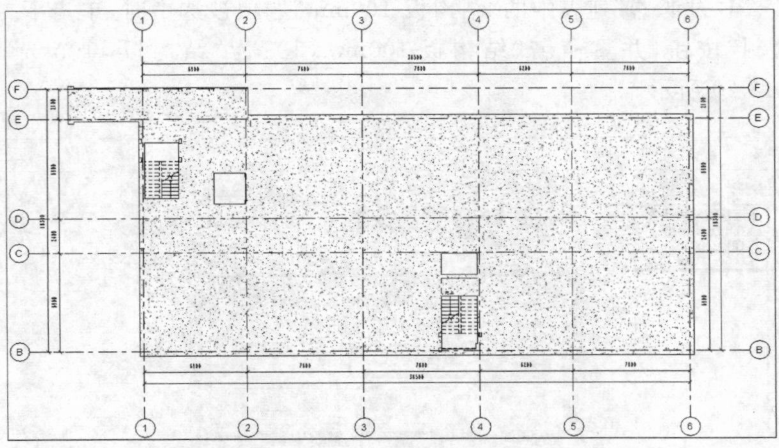

图 13-26 添加尺寸标注

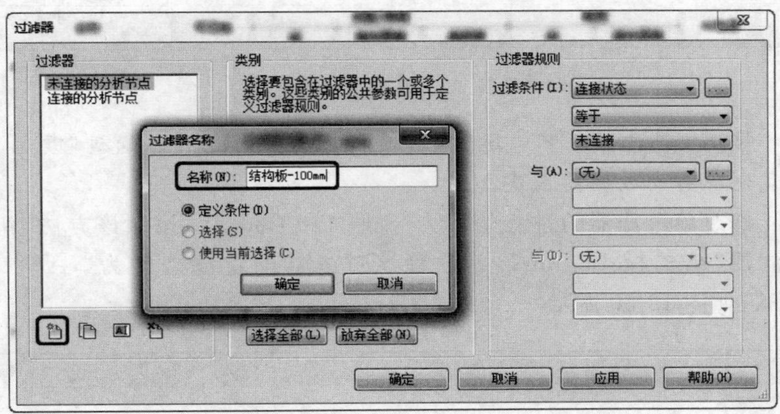

图 13-27 新建过滤器

启用中间列表中的“楼板”选项，并设置“过滤条件”为“类型名称”“等于”“S-厚 100-C30”，如图 13-28 所示。

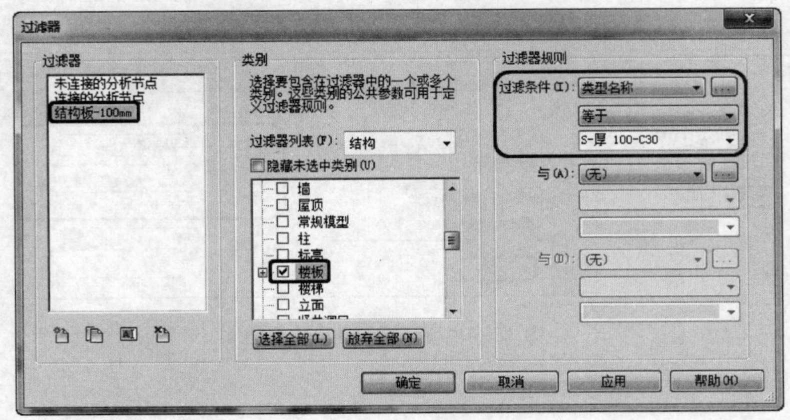

图 13-28 设置过滤条件

当"过滤器"列表中的"结构板-100mm"选项被选中时，单击下方的"复制"按钮，并重命名"结构板-100mm(1)"为"结构板-110mm"，如图 13-29 所示。

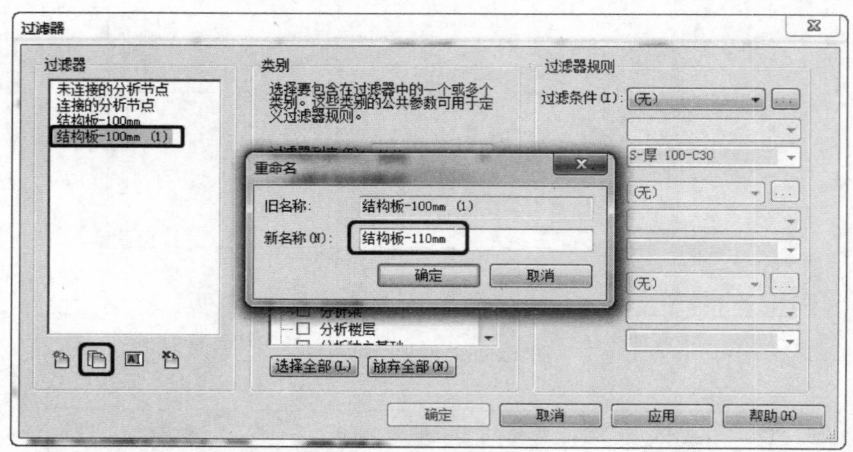

图 13-29　复制过滤器名称

技巧：过滤器既可以通过"新建"按钮建立，也可以通过"复制"按钮复制现有的过滤器来建立。

修改该过滤器的过滤条件为"S-厚 110-C30"后，按照该方法，新建过滤器"结构板-130mm"，并设置该过滤器的过滤条件为"S-厚 130-C30"，如图 13-30 所示。

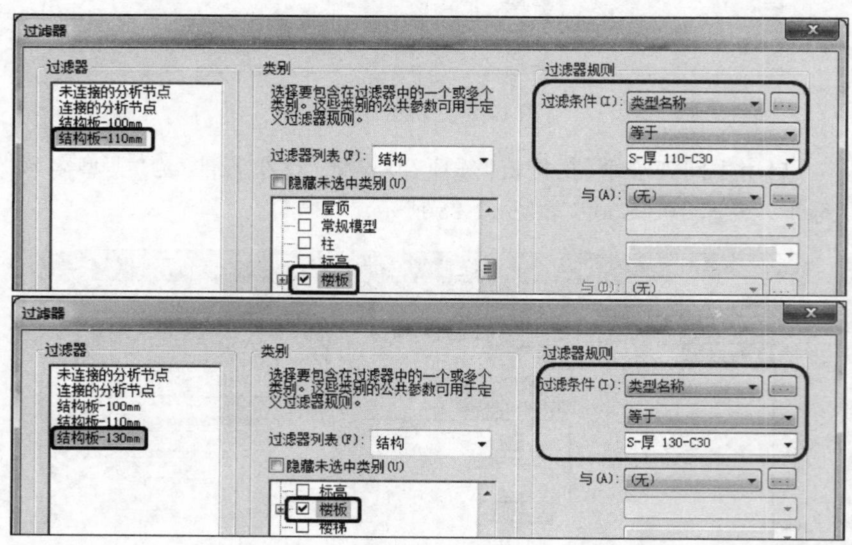

图 13-30　新建并设置过滤器

提示

在设置"过滤器规则"参数时，根据过滤器名称设置类型名称，从而能够直观地确定过滤器。

单击"确定"按钮关闭"过滤器"对话框后，单击"添加"按钮，在"添加过滤器"对话框中选中"结构板-100mm"过滤器，如图 13-31 所示。

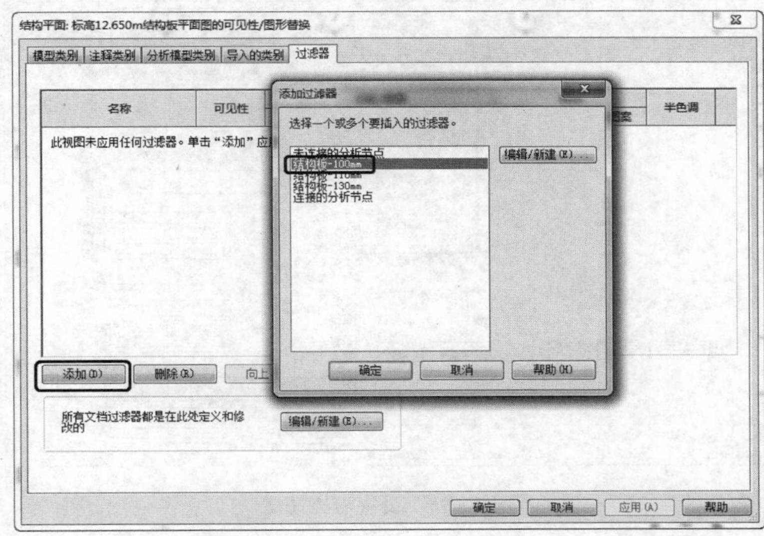

图 13-31　添加过滤器

单击"投影/表面"选项中"填充图案"子选项的"替换"按钮，在弹出的"填充样式图形"对话框中，设置"颜色"为 069/209/239，如图 13-32 所示。

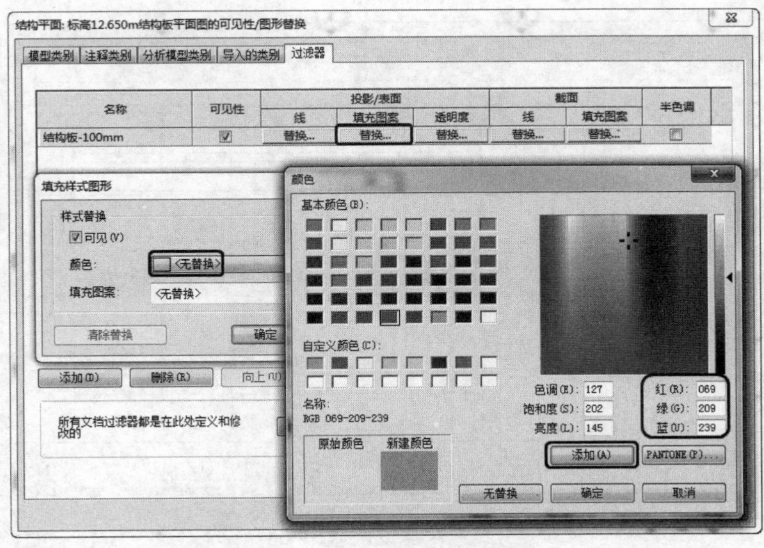

图 13-32　设置填充图案的颜色

技巧：在“颜色”对话框中，设置颜色值后，单击“添加”按钮，将该颜色值添加至“自定义颜色”色块中，以方便后期重复使用。

继续在“填充样式图形”对话框中，设置“填充图案”为“实体填充”，如图 13-33 所示。

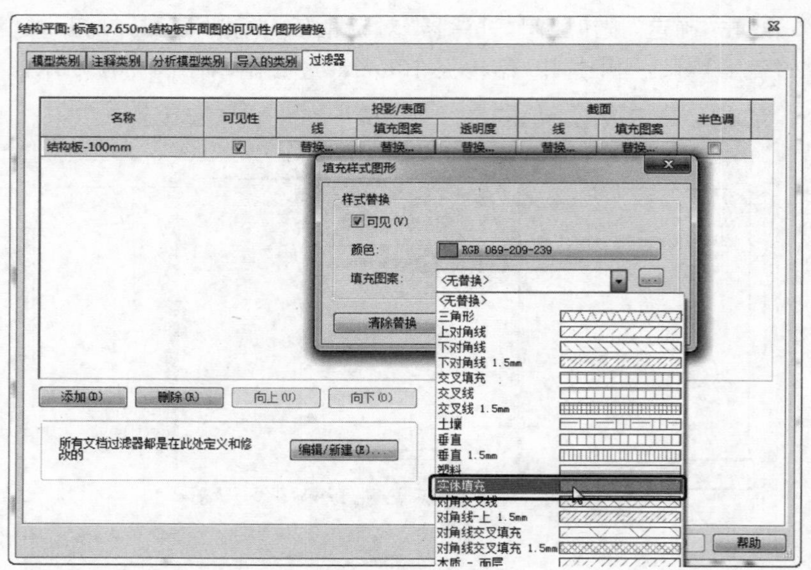

图 13-33　设置填充图案

单击“确定”按钮后，按照相同参数值设置“截面”选项中“填充图案”子选项。完成设置后，单击“应用”按钮，即可查看视图中厚度为 100 的结构板显示，如图 13-34 所示。

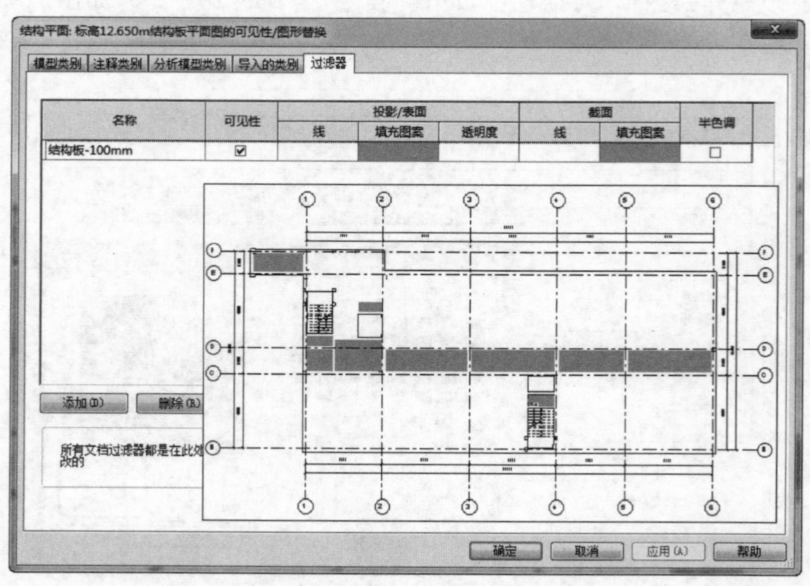

图 13-34　设置结构板 100 的显示

分别添加过滤器“结构板-110mm”与“结构板-130mm”，并分别设置其“填充图案”中的参数值。其中，前者过滤器中的颜色值为162/213/043，后期过滤器的颜色值为236/182/019，如图13-35所示。

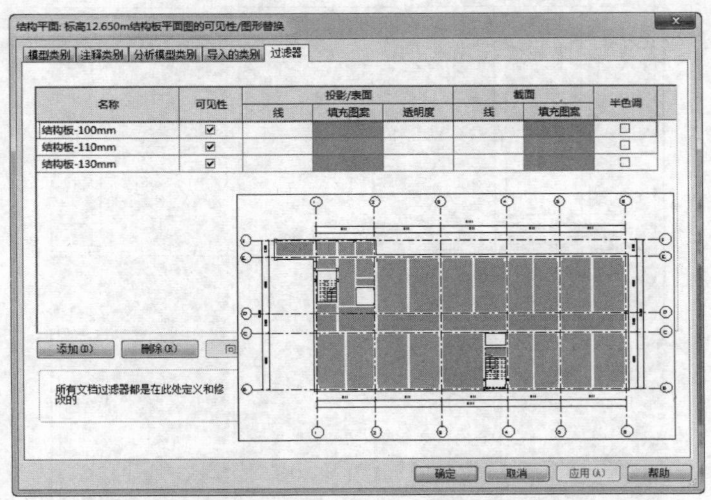

图13-35　设置结构板110与130的显示效果

切换至“模型类型”选项卡，分别单击“结构柱”与“结构框架”类型的“透明度”选项，并设置该参数值为100%，显示其边界线效果，如图13-36所示。

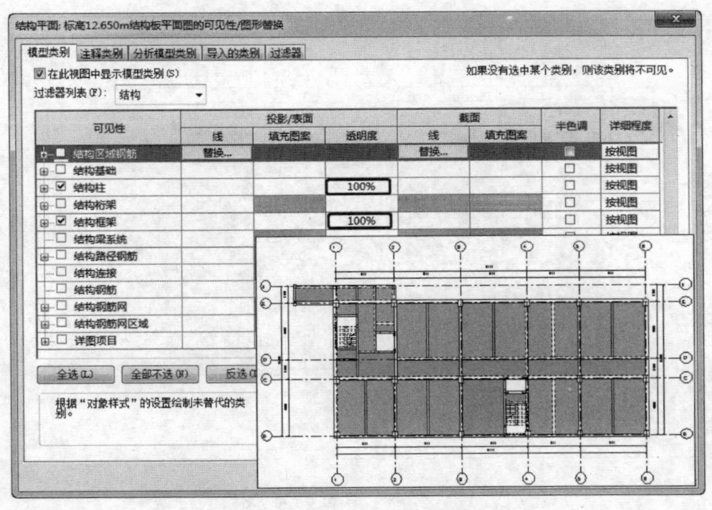

图13-36　设置结构柱与结构框架的显示效果

提示

为了更加清晰地查看楼板，本例中将“结构柱”与“结构框架”的“透明度”设置为100%。

载入配套资源中“标记_楼板”族文件后，选择“注释”—“按类别标记”选项，依次在不同颜色区域单击，添加结构板标记，如图 13-37 所示。

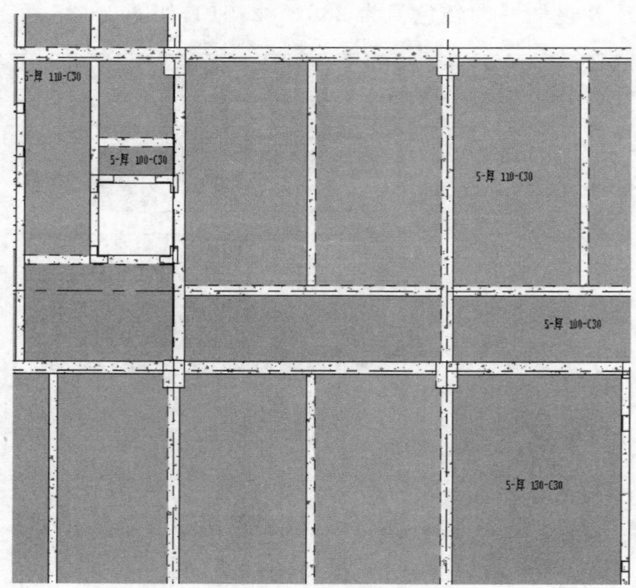

图 13-37　添加结构板标记

设置“视图范围”为 3700/3600/2300/2300 后，选择“注释”选项卡中的“高程点”工具，依次在楼板区域单击，放置高程点，如图 13-38 所示。

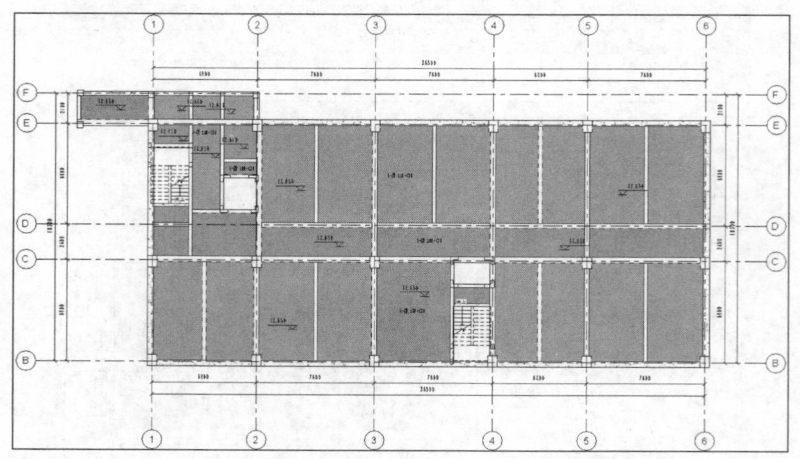

图 13-38　放置高程点

提示

由于楼板的高度是根据其用途来决定的，所以同一层的楼板高度也不尽相同。这里通过为楼板添加高程点，可以一目了然地查看楼板高度。

至此，结构模型中三层的各类型尺寸标注建立完成，按照上述方法，建立其他结构平面中各类型的尺寸标注。其中楼梯的尺寸标注是通过建立剖面图添加的。

13.2 图纸布图

13.2.1 图纸创建与布置

在 Revit 中，为施工图文档集中的每个图纸创建一个图纸视图，然后在每个图纸上放置多个图形或明细表。其中，施工图文档集也称为图形集或图纸集，由几个图纸组成。

打开结构模型文件，该文件已经为各个视图添加了尺寸标注、高程点、明细表等图纸中需要的项目信息。切换至“视图”选项卡，单击“图纸组合”面板中的“图纸”按钮，打开“新建图纸”对话框。单击“载入”按钮，打开“载入族”对话框，将“A0 公制. rfa”、“A2 公制. rfa”和“A3 公制. rfa”载入其中，如图 13-39 所示。

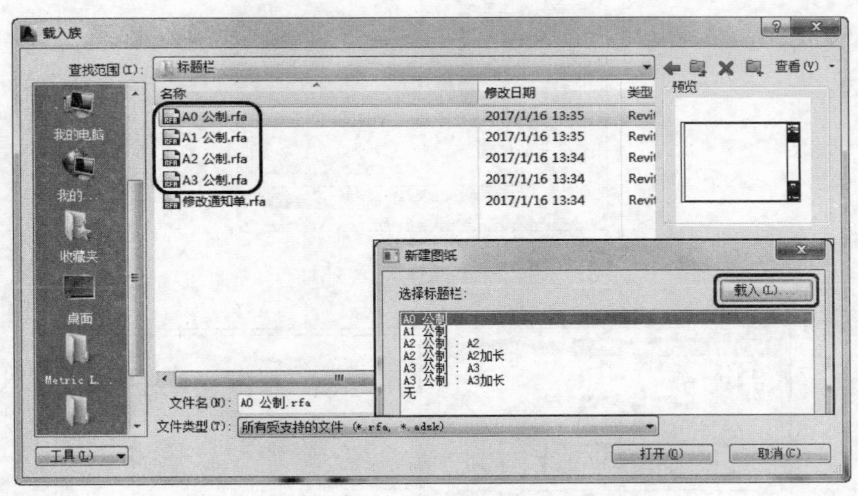

图 13-39 载入族文件

选择“选择标题栏”列表中的“A1 公制”选项，单击“确定”按钮，创建“S. 2-未命名”图纸，如图 13-40 所示。

单击“图纸组合”面板中的“视图”按钮，打开“视图”对话框，该对话框列表中包括了项目中所有可用的视图，如图 13-41 所示。

在列表中选择“结构平面：三层结构柱平面图”视图，单击“在图纸中添加视图”按钮，将光标指向图纸空白区域单击，放置该视图，如图 13-42 所示。

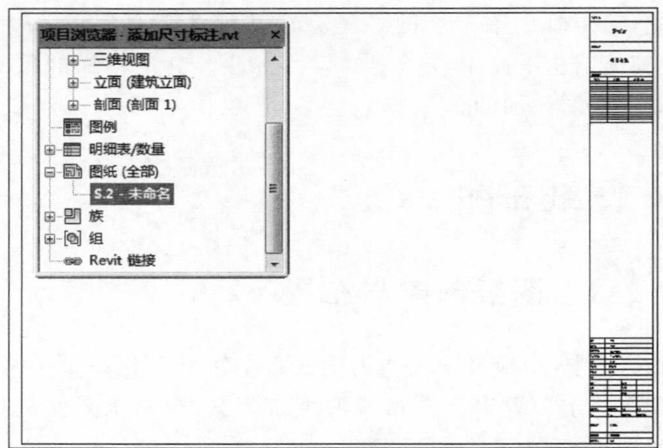

图 13-40 创建空白图纸

图 13-41 “视图”对话框

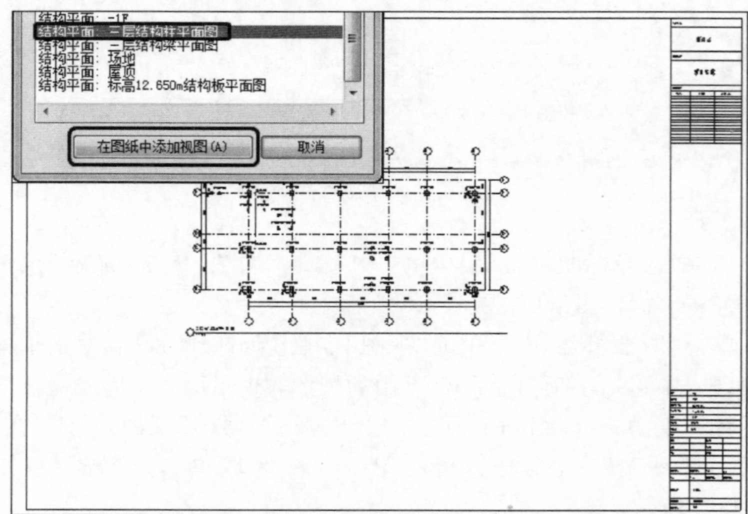

图 13-42 放置视图

单击视图后视图标题两端显示端点，单击右侧的端点并向左拖动，改变视图标题的显示长度，如图 13-43 所示。

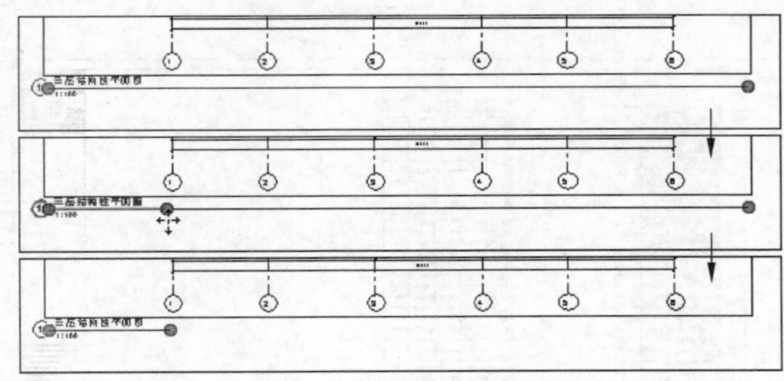

图 13-43 改变视图标题显示长度

选中视图标题后，单击并拖动视图标题移至视图中间下方位置，改变视图标题的显示位置，如图 13-44 所示。

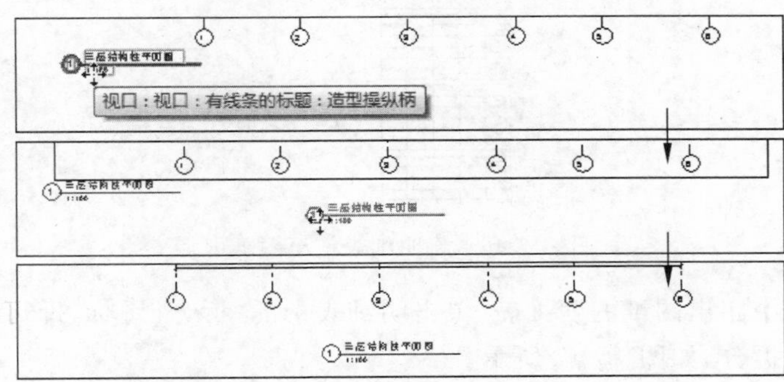

图 13-44 改变视图标题的显示位置

按照上述方法，继续创建图纸并在图纸中放置视图。一张图纸中既可以放置一个视图，也可以放置多个视图，如图 13-45 所示。

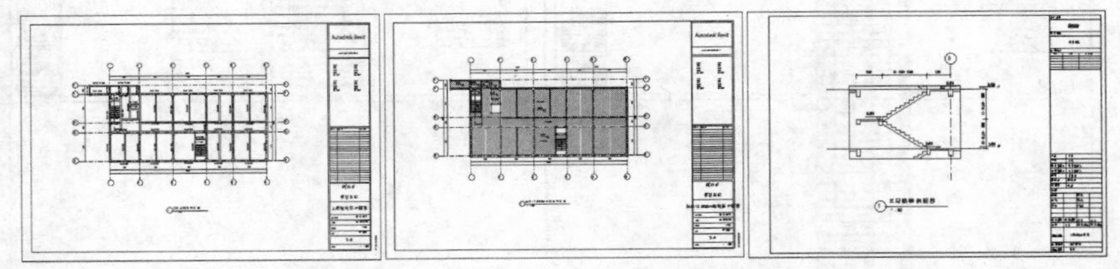

图 13-45 创建并放置图纸

技巧：放置图纸除了可以在“视图”对话框中选择视图放置外，还可以直接选中“项目浏览器”面板中的视图名称，并拖至空白图纸来完成放置。

创建“A2 公制”的图纸，将“结构基础明细表”拖至图纸中后，再将“结构板明细表”拖至图纸中，发现后者超出图纸范围，如图 13-46 所示。

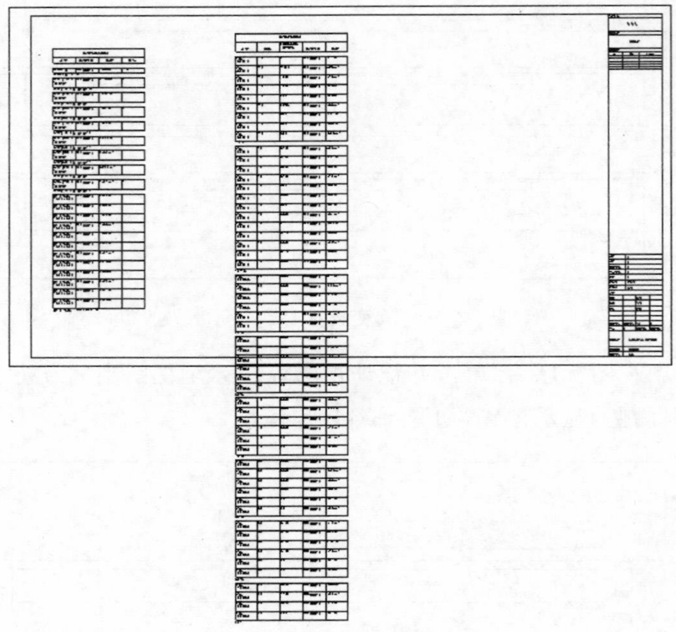

图 13-46 将明细表拖至图纸中

选中超出图纸的明细表，单击明细表中的“拆分”图标，即可将明细表平均拆分，如图 13-47 所示。

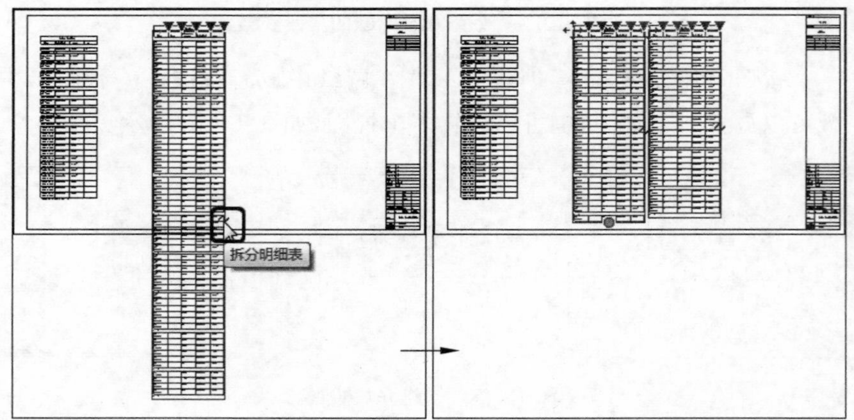

图 13-47 拆分明细表

按照上述方法，依次建立图纸，并将其他的明细表放置其中。对于超出图纸的明细表，可以通过拆分功能使其完整地显示在图纸中，如图 13-48 所示。

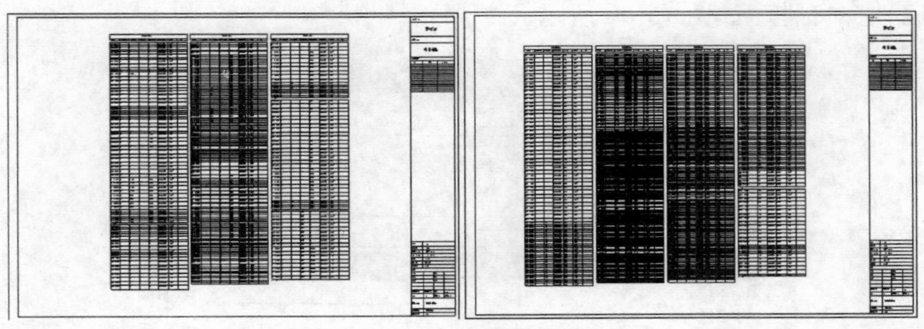

图 13-48 图纸中的明细表显示

提示
放置明细表视图后，可以通过选中明细表视图，单击并左右拖动明细表上方的三角图标，来改变明细表的宽度。

13.2.2 项目信息设置

在标题栏中除了显示当前图纸名称、图纸编号外，将显示项目的相关信息，比如项目名称、客户名称等内容，还可以使用“项目信息”工具设置项目的公用信息参数。

当创建并布置完成图纸后，局部放大图纸的右下角区域，发现图纸的标题栏中除了图纸的“绘图员”“校核”等信息外，还需要对项目的信息进行填写，如图 13-49 所示。

所有者

项目名称

三层结构柱平面图

项目编号 项目编号

日期 出图日期

绘图员 作者

校核 审图员

S.2

比例 1:100

图 13-49 图纸标题栏

在 Revit 当中提供了“项目信息”工具，用来记录项目的信息。切换至“管理”选项卡，选择“设置”面板中的“项目信息”工具，打开“项目属性”对话框，如图 13-50 所示。

项目属性

族(F)： 系统族：项目信息 载入(L)...

类型(T)： 编辑类型(E)...

实例参数 - 控制所选或要生成的实例

参数	值
标识数据	
组织名称	
组织描述	
建筑名称	
作者	
能量分析	
能量设置	编辑...
其他	
项目发布日期	出图日期
项目状态	项目状态
客户姓名	所有者
项目地址	编辑...
项目名称	项目名称
项目编号	项目编号

确定 取消

图 13-50 “项目属性”对话框

在该对话框中设置“其他”参数组中的各个参数，完成设置后，单击“确定”按钮关闭该对话框，图纸标题栏被更改，如图 13-51 所示。

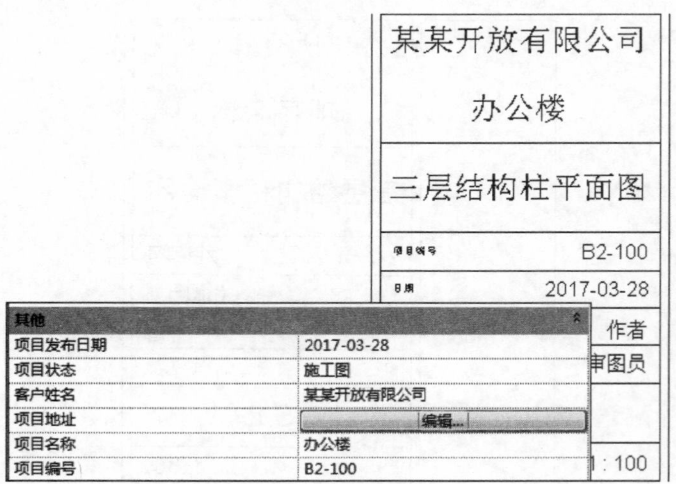

图 13-51 设置项目属性

当设置完成“项目属性”对话框中的参数后，除了当前视图中图纸的标题栏进行更改外，其他视图中的图纸标题栏也进行相同的更改，如图 13-52 所示。

图 13-52 图纸标题栏

13.3 导出与打印图纸

13.3.1 导出为 CAD 文件

在 Revit 中完成所有图纸的布置之后，可以将生成的文件导成 DWG 格式的 CAD 文件，供其他用户使用。

要导出 DWG 格式的文件，首先要对 Revit 以及 DWG 之间的映射格式进行设置。单击"应用程序菜单"按钮，选择"导出"|"选项"|"导出设置 DWG/DXF"选项，打开"修改 DWG/DXF 导出设置"对话框，如图 13-53 所示。

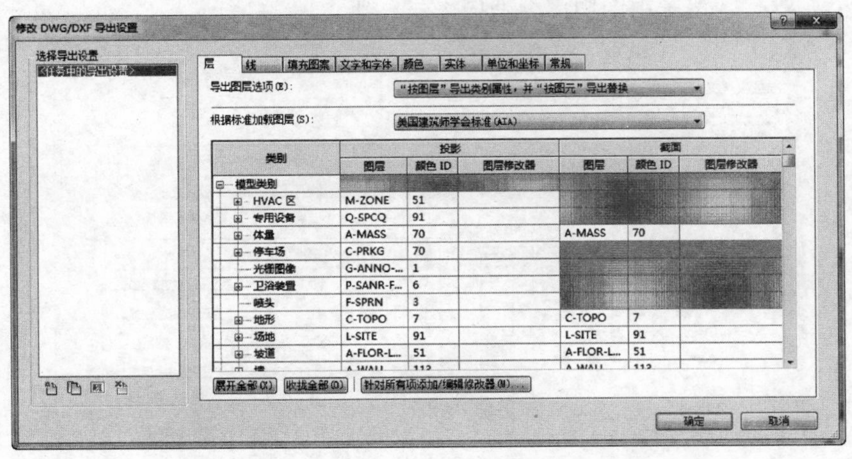

图 13-53 "修改 DWG/DXF 导出设置"对话框

由于在 Revit 当中使用的是构建类别的方式管理对象，而在 DWG 图纸当中是使用图层的方式进行管理。因此必须在"修改 DWG/DXF 导出设置”对话框中，对构建类别以及 DWG 当中的图层进行映射设置。

单击对话框底部的“新建导出设置”按钮，在“层”选项卡中，选择“根据标准加载图层”列表中的“从以下文件加载设置”选项，在打开的“导出设置-从标准载入图层”对话框中单击“是”按钮，打开“载入导出图层文件”对话框。选择配套资源中的 exportlayers-Revit-tangent. txt 文件，更改“投影”以及“截面”参数值，如图 13-54 所示。其中，exportlayers-Revit-tangent. txt 文件中记录了如何从 Revit 类型转出为天正格式的 DWG 图层的设置。

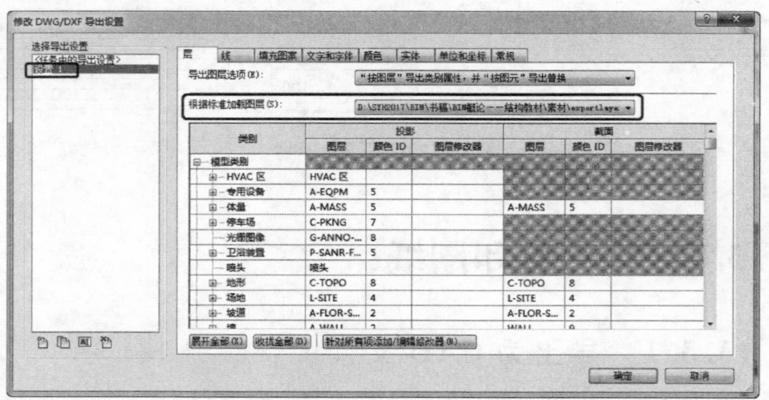

图 13-54　设置标准

单击“确定”按钮，完成 DWG/DXF 的映射选项设置。接下来即可将图纸导出为 DWG 格式的文件。单击“应用程序菜单”按钮，选择“导出”|“导出 CAD 格式”|DWG 选项，打开“DWG 导出”对话框。设置“选择导出设置”列表中的选项为刚刚设置的“设置 1”，选择“按列表显示”选项为“模型中的图纸”，如图 13-55 所示。

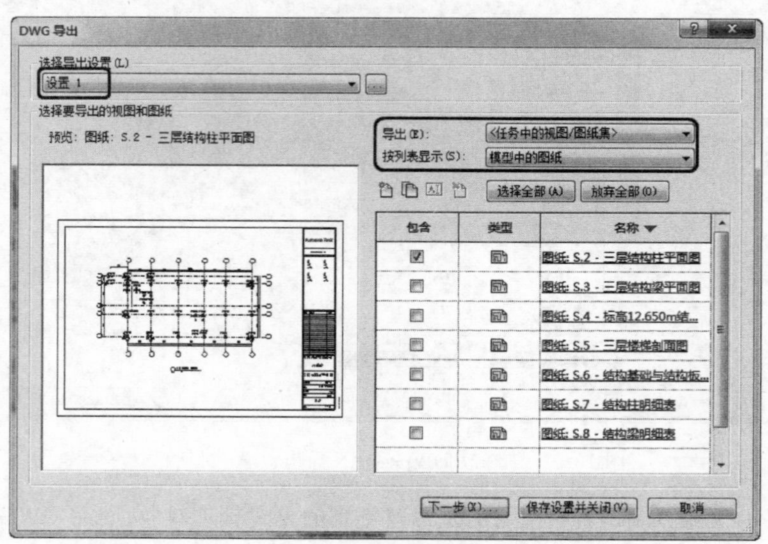

图 13-55　设置 DWG 导出选项

单击“下一步”按钮，打开“导出 CAD 格式-保存到目标文件夹”对话框。选择保存 DWG 格式，禁用“将图纸上的视图和链接作为外部参照导出”选项，单击“确定”按钮，即导出 DWG 格式文件，如图 13-56 所示。

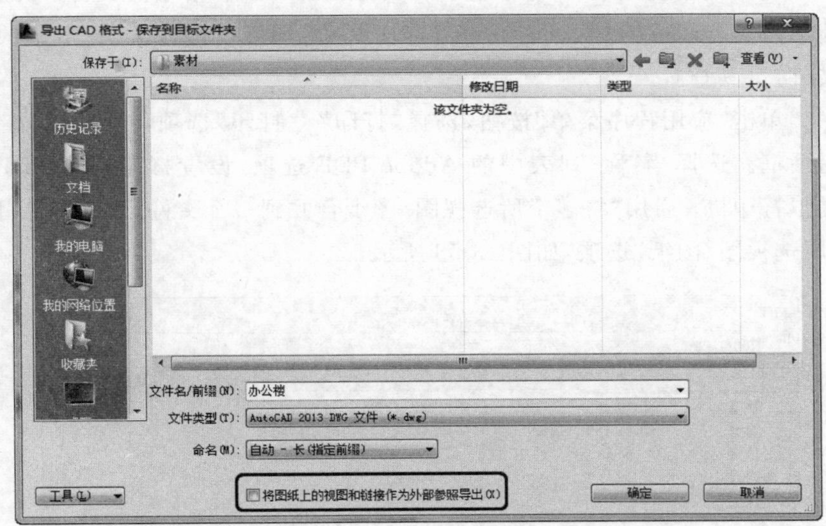

图 13-56　导出 DWG 格式

这时，打开放置 DWG 格式文件所在的文件夹，双击其中一个 DWG 格式的文件，即可在 AutoCAD 中打开，并进行查看与编辑，如图 13-57 所示。

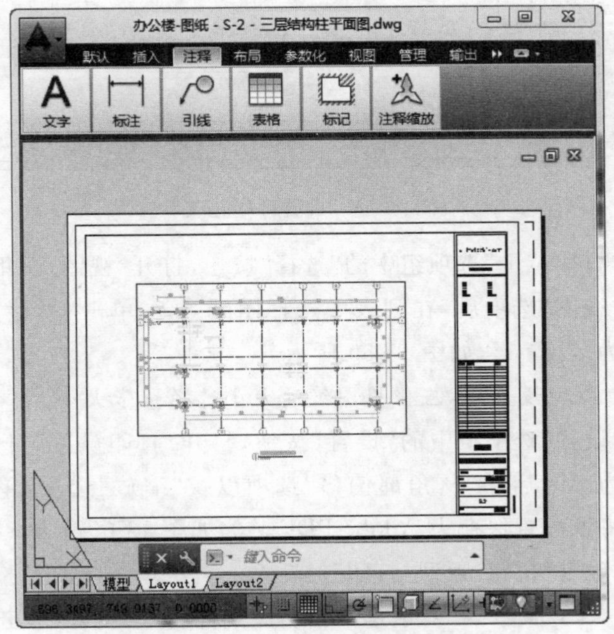

图 13-57　打开 DWG 格式文件

13.3.2 打印

当图纸布置完成后，除了能够将其导出为DWG格式的文件外，还能够将其打印成图纸，或者通过打印工具，将图纸打印成PDF格式的文件，供其查看。

单击“应用程序菜单”按钮，选择“打印”|“打印”选项，打开“打印”对话框。选择“名称”列表中的Adobe PDF选项，设置打印机为PDF虚拟打印机；启用“将多个所选视图/图纸合并到一个文件”选项；启用“所选视图/图纸”选项，如图13-58所示。

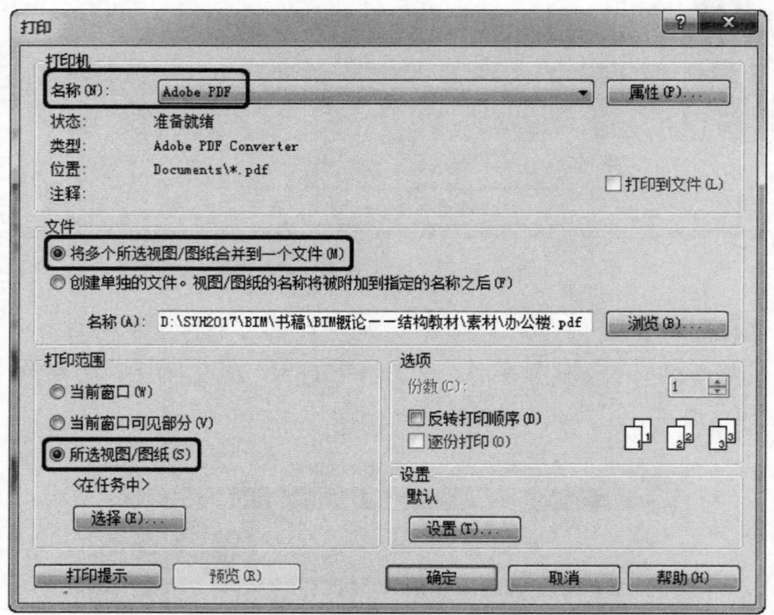

图13-58 设置打印选项

单击“打印范围”选项组中的“选择”按钮，打开“视图/图纸集”对话框。禁用“视图”选项后，在列表中选择图纸S.7，单击“另存为”按钮，将其保存为“设置1”，如图13-59所示。

注意：打印设置中，应根据图纸的大小选择纸张大小。

单击“设置”选项组中的“设置”按钮，打开“打印设置”对话框。选择“尺寸”为A0，启用“从角部偏移”选项以及“缩放”选项，单击“另存为”按钮，将该配置保存为Adobe PDF_A0，如图13-60所示。

单击“确定”按钮，返回“打印”对话框。再次单击“确定”按钮，在打开的“另存PDF文件为”对话框中，设置“文件名”选项后，单击“保存”

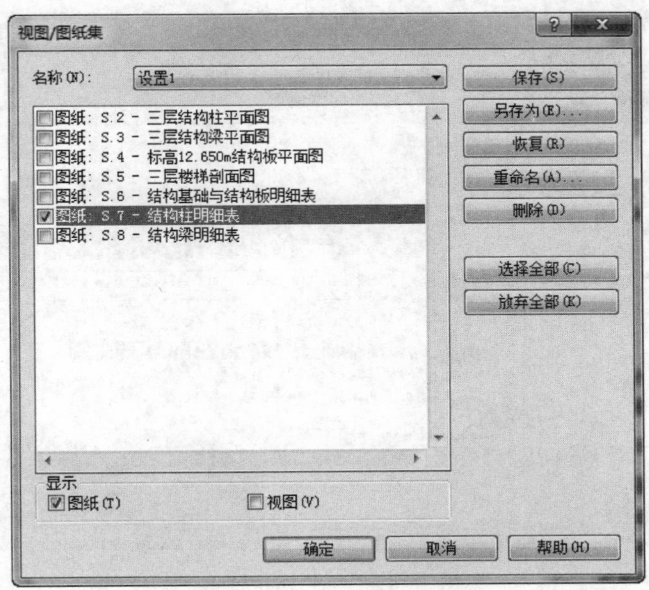

图 13-59 选择图纸

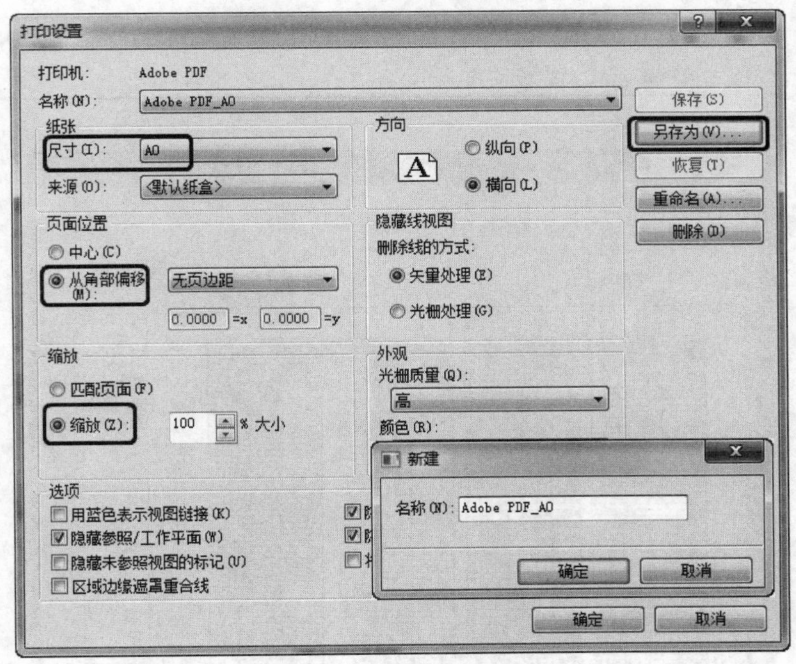

图 13-60 打印设置

按钮，进行 Adobe PDF 创建，如图 13-61 所示。

完成 PDF 文件创建后，在保存的文件夹中打开 PDF 文件，即可查看图纸在 PDF 中的效果，如图 13-62 所示。

图 13-61　打印 PDF 文件

提示

使用 Revit 中的"打印"命令，生成 PDF 文件的过程与使用打印机打印的过程一致，这里不再阐述。

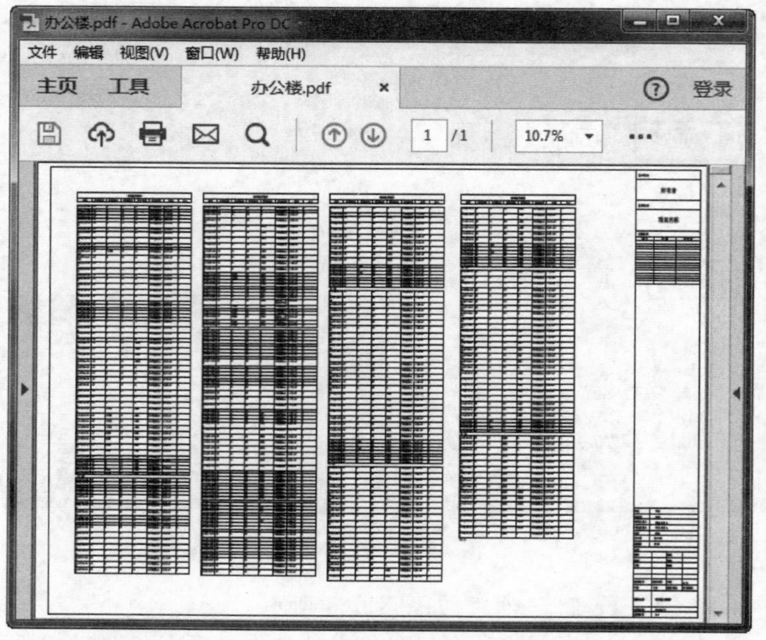

图 13-62　查看 PDF 文件

13.4 案例实操

创建明细表见二维码 13-1。

图纸布图见二维码 13-2。

二维码链接：

13-1 优化结构-创建明细表

二维码链接：

13-2 优化结构-图纸布图

参考文献

[1] 中华人民共和国住房和城乡建设部,中华人民共和国国家质量监督检验检疫总局. 民用建筑设计通则：GB 50352—2005[S]. 北京：中国建筑工业出版社,2005.

[2] 中华人民共和国住房和城乡建设部,中华人民共和国国家质量监督检验检疫总局. 建筑设计防火规范：GB 50016—2014[S]. 北京：中国计划出版社,2014.

[3] 中华人民共和国住房和城乡建设部,中华人民共和国国家质量监督检验检疫总局. 墙体材料应用统一技术规范：GB 50574—2010[S]. 北京：中国建筑工业出版社,2005.

[4] 中华人民共和国住房和城乡建设部,中华人民共和国国家质量监督检验检疫总局. 建筑地基基础设计规范：GB 50007—2011[S]. 北京：中国建筑工业出版社,2011.

[5] 中华人民共和国住房和城乡建设部,中华人民共和国国家质量监督检验检疫总局. 建筑抗震设计规范：GB 50011—2010[S]. 北京：中国建筑工业出版社,2010.

[6] 中华人民共和国住房和城乡建设部,中华人民共和国国家质量监督检验检疫总局. 建筑地基基础术语标准：GB/T 50941—2014[S]. 北京：中国建筑工业出版社,2010.

[7] 中华人民共和国住房和城乡建设部,中华人民共和国国家质量监督检验检疫总局. 住宅设计规范：GB 50096—2011[S]. 北京：中国建筑工业出版社,2011.

[8] 住房和城乡建设部工程质量安全监管司,中国建筑标准设计研究院. 全国民用建筑工程设计技术措施——规划·建筑·景观[S]. 北京：中国计划出版社,2009.